高等职业教育精品工程系列教材

数字电子技术

（第4版）

徐丽香　黎旺星　主　编

电子工业出版社

Publishing House of Electronics Industry

北京·BEIJING

内 容 简 介

本书采用看、想、学、做一体化的教学模式，贯穿"以应用为目的，以必需、够用为度"的高职教学原则，通过典型产品引入课程内容，以启发性课程实验和课程设计为主导，把理论教学和实践教学有机地结合在一起，传授数字电子技术的知识，培养电子电路设计和制作的基本技能。

本书内容包括数字电路基础知识、逻辑门电路、组合逻辑电路的分析与设计、常用组合逻辑电路模块、集成触发器、时序逻辑电路、脉冲波形的产生和变换、转换数字信号和模拟信号、大规模集成电路及其应用、课程设计。

本书可作为高等职业技术院校理工科各专业学生的理论和实践教学的教材，也可作为教师的教学参考书，还可供有关工程技术人员参考。

图书在版编目（CIP）数据

数字电子技术/徐丽香，黎旺星主编. —4 版. —北京：电子工业出版社，2023.6

ISBN 978-7-121-45703-6

Ⅰ. ①数… Ⅱ. ①徐… ②黎… Ⅲ. ①数字电路–电子技术–高等学校–教材 Ⅳ. ①TN79

中国国家版本馆 CIP 数据核字（2023）第 098569 号

责任编辑：郭乃明　　　　特约编辑：田学清
印　　刷：保定市中画美凯印刷有限公司
装　　订：保定市中画美凯印刷有限公司
出版发行：电子工业出版社
　　　　　北京市海淀区万寿路 173 信箱　　邮编　100036
开　　本：787×1 092　1/16　　印张：15　　字数：394 千字
版　　次：2006 年 9 月第 1 版
　　　　　2023 年 6 月第 4 版
印　　次：2024 年 7 月第 3 次印刷
定　　价：47.00 元

凡所购买电子工业出版社图书有缺损问题，请向购买书店调换。若书店售缺，请与本社发行部联系，联系及邮购电话：(010) 88254888，88258888。

质量投诉请发邮件至 zlts@ phei. com. cn，盗版侵权举报请发邮件至 dbqq@ phei. com. cn。

本书咨询联系方式：(010) 88254561。

前　言

数字电子技术是一门应用性很强的专业基础课，主要任务是在传授数字电子技术基本知识的基础上，培养学生分析和设计数字电路的能力。本书根据初学者的学习规律，在内容的编写上力求通俗易懂，在内容的处理上符合"以应用为目的，以必需、够用为度"的高职教学原则，并体现以下特色。

1. 融价值塑造、知识传授和能力培养为一体，落实立德树人根本任务

本书在内容设计时，考虑知识传授和能力的培养，把价值观的塑造也蕴含其中，帮助学生塑造正确的世界观、人生观、价值观。通过挖掘、提炼数字电子技术知识体系中所蕴含的思想价值和精神内涵，拓展教材的广度和深度，以及我国在5G技术和数字经济等方面发展的事例，提升课程内容的引领性、时代性和开放性。

2. 理论和实践密切结合，培养学生的动手能力、创新能力和劳动能力

本书内容由理论知识和实训内容构成。主体教学过程：看、想、学、做。首先通过前述部分、多媒体课件在讲授内容前演示某些功能电路的工作过程，让学生通过观察，掌握元器件的功能，快速入门，然后通过教学，并结合在实训内容中运用元器件实现电路，把实践和理论有机地融合在一起。每节内容后面的"想一想"给学生进一步的启迪。

本书内容的编写打破学生一定要懂得内部结构才能运用元器件的传统思想。本书采用了作者多年来在教学实践中运用并行之有效的、淡化不实用又难学的元器件内部结构知识和突出元器件实际应用知识的教学模式，重点传授从元器件资料（如符号、功能表等）来掌握应用元器件的方法，并结合采用常用芯片构成的典型电路的实例分析来强化学生的知识，培养学生举一反三的能力。

教师选用本书可完成数字电子技术课程的整体教学，不需要另行准备实训内容。本书的实训项目有一定的挑战性，在启发学生的基础上，由学生自行确定最终的实验电路，在参与制作的过程中激发学习兴趣和潜能，培养创新能力。

本书项目10课程设计的课题可以由学生利用实习课的时间或课余时间完成，教师也可以在教学过程中将其作为设计的例子进行分析。这部分内容可以帮助学生进一步明确各电路的功能，并培养其综合运用的能力。

3. 贯彻实用的工程理念，培养学生精益求精的"工匠"精神

本书强调基本概念、突出实用的应用技术。本书选用的实例截取于典型电子产品整机电路中的部分电路，有助于学生通过学习把所学知识和实际应用紧密地结合在一起。

实用的工程理念始终贯穿在整本书中。本书通过单元电路的实训项目，以及对总内容整合的课程设计，把资料查阅、电路整合、安装调试、报告编写等电子工程设计和制作的方法传授给学生，培养其再学习的能力，以及精益求精的"工匠"精神，在基础课程中逐步培养学生完成项目和构筑工程的能力。

4. 内容采用模块式结构，便于学生"按需选用"

本书以项目单元的方式，按模块划分内容，介绍不同类型元器件的功能和特点，以及典

型应用案例，便于学生进行知识体系的重构；通过对各知识点衔接所需基础知识的迭代式讲述，提高各项目单元模块知识的独立性，解决同类书知识内容前后衔接太紧、依赖性过强的问题，学生可根据需要灵活选取模块内容进行学习。

5. 完整的多媒体教学配套课件有助于教师授课和学生自学

本书是广东省精品开放资源课程的配套教材，配有完整的教学课件，内容包括课程的教学大纲、每个项目具体的教学安排、教案、实训的设计方案、试题库和教学自测题，以及主要功能电路的仿真、授课录像及微课等。教学课件和教材内容紧密结合，便于教师教学和学生学习。

需要教学课件的读者可通过电子邮箱 lixiangxu2004@163.com 与作者联系索取。

本书共 10 个项目，项目 1~项目 6 由徐丽香编写，项目 7~项目 10 由黎旺星编写，徐丽香对本书进行了统稿。

由于作者水平有限，书中难免有疏漏和不足之处，欢迎读者对本书提出批评与建议。

编者

2022 年 10 月

目　　录

项目1 认识数字电路

近年来，互联网、大数据、云计算、人工智能、区块链等技术加速创新，日益融入经济社会发展各领域的全过程中，数字经济发展速度之快、辐射范围之广、影响程度之深前所未有，正在成为重组全球要素资源、重塑全球经济结构、改变全球竞争格局的关键力量。我国数字经济的创新能力快速提高，5G的商业化、规模化应用在世界上处于领先地位。这些发展基于数字电子技术（简称数字技术）的飞速发展，数字技术在解决降本增效问题的同时，也成为"赋能"模式创新和业务突破的核心力量。数字技术是指将信息转换成数字（便于计算机处理，通常是二进制）格式的技术，即将一个物体的图像、声音、相关的文本或者信号转换成一系列由数字表达的点或者样本的离散集合。数字技术对于数据处理、储存和传播至关重要，是因为它可以让所有种类、所有类型的数据在相同的格式下混合传输，且数字在理论上可以无限传输而没有任何损失，因此数字技术成为世界上公认的保存信息最有效的方式。数字技术在电子技术上的应用非常广泛。图1.1所示为药片装瓶机的系统结构图，是数字技术在电子技术上应用的典型例子。数字电路是数字技术的核心，是智能控制的基础。现在，让我们一起探索数字技术的奥秘吧！

图1.1 药片装瓶机的系统结构图

通过本项目，主要掌握如下知识：

(1) 二进制数及其在电路中的形式。

（2）用二进制数表示其他数值和字符的方法。
（3）研究二进制数的关系时采用的是逻辑代数。
（4）常用的逻辑代数关系有与、或、非。
（5）逻辑关系的多种表示形式。

1.1　数字信号和数字电路

1. 模拟信号与数字信号

模拟信号：在时间和幅度上都连续的信号。

数字信号：在时间和幅度上都离散的信号。

我们通常处理的电信号是模拟信号，如音乐（幅度）、电视信号等，其信号形式是连续的，如图 1.2（a）所示，其在电路中难以不失真地存储、处理、分析和传输。把模拟信号通过一定的变换，可以变成在时间和数值（幅度）上都不连续的（称为离散）信号，即它们的变化在时间上是不连续的，一段时间内只有一种取值，而且其取值的大小和增减变化都采用数字的形式表达，这一类信号称为数字信号，如图 1.2（b）所示。数字信号在时间上是离散的，所以非常容易进行不失真的存储、处理、分析和传输。

（a）模拟信号

（b）数字信号

图 1.2　模拟信号与数字信号

数字信号在电路中只分为两种状态：高电平和低电平，分别对应数字"1"和"0"。通常用"1"表示高电平，用"0"表示低电平。特别注意，这时的数字"0"和"1"并不是通常在十进制中表述的数字"0"和"1"，而是一种符号，可以看成是逻辑 0 和逻辑 1，也可以表示事物彼此相关又相互对立的两种状态，如是与非、真与假、开与关、高与低等。

想一想：数字信号的"1"和"0"有没有大小之分呢？能否用"0"表示高电平，"1"表示低电平呢？

2. 数字电路

数字电路：工作在数字信号下的电路称为数字电路。

在数字电路中，并不可能出现数字"0"和"1"，而只能通过电压或电流的变化来代表"0"和"1"的信息。

数字电路通常通过不同的电压值（又称为逻辑电平，Logic level）来代表、传输"0"和"1"这样的数字信息。通过示波器可以观察到这些电压的波形是不断跳动的，通常称之为数字波形。当波形仅有两个离散数值时，通常又称为脉冲波形。图1.2（b）所示的就是数字波形，用0V表示逻辑0，用5V表示逻辑1。图1.2（b）表示16位数据的波形。当然，如果把每一位数字信号占用的脉冲宽度减小一半，也可以认为图1.2（b）表示32位数据的波形。所以在数字电路中，每一位数字信号所用的时间（占用的脉冲宽度）也是非常重要的，每一位数字信号所用的时间越长，数字信号传送的速度越慢。在数字电路中，通常用时钟脉冲作为数字系统中的时间参考信号，利用时钟脉冲的宽度来决定每一位数字信号的波形长度。图1.3所示为时钟脉冲与读取信号时位数的对应关系。此时，假设每一个时钟周期对应读取一位数据，在数据存取过程中，为保证数据不出错，记录和读取信号应采用频率相同的时钟脉冲。

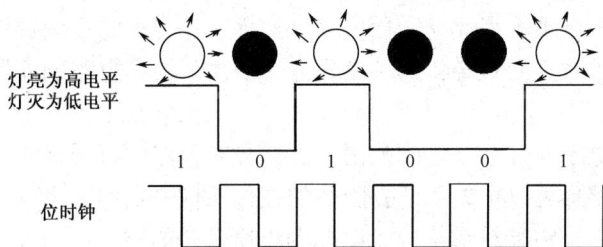

图1.3　时钟脉冲与读取信号时位数的对应关系

例1.1　某通信系统连续不间断地传输数据，每秒钟可传输10000位的数据，计算传输每位数据的时间。

解：按题意，传输每位数据的时间为

$$\frac{1}{10000} = 1 \times 10^{-4}(\text{s}) = 100(\mu\text{s})$$

想一想：既然传输每位数据所用的时间是固定的，为什么在使用Internet时，还会有网速（单位时间内得到的数据量）不同的情况出现呢？

知识拓展：在数字通信中，所传输的数据通常不是直接用高电平表示"1"或者低电平表示"0"的，因为这样传输容易受噪声干扰误传。首先把"0"和"1"通过调制，然后用不同形状的波形或数据的跳变沿来表示数字信号，图1.4所示为数字信号的频带传输，就是用不同形状的数字信号分别表示"0"和"1"的，在接收端再解调，将信号恢复为原来的样貌，这样可以提高信号传输的保真度。数字信号调制解调的方法可通过阅读数字通信技术的书籍进行了解。图1.4中基带信号表示原始二进制数，ASK表示幅移键控，FSK表示频移键控，PSK表示相移键控，它们都是数字信号的频带传输方法。试分析图1.4说明这几种键控方式分别是用什么来表示"0"和"1"的。

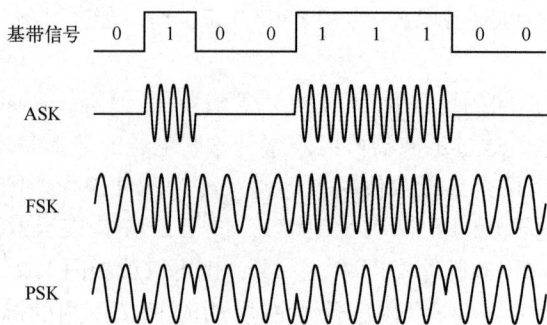

图 1.4　数字信号的频带传输

3. 数字电路的优点

数字电路与模拟电路相比，主要有以下优点。

（1）数字电路是以二值数字逻辑为基础的，只有"0"和"1"两个基本字符，只处理两种电平：高电平与低电平，因此易于用电路来实现。这时电路中的二极管、三极管通常工作于导通、截止这两个对立的状态，这种工作方式解决了模拟电路的元器件参数误差对电路的影响。

（2）高电平与低电平允许有一定的范围，因此数字电路的抗干扰能力较强。由数字电路组成的数字系统通过整形可以很方便地去除叠加在传输信号上的噪声与干扰；利用数字信号离散的特点还可以加入检错、纠错信号，以减少传输引起的错误；加入控制和工作状态信号可以方便信号的处理。

（3）数字电路不仅能完成数值运算，而且能进行逻辑判断和运算，这在控制系统中是不可缺少的。

（4）数字信息便于长期保存，凡是可以区分两种状态的系统就可以记录数字信息，如可将数字信息存入磁盘、光盘等长期保存。

数字电路由于其具有使用方便、可靠性好、精度高等特点，应用范围越来越广泛，如显示、测量、通信、数控等。了解数字电路的功能和应用，有助于合理选择、正确运用元器件和设备。

想一想：数字光盘和磁盘是通过什么方式来保存二进制数据的？

1.2　数制和编码

人们在日常生活中，习惯用十进制数。二进制数与我们常用的十进制数一样，可以表示数值大小和符号。在数字系统中，人们为了方便则输入二进制数，通常还使用十六进制数。

1.2.1　数制

数制：计数进位的简称。

当人们用数字量表示一个物理量的多少时，只用一个数字量在绝大多数情况下是不够的，因此必须采用多位数字量。而多位数字量按某种进位方式实现计数，就是进位计数制。

1. 十进制数（Decimal Number）

十进制数：采用 0，1，2，3，…，9 十个不同的数码来表示数。十进制数的基数是 10，进位规律是"逢 10 进 1"。

十个数码本来只能表示数值"0~9"十种取值，若超出此范围，则可以通过多位数来表示。各数码处在不同数位时，所代表的数值是不同的。例如，331 里有两个"3"数码，但是各自表示的数值不同：高位的"3"表示 300，低位的"3"表示 30。

$$3\times10^2 \qquad 3\times10^1 \qquad 1\times10^0$$

其中，10^2、10^1、10^0 称为十进制数各数位的权。

任何数值都可以用十进制数表示。例如，在 $a_{n-1}a_{n-2}\cdots a_1a_0.\,a_{-1}a_{-2}\cdots a_{-m}$ 中，每一位都是十进制数的数码"0，1，2，3，…，9"中的一个数码，表示的值 N 的大小为

$$[N]_{10} = a_{n-1}\times10^{n-1} + a_{n-2}\times10^{n-2} + \cdots + a_1\times10^1 + a_0\times10^0 + a_{-1}\times10^{-1} +$$
$$a_{-2}\times10^{-2} + \cdots + a_{-m}\times10^{-m}$$
$$= \sum_{i=-m}^{n-1} a_i\times10^i$$

式中，i 表示位数，以小数点为分界，向左位数依次为 0，1，2，…，$n-1$；向右位数依次为 -1，-2，…，$-m$。这样第 i 位数的权值为 10^i，即 a_i 实际所表示数值的大小为 $a_i\times10^i$，习惯上称之为这一位的加权系数。

十进制数的下标可以用 10 或 D（Decimal 的缩写）表示，也可以省略下标，标注时还可以直接把英文缩写写在数值后面。

2. 二进制数（Binary Number）

二进制数：采用两个数码"0"和"1"来表示数。进位规律是"逢 2 进 1"，即加法运算规则为"1+1=10"。

特别注意，"1+1"在十进制数中等于"2"，但在二进制数中没有"2"这个字符，按二进制数定义进位规律"逢 2 进 1"，因此可以用"1"放在高一位来表示，即用"10"表示。

任何用十进制数表示的数据，也可以用二进制数表示。例如，在 $a_{n-1}a_{n-2}\cdots a_1a_0.\,a_{-1}a_{-2}\cdots a_{-m}$ 中，每一位都是二进制数的数码"0"或"1"中的一个数码，表示的值 N 的大小为

$$[N]_2 = a_{n-1}\times2^{n-1} + a_{n-2}\times2^{n-2} + \cdots + a_1\times2^1 + a_0\times2^0 + a_{-1}\times2^{-1} +$$
$$a_{-2}\times2^{-2} + \cdots + a_{-m}\times2^{-m}$$
$$= \sum_{i=-m}^{n-1} a_i\times2^i$$

式中，i 表示位数，以小数点为分界，向左位数依次为 0，1，2，…，$n-1$；向右位数依次为 -1，-2，…，$-m$。这样第 i 位数的权值为 2^i，即 a_i 实际所表示数值的大小为 $a_i\times2^i$。

这种按权展开的方法，可以方便地把二进制数转换成十进制数。例如：

$$[1101.01]_2 = 1\times2^3 + 1\times2^2 + 0\times2^1 + 1\times2^0 + 0\times2^{-1} + 1\times2^{-2} = 8+4+1+0.25 = [13.25]_{10}$$

二进制数的下标通常用2或B（Binary的缩写）表示。可见，数码1在不同位置所表示的意义不同，表1.1所示为二进制数中部分不同位置的数码1所对应的十进制数。

表 1.1　二进制数中部分不同位置的数码 1 所对应的十进制数

1 所在位置的 i 值	…	5	4	3	2	1	0	小数点	−1	−2	…
权值	…	2^5	2^4	2^3	2^2	2^1	2^0		2^{-1}	2^{-2}	…
所对应的十进制数	…	32	16	8	4	2	1		0.5	0.25	…

$[1101.01]_2$ 对照表 1.1，根据 $[1101.01]_2$ 中 4 个 1 所在的位置权值直接相加得 $[1101.01]_2 = 8+4+1+0.25 = [13.25]_{10}$。

3. 十六进制数（Hexadecimal Number）

十六进制数：采用 0，1，2，…，9，A，B，C，D，E，F 十六个字符来表示数。十六进制基数是 16，进位规律是"逢 16 进 1"。

用二进制表示数时，字符串可能会很长，为书写和阅读方便，常用十六进制显示输入的二进制数，1 位十六进制数对应 4 位二进制数。

十六进制数每个数位的权是 16 的幂。十六进制数的下标可用 16 或 H（Hexadecimal 的缩写）表示。例如，在 $a_{n-1}a_{n-2}\cdots a_1a_0. a_{-1}a_{-2}\cdots a_{-m}$ 中，每一位都是十六进制数的数码"0，1，…，9，A，B，C，D，E，F"中的一个数码，表示的值 N 的大小为

$$[N]_{16} = a_{n-1} \times 16^{n-1} + a_{n-2} \times 16^{n-2} + \cdots + a_1 \times 16^1 + a_0 \times 16^0 + a_{-1} \times 16^{-1} +$$

$$a_{-2} \times 16^{-2} + \cdots + a_{-m} \times 16^{-m}$$

$$= \sum_{i=-m}^{n-1} a_i \times 16^i$$

在程序设计、指令书写、数据地址分配中十六进制数用得非常广泛。在计算机应用中，通常一个数字或英文字母需要用 8 位二进制数表示，而一个汉字需要用 16 位二进制数表示，这时若用十六进制数表示则分别需要 2 位十六进制数和 4 位十六进制数。

1.2.2　不同进制之间的相互转换

人们通常采用十进制数进行计数和表示一些物理量的大小，而微型计算机或其他数字电路内部只有二进制数。此时，往往需要在两者之间进行转换。下面介绍不同进制之间的转换方法。

1. 二进制数转换成十进制数

二进制数转换成十进制数，简记为"按权展开，相加即可"。

例 1.2　将二进制数 $[101.1]_2$ 转换成十进制数。

解：

$$[101.1]_2 = 1 \times 2^2 + 0 \times 2^1 + 1 \times 2^0 + 1 \times 2^{-1} = 4+0+1+0.5 = [5.5]_{10}$$

2. 十进制数转换成二进制数

十进制整数转换成二进制整数采用"除 2 取余，逆序排列"法。

十进制小数转换成二进制小数采用"乘 2 取整,顺序排列"法。

因为整数部分和小数部分的转换方法不同,所以要分开转换。

例 1.3 将十进制数 $[67]_{10}$ 转换成二进制数。

解:

```
2 │ 67        1    低位
   2 │ 33      1    ↑
      2 │ 16   0    │
         2 │ 8  0   │
            2 │ 4  0│
               2 │ 2  0
                  2 │ 1  1   高位
                     0
```

从例 1.3 中可以看出,"除 2 取余"就是不断用 2 去整除十进制数直到商为 0;"逆序排列"就是把后得到的余数作为二进制数的高位,先得到的余数作为二进制数的低位,依次排列起来,即可得到相应的二进制数:

$$[67]_{10} = [1000011]_2$$

例 1.4 将 $[0.782]_{10}$ 转换成二进制数。

解:

$0.782 \times 2 = 1.564$　取整 $= 1$　高位

$0.564 \times 2 = 1.128$　取整 $= 1$　│

$0.128 \times 2 = 0.256$　取整 $= 0$　↓

$0.256 \times 2 = 0.512$　取整 $= 0$　低位

如果需要,还可以继续乘下去。位数越多越精确,若只要 4 位小数,则

$$[0.782]_{10} \approx [0.1100]_2$$

显然,十进制数转换成二进制数后可能存在误差。

例 1.5 将 $[67.782]_{10}$ 转换成二进制数。

解: 把 $[67]_{10}$ 和 $[0.782]_{10}$ 分别转换成二进制数后合成可得到转换结果为

$$[67.782]_{10} \approx [1000011.1100]_2$$

十进制数转换成其他任意进制数都可以用基数乘除法。例如,十进制数转换成十六进制数,将整数部分"除 2 取余,逆序排列"改成"除 16 取余,逆序排列",将小数部分"乘 2 取整,顺序排列"改成"乘 16 取整,顺序排列"。其余类推。

3. 二进制数与十六进制数之间的转换

二进制数转换成十六进制数的方法:以小数点为分界,4 位一组,不足 4 位时整数部分高位补零,小数部分低位补零。

十六进制数转换成二进制数的方法:每 1 位十六进制用 4 位二进制数表示。

例 1.6 把 $[10010.00111]_B$ 转换成十六进制数,把 $[3F.25]_H$ 转换成二进制数。

解:

$$[10010.00111]_B = [\underline{0001}\ \underline{0010}.\underline{0011}\ \underline{1000}]_B = [12.38]_H$$

$$[3F.25]_H = [\underline{0011}\ \underline{1111}.\underline{0010}\ \underline{0101}]_B = [11\ 1111.0010\ 0101]_B$$

想一想：数学中的所有十进制数是否都可以用二进制数精确表示？

1.2.3 编码

编码：用一种代码表示其他事物的方法称为编码。

在数字系统中，只有二进制数。若要处理或存储符号，则只能把十进制数、不同文字的符号等其他信息用二进制数来表示才能进行处理。建立这种二进制数与其他信息符号一一对应的关系称为编码，这时的二进制数就是一种代码。

n 位二进制数的取值组合为 2^n，所以，若所需编码的信息符号有 M 项，则需要用的二进制数的位数 n 应满足如下关系：

$$2^n \geqslant M$$

1. 二−十进制编码（BCD 码）

二−十进制编码（Binary Coded Decimal，简称 BCD 码）：用 4 位二进制数表示 1 位十进制数的计数方法。

这些二进制数的含义是按人们预先约定而赋予的。十进制数 0~9 有十种数码。为区分每一种数码，至少采用 4 位二进制数来对应表示 1 位十进制数。4 位二进制数共有十六种不同组合，用它来对 0~9 十个二进制数编码，只需要十种组合，因而按不同的约定可以产生不同类型的 BCD 码。

常见的 BCD 码如表 1.2 所示。

表 1.2　常见的 BCD 码

十 进 制 数	8421BCD 码	2421BCD（A）码	2421BCD（B）码	5421BCD 码	余 3BCD 码
0	0000	0000	0000	0000	0011
1	0001	0001	0001	0001	0100
2	0010	0010	0010	0010	0101
3	0011	0011	0011	0011	0110
4	0100	0100	1010	0100	0111
5	0101	0101	1011	1000	1000
6	0110	0110	1100	1001	1001
7	0111	0111	1101	1010	1010
8	1000	1110	1110	1011	1011
9	1001	1111	1111	1100	1100
权	8421	2421	2421	5421	无权

表 1.2 中 BCD 码是有一定的规律的，如 8421BCD 码、2421BCD 码、5421BCD 码每一组代码中的每一位的权是固定不变的，其加权系数之和就是所表示的十进制数；余 3BCD 码是在 8421BCD 码的基础上加 3 后得到的。8421BCD 码是一种简单而常用的二−十进制编码。

例 1.7 （1）把 $[10001001]_{8421BCD}$ 转换成十进制数。

（2）把 $[38]_{10}$ 转换成 8421BCD 码。

解：

（1）$[\underline{1000}\ \underline{1001}]_{8421BCD} = [89]_{10}$

（2）$[38]_{10} = [\underline{0011}\ \underline{1000}]_{8421BCD}$

注：在 8421BCD 码从右往左每 4 位下面加一横线表示 4 位 8421BCD 码对应 1 位十进制数。8421BCD 码中不可能出现 1010～1111 六种编码。

想一想：十进制数转换成 8421BCD 码的结果和转换成二进制数的结果是否相同？

2. 格雷码

格雷码：两个相邻代码之间仅有一位数码不同。

格雷码又称为反射循环码。格雷码可以有多种形式，表 1.3 所示为格雷码的排列，列出了其中一种 3 位格雷码的排列顺序。从表 1.3 中可以看出，格雷码的特点是两个相邻代码之间仅有 1 位数码不同。代码之间没有大小之分。

表 1.3　格雷码的排列

顺　序	0	1	2	3	4	5	6	7
格雷码	000	001	011	010	110	111	101	100

3. 字符代码

在数字系统和计算机中，需要编码的信息除数字外，还有字符和各种专用符号。用二进制代码表示符号的编码方式有多种，目前广泛采用的有 ASCII（American Standard Code for Information Interchange，美国信息交换标准代码）编码、UNICODE 编码等。ASCII 编码可以表示数字、英文符号及部分控制符，ASCII（美国信息交换标准代码）表如表 1.4 所示。

表 1.4　ASCII（美国信息交换标准代码）表

字符	ASCII 编码			字符	ASCII 编码			字符	ASCII 编码		
	二进制	十进制	十六进制		二进制	十进制	十六进制		二进制	十进制	十六进制
回车	00001101	13	0D	?	00111111	63	3F	a	01100001	97	61
Esc	00011011	27	1B	@	01000000	64	40	b	01100010	98	62
空格	00100000	32	20	A	01000001	65	41	c	01100011	99	63
!	00100001	33	21	B	01000010	66	42	d	01100100	100	64
"	00100010	34	22	C	01000011	67	43	e	01100101	101	65
#	00100011	35	23	D	01000100	68	44	f	01100110	102	66
$	00100100	36	24	E	01000101	69	45	g	01100111	103	67
%	00100101	37	25	F	01000110	70	46	h	01101000	104	68
&	00100110	38	26	G	01000111	71	47	i	01101001	105	69
‘	00100111	39	27	H	01001000	72	48	j	01101010	106	6A
(	00101000	40	28	I	01001001	73	49	k	01101011	107	6B
)	00101001	41	29	J	01001010	74	4A	l	01101100	108	6C
*	00101010	42	2A	K	01001011	75	4B	m	01101101	109	6D
+	00101011	43	2B	L	01001100	76	4C	n	01101110	110	6E

字符	ASCII 编码			字符	ASCII 编码			字符	ASCII 编码		
	二进制	十进制	十六进制		二进制	十进制	十六进制		二进制	十进制	十六进制
,	00101100	44	2C	M	01001101	77	4D	o	01101111	111	6F
-	00101101	45	2D	N	01001110	78	4E	p	01110000	112	70
.	00101110	46	2E	O	01001111	79	4F	q	01110001	113	71
/	00101111	47	2F	P	01010000	80	50	r	01110010	114	72
0	00110000	48	30	Q	01010001	81	51	s	01110011	115	73
1	00110001	49	31	R	01010010	82	52	t	01110100	116	74
2	00110010	50	32	S	01010011	83	53	u	01110101	117	75
3	00110011	51	33	T	01010100	84	54	v	01110110	118	76
4	00110100	52	34	U	01010101	85	55	w	01110111	119	77
5	00110101	53	35	V	01010110	86	56	x	01111000	120	78
6	00110110	54	36	W	01010111	87	57	y	01111001	121	79
7	00110111	55	37	X	01011000	88	58	z	01111010	122	7A
8	00111000	56	38	Y	01011001	89	59				
9	00111001	57	39	Z	01011010	90	5A	{	01111011	123	7B
:	00111010	58	3A	[	01011011	91	5B	|	01111100	124	7C
;	00111011	59	3B	\	01011100	92	5C	}	01111101	125	7D
<	00111100	60	3C	]	01011101	93	5D	~	01111110	126	7E
=	00111101	61	3D	^	01011110	94	5E				
>	00111100	62	3E	_	01011111	95	5F				

上述这些编码都是人为规定的，只有大家都采用相同的编码，才能正确交流信息。

4. 编码的应用

图 1.5 所示为用十六进制编辑软件观察到的计算机内部的编码形式。计算机内部只有二进制数，任何符号在计算机内部都以二进制形式存在。从图 1.5 中可以看到，在计算机内部一个文件保存的内容为"1234567890..abcdefghijklmnopqrstuvwxyz..数字电子技术"的数据形式。前面的数码和英文符号采用 ASCII 编码，每个字符占用 8 位二进制数（2 位十六进制数称为 1 个字节）；汉字采用 GB2312 编码，每个汉字采用 16 位二进制数（4 位十六进制数，2 个字节，称为 1 个字长）表示，实际文件内的数据如图 1.5 所示，图中用计算机内部编码以十六进制数来显示文件内容在计算机内的形式。特别注意，图 1.5 中的数据以十六进制数显示，实际上在计算机内只有二进制数，用两种不同的状态区分，用十六进制数显示比较简洁。例如，文件内容中的"1"，在计算机内存储为二进制数"00110001"，用十六进制数显示为"31"。

图 1.5　用十六进制编辑软件观察到的计算机内部的编码形式

想一想：用计算机浏览网站时出现乱码可能是什么原因呢？如果要进行保密通信，能否采用自行设计的编码方式呢？

1.3 逻辑代数基础

逻辑代数的研究对象为逻辑变量，其取值只有"逻辑1"和"逻辑0"。二进制数中只有"1"和"0"两个符号，因此，1位二进制数可以用一个逻辑变量来表示。由此可见，逻辑代数可以用于研究二进制数的关系。在分析和设计数字电路时，逻辑代数（又称为布尔代数）是最基本的数学工具。逻辑代数的逻辑变量"逻辑0"和"逻辑1"中的"0"和"1"并不表示数量的大小，而只表示两种对立的逻辑状态。

1.3.1 逻辑变量与逻辑函数

逻辑变量：只有"0"和"1"两种取值的变量。

逻辑函数：描述变量关系的函数。

逻辑变量通常用来表示事物的两种对立的逻辑状态，如开关的状态，要么是通，要么是断；灯的状态，要么灯亮，要么灯灭；"我是学生"这句话，要么为真，要么为假。逻辑变量通常用字母来表示，图1.6所示为串联开关指示灯控制电路示意图，两个开关的状态对应用 A 和 B 来表示，灯的状态可用 Y 来表示；同时，可规定"开关通"为"逻辑1"，"开关断"为"逻辑0"；"灯亮"时为"逻辑1"，"灯灭"时为"逻辑0"。这样图1.6此时的状态就可以用"$A=0$，$B=0$，$Y=0$"来描述。

图1.6 串联开关指示灯控制电路示意图

由图1.6可知，开关 A 和 B 的取值决定 Y 的取值，即逻辑变量 Y 的取值由逻辑变量 A、B 决定。逻辑变量之间的关系称为逻辑关系，它描述了事物变化发展的因果关系。逻辑关系通常用逻辑函数来表示，如 $Y=f(A, B)$，这里表示 Y 的取值由 A、B 决定。作为"因"的 A 和 B 称为输入变量，作为"果"的 Y 称为输出变量，f 表示逻辑关系。

1.3.2 基本的逻辑运算

逻辑代数的基本逻辑运算：与运算、或运算、非运算。

逻辑代数的所有逻辑运算关系都可以由三种基本逻辑运算关系互相组合得到。

在逻辑分析中，逻辑真值表（简称真值表）是非常重要的工具，其列出了所有输入变量（设有 n 个）的各种可能取值组合（2^n），及其遵循某种逻辑运算关系计算出的输出变量的结果；每种输入组合对应一个输出结果，即列出所有可能的输入取值与输出结果之间的关系。表1.5列出了图1.6中两个输入变量 A、B 的所有取值组合，即"A、B"的取值分别为"0、0""0、1""1、0""1、1"，除此之外，没有其他可能的取值。

1. 与运算

与运算：输入变量为全1时，输出变量为1，否则输出变量为0。

符合表 1.5 中的逻辑关系，称为与运算，又称为与逻辑。其逻辑表达式可记作：

$$Y=A \cdot B \qquad (1-1)$$

式（1-1）中，$A \cdot B$ 读作"A 与 B"，小圆点"·"表示 A、B 的与逻辑运算关系，称为逻辑乘。小圆点可省略，如上式可写成 $Y=AB$。

从表 1.5 中可知，与运算的规则：输入变量（A、B）全为 1 时，输出变量（Y）为 1；否则，输出变量（Y）为 0。简记为"全 1 出 1，有 0 出 0"。

表 1.5　与逻辑真值表

A	B	Y
0	0	0
0	1	0
1	0	0
1	1	1

"与逻辑"用语言叙述：当决定一事件发生的所有条件均具备时，事件才发生；否则，事件不发生。

在现实生活中，也有很多与逻辑的例子。例如，在图 1.6 中，若要灯亮，则条件是两个开关同时接通，否则，灯不亮。指示灯的亮灭与开关的通断的逻辑关系称为"与逻辑"。若规定"开关通"为"逻辑 1"，"开关断"为"逻辑 0"；"灯亮"时为"逻辑 1"，"灯灭"时为"逻辑 0"，则开关可以分别用逻辑变量 A、B 表示，灯用 Y 表示。Y 与 A、B 的关系用文字描述如表 1.6 所示，显然 Y 与 A、B 的关系符合"与逻辑"，其逻辑表达式记作：$Y = A \cdot B$。

表 1.6　与逻辑例子

开关 A 状态	开关 B 状态	灯 Y 状态
断	断	灭
断	通	灭
通	断	灭
通	通	亮

实现与逻辑功能的电路称为与门。与门的逻辑符号如图 1.7（a）所示。图 1.7（b）所示为与门的波形图，表示输入信号 A、B 波形与输出信号 Y 波形的对应关系。在数字电路中，正逻辑规定用高电平表示"逻辑 1"，低电平表示"逻辑 0"，反之为负逻辑。本书采用正逻辑，即用高电平表示"逻辑 1"，低电平表示"逻辑 0"，虚线表示时间的对应关系。从波形图中很容易发现，输入与输出的对应关系和表 1.5 中的结果是一样的。

（a）与门的逻辑符号　　　　　　　　　（b）与门的波形图

图 1.7　与门的逻辑符号与波形图

2. 或运算

或运算：输入变量全为 0 时，输出变量为 0，否则输出变量为 1。

符合表 1.7 中的逻辑关系称为或运算，又称为或逻辑。其逻辑表达式可记作：

$$Y=A+B \tag{1-2}$$

$A+B$ 读作 A 或 B。"+"表示或运算，称为逻辑加。或运算的规则：输入变量（A、B）全为 0 时，输出变量（Y）为 0；否则，输出变量（Y）为 1。简记为"全 0 出 0，有 1 出 1"。

注意：逻辑运算不同于二进制数运算。在二进制加法"$1+1=10$"中，此时 0、1 表示数码，它们的组合表示数量，"+"符号表示相加。而在或逻辑运算中，若输入变量 $A=B=1$，则输出变量 $Y=A+B=1+1=1$，此时 1 表示逻辑变量取值，因为任何逻辑变量只有一种取值，非 0 即 1，它并不表示数量的多少，所以 Y 的取值不可能为 10。

"或逻辑"用语言叙述：当决定一事件发生的各条件中，只要有一个或一个以上条件具备时，事件便发生；只有当条件全不具备时，事件才不发生。

图 1.8 中，若要灯亮，则条件是两个开关只要有一个接通即可。仅当两个开关同时断开时，灯不亮。灯 Y 与开关 A、B 的关系用文字描述如表 1.8 所示。或逻辑真值表如表 1.7 所示。显然，$Y=A+B$，即 Y 等于 A 或 B。

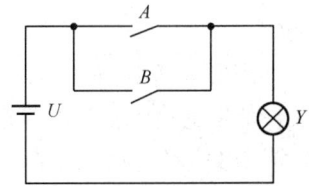

图 1.8 并联开关控制
电路示意图

在数字电路中，实现或逻辑功能的电路称为或门。或门的逻辑符号如图 1.9（a）所示。图 1.9（b）所示为或门的波形图，表示或门输出信号 Y 的波形与输入信号 A、B 的波形的对应关系。

表 1.7 或逻辑真值表

A	B	Y
0	0	0
0	1	1
1	0	1
1	1	1

表 1.8 或逻辑例子

开关 A	开关 B	灯 Y
断	断	灭
断	通	亮
通	断	亮
通	通	亮

（a）或门的逻辑符号

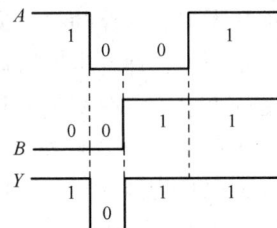

（b）或门的波形图

图 1.9 或门的逻辑符号与波形图

3. 非运算

非运算：输出变量与输入变量互为相反。

符合表 1.9 中的逻辑关系称为非运算，又称为非逻辑。其逻辑表达式可记作：

$$Y=\overline{A} \tag{1-3}$$

$\overline{A}$ 读作 A 非。非逻辑表示逻辑关系中相反的关系，即"入 0 出 1，入 1 出 0"。

若开关和灯的状态的逻辑规定同上所述，则图 1.10 中灯 Y 与开关 A 的关系就是非逻辑的一个例子，图中 R 是限流电阻，保证在开关接通时电源不会直接短路，对逻辑关系不会有影响。当开关 A 接通时，指示灯 Y 不亮；而当开关 A 断开时，指示灯 Y 亮。非逻辑真值表如表 1.9 所示，非逻辑例子如表 1.10 所示。显然，$Y = \overline{A}$，即 Y 等于 A 非。

图 1.10　单开关控制电路示意图

表 1.9　非逻辑真值表

A	Y
0	1
1	0

表 1.10　非逻辑例子

开关 A	灯 Y
断	亮
通	灭

在数字电路中，实现非逻辑功能的电路称为非门。非门的逻辑符号如图 1.11（a）所示。图 1.11（b）所示为非门的波形图，表示非门输出信号 Y 的波形与输入信号 A 的波形的对应关系，很明显，它们总是相反的。

国标符号　　　曾用符号　　　国外符号

（a）非门的逻辑符号　　　　　　　（b）非门的波形图

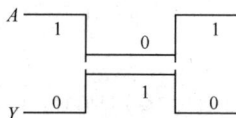

图 1.11　非门的逻辑符号与波形图

想一想： 能否举例说明日常生活中存在的与、或、非逻辑关系呢?

4. 复合逻辑运算

复合逻辑运算：与、或、非逻辑的混合运算。

现实中，大部分逻辑函数均是与、或、非三种基本逻辑运算的组合。任何逻辑运算均可以由这三种基本逻辑运算的组合来表示。

当与、或、非三种基本逻辑运算组合在一起时，其运算规律如下。

（1）在一个式子中有逻辑乘和逻辑加时，应先做逻辑乘再做逻辑加。例如，$A \cdot B + C \cdot D$ 就应首先做 A 逻辑乘 B 逻辑和 C 逻辑乘 D 逻辑，然后把两项逻辑乘的结果做逻辑加。

（2）式子中有括号，应先做括号内的运算。例如，$(A+B) \cdot C$，应首先做括号内的逻辑加，然后做逻辑乘。

（3）式子中有"非"符号时，先做"非"符号下表达式的运算，再进行非运算。在做非运算时，要特别注意"非"符号的长短。例如，$\overline{AB+CD}$，应首先做逻辑乘（逻辑 A 乘逻辑 B、逻辑 C 乘逻辑 D），然后做逻辑加（$AB+CD$），最后做非运算；而 $\overline{AB}+\overline{CD}$，应首先做逻辑乘，然后做非运算，最后做逻辑加。

例 1.8 写出表达式 $F_1 = \overline{A}\,\overline{B} + \overline{A}B$ 的真值表。

解： 可以根据 A、B 依次列出 $\overline{A}$（与 A 取值相反）、$\overline{B}$（与 B 取值相反）、$\overline{A}\,\overline{B}$（$\overline{A}$ 与 $\overline{B}$）、$\overline{A}B$（$\overline{A}$ 与 B）的取值，最后算出 F_1 的取值。$F_1 = \overline{A}\,\overline{B} + \overline{A}B$ 的真值表如表 1.11 所示。

表 1.11　$F_1 = A\overline{B} + \overline{A}B$ 的真值表

A	B	$\overline{A}$	$\overline{B}$	$A\overline{B}$	$\overline{A}B$	F_1
0	0	1	1	0	0	0
0	1	1	0	0	1	1
1	0	0	1	1	0	1
1	1	0	0	0	0	0

表 1.11 中，F_1 与 A、B 的关系是一种比较常用的逻辑关系，称为异或运算。其特点是当两个输入变量 A、B 逻辑值相同时，F_1 为 0；当两个输入变量 A、B 逻辑值相异时，F_1 为 1。简记为"相同为 0，相异为 1"。复合逻辑运算的符号和表达式如表 1.12 所示，其中异或运算表达式为 $Y = A \oplus B = A\overline{B} + \overline{A}B$。

在逻辑关系中，通常把输入变量 A、B 的形式称为原变量，$\overline{A}$、$\overline{B}$ 的形式称为反变量。

表 1.12　复合逻辑运算的符号和表达式

名　　称	逻辑符号	表　达　式
与非运算		$Y = \overline{AB}$
或非运算		$Y = \overline{A+B}$
与或非运算		$Y = \overline{AB+CD}$
异或运算		$Y = A \oplus B = A\overline{B} + \overline{A}B$
同或运算		$Y = A \odot B = AB + \overline{A}\,\overline{B}$

例 1.9　写出表达式 $F_2 = AB + \overline{A}\,\overline{B}$ 的真值表。

解： 可以根据 A、B 依次列出 $\overline{A}$（与 A 取值相反）、$\overline{B}$（与 B 取值相反）、AB（A 与 B）、$\overline{A}\,\overline{B}$（$\overline{A}$ 与 $\overline{B}$）的取值，最后算出 F_2 的取值。$F_2 = AB + \overline{A}\,\overline{B}$ 的真值表如表 1.13 所示。

表 1.13　$F_2 = AB + \overline{A}\,\overline{B}$ 的真值表

A	B	$\overline{A}$	$\overline{B}$	AB	$\overline{A}\,\overline{B}$	F_2
0	0	1	1	0	1	1
0	1	1	0	0	0	0
1	0	0	1	0	0	0
1	1	0	0	1	0	1

表 1.13 中，F_2 与 A、B 的关系与表 1.11 中 F_1 与 A、B 的关系是相反的，即 $F_2 = \overline{F_1}$，F_2 的运算称为同或运算。其特点是当两个输入变量 A、B 逻辑值相同时，F_2 为 1；当两个输入变量 A、B 逻辑值相异时，F_2 为 0。简记为"相同为 1，相异为 0"。

对照表 1.11 和表 1.13 可知，异或运算和同或运算的输出结果刚好相反，即异或逻辑取反后为同或逻辑。

常用的复合逻辑运算有与非运算、或非运算、与或非运算、异或运算、同或运算等。

1.3.3 逻辑运算的应用

逻辑运算在数字电路中的应用非常广泛，是构成数字电路工作的最基本单元。下面介绍一些简单逻辑运算的应用。

1. 加解密运算

用异或关系可实现 4 位二进制数的加密与解密。未加密的二进制数用 D_i 表示，加密用的二进制数密码用 E_i 表示，加密后的二进制数用 F_i 表示，解密后的二进制数用 M_i 表示，i 表示其中第 i 位。

加密：$F_i = D_i \oplus E_i$

加密后的数据 F_i 称为密文，若没有密码则不可能知道 D_i 的数值。

解密：$M_i = F_i \oplus E_i$

解密后，可以恢复出与 D_i 相同的 M_i，即 $M_i = D_i$。

加解密运算如表 1.14 所示，未加密的 4 位二进制数为 $D_i = A_3A_2A_1A_0 = 1001$，加密和解密用的 4 位二进制数密码为 $E_i = B_3B_2B_1B_0 = 0101$，经对应每 1 位二进制数进行异或运算加密后数据为 $F_i = A_3A_2A_1A_0 \oplus B_3B_2B_1B_0 = 1100 = C_3C_2C_1C_0$，$M_i = C_3C_2C_1C_0 \oplus B_3B_2B_1B_0 = 1001$。

表 1.14 加解密运算

数据名称	第 3 位	第 2 位	第 1 位	第 0 位
未加密的 4 位二进制数 D_i	1	0	0	1
加密用的 4 位二进制数密码 E_i	0	1	0	1
加密后的 4 位二进制数 F_i	1	1	0	0
解密用的 4 位二进制数密码 E_i	0	1	0	1
解密后的 4 位二进制数 M_i	1	0	0	1

可见，只有解密时用与加密时相同的密码才能正确恢复原数据。

2. 信号传送控制

设输入信号为 A，控制信号为 B，输出为 F。可选用多种门实现 A 信号通断控制。图 1.12 所示为门电路控制信号的传送，分别利用与门、或门、异或门电路来控制信号的传送。

（1）利用与门 $F_1 = AB$：当 $B = 1$ 时，$F_1 = A$，信号可以传送；当 $B = 0$ 时，$F_1 = 0$，信号不可以传送。

（2）利用或门 $F_2 = A + B$：当 $B = 0$ 时，$F_2 = A$，信号可以传送；当 $B = 1$ 时，$F_2 = 1$，信号不可以传送。

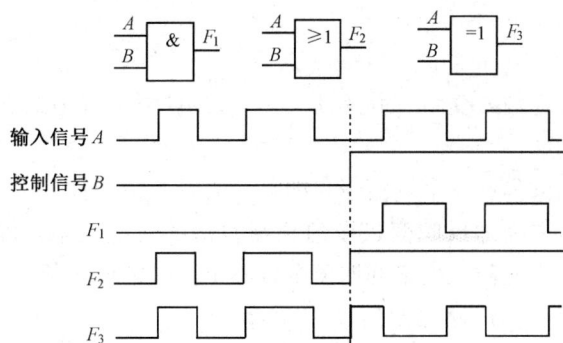

图 1.12 门电路控制信号的传送

（3）利用异或门 $F_3 = A \oplus B = A\overline{B} + \overline{A}B$：当 $B = 0$ 时，$F_3 = A$，信号可以传送；当 $B = 1$ 时，$F_3 = \overline{A}$，信号可以取反传送。

想一想：

（1）能否列举一些逻辑运算在日常生活中运用的例子呢？

（2）如果要求三个开关均能控制同一盏灯，那么应如何实现呢？

1.3.4 逻辑函数及其表示方法

逻辑函数：描述输入与输出之间的关系。

当输入变量的取值确定之后，输出变量的取值也就确定了。逻辑函数的一般表达式可以为

$$Y = f(A, B, C, D, \cdots) \tag{1-4}$$

式中，Y 表示输出变量；A，B，C，D，…表示输入变量；f 表示输出变量与输入变量的逻辑关系。任何一种具体事物的因果关系都可以用逻辑函数来描述。任何逻辑函数均可以由三种基本逻辑运算组合而成。

逻辑函数的表示方法有逻辑真值表（简称真值表）、逻辑函数表达式（简称表达式）、逻辑图、波形图及卡诺图，它们之间可以相互转换。以下介绍前四种表示方法和它们之间相互转换的方法。用卡诺图表示逻辑函数的方法会在后面介绍。

例 1.10 用 A、B 两个开关同时控制同一盏灯 Y，逻辑关系表如表 1.15 所示。根据表 1.15 给出逻辑规定。

表 1.15 例 1.10 的逻辑关系表

开关 A	开关 B	灯 Y
拨下	拨下	灭
拨下	拨上	亮
拨上	拨下	亮
拨上	拨上	灭

解：把它们转化成逻辑问题的输入变量和输出变量，并做出逻辑规定：开关为输入变量，用 A、B 表示，开关拨上为 1，拨下为 0；灯为输出变量，用 Y 表示，灯亮为 1，灯灭为 0。

1. 真值表

真值表：列出在所有输入变量（设有 n 个）的各种可能取值组合（2^n）下相应函数取值的表格。

一个确定的逻辑函数只有一个真值表，即真值表具有唯一性。

真值表能够直观、清晰地反映变量取值和函数值的对应关系，即逻辑功能。当变量多时，表格就比较烦琐。为使输入变量的取值组合不出现遗漏或重复，输入变量的取值组合最好按二进制递增（或递减）的顺序排列。

表 1.15 中的例 1.10 的逻辑关系表可转换成如表 1.16 所示的真值表。

表 1.16　例 1.10 的真值表

A	B	Y
0	0	0
0	1	1
1	0	1
1	1	0

从表 1.16 可知，此电路的逻辑功能如下：

（1）当两个输入变量相异时，输出为 1。

（2）当两个输入变量相同时，输出为 0。

即实现异或逻辑运算。

2. 表达式

表达式：表达逻辑变量之间关系的公式。

从表 1.16 可知，在 A、B 四种状态组合中只有第二种（$A=0$，$B=1$）和第三种（$A=1$，$B=0$）状态组合才能使输出变量 Y 为 1。即 $\overline{A}B$ 当且仅当在第二种状态组合（$A=0$，$B=1$）时取值为 1；$A\overline{B}$ 当且仅当在第三种状态组合（$A=1$，$B=0$）时取值为 1。所以，$\overline{A}B+A\overline{B}$ 当且仅当 A、B 在第二种状态组合和第三种状态组合取值时为 1，其余状态组合取值时为 0，即 $Y=\overline{A}B+A\overline{B}$。

由此可见，由真值表写出表达式的方法如下：对应真值表，输入变量取 1 值的用原变量表示，取 0 值的用反变量表示，每种状态组合的输入变量间用与运算。首先，若 AB 在真值表中的取值为 10，则可表示为 $A\overline{B}$。然后，把所有使输出变量 Y 为 1 的状态组合用或运算连起来，例 1.10 中真值表有两项使 Y 取值为 1 的组合，所以其表达式为

$$Y=\overline{A}B+A\overline{B} \tag{1-5}$$

表达式是一种用与、或、非等逻辑运算组合起来的式子。用它表示逻辑函数，形式简洁、书写方便，便于推演、变换。同一逻辑函数可以有多种形式的表达式，如例 1.10 中异或运算还可以表示为 $Y=A\oplus B$。但根据上述方法从真值表中只能对应写出一种表达式，这种表达式称为最小项表达式。有关最小项表达式的内容将在后面内容进行详述。最小项表达式可以转换成其他表达式。

想一想：

（1）已知真值表，是否一定可以写出表达式呢？

（2）如果有 A、B、C 三个输入变量，那么共有几种取值组合呢？在 A、B、C 为何值时，可使 $F = A\bar{B}C = 1$？

（3）总结已知真值表写表达式的方法。

3. 逻辑图

逻辑图：将逻辑函数表达式中各变量间的与、或、非等运算关系用相应的逻辑符号表示出来。

式（1-5）的逻辑图可以用图 1.13 表示，用非门、与门和或门组合连接来实现。

逻辑图与数字电路所用的元器件有明显的对应关系，便于制作实际电路。根据逻辑函数表达式，虽然很容易选用相应的门电路来实现，但是它不便于直接进行逻辑函数的推演和变换。

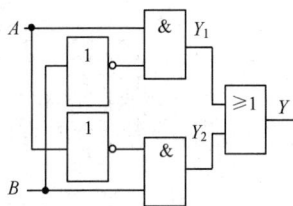

图 1.13　式（1-5）的逻辑图

4. 波形图

波形图：反映输入和输出波形变化规律的图形，也称为时序图。

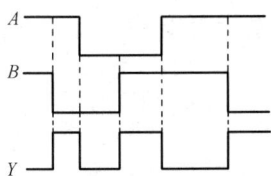

图 1.14　例 1.10 的波形图

波形图能直接反映变量与时间的关系，以及函数值随时间变化的规律，它同实际电路中的电压波形相对应，故常用于数字电路的分析检测和设计调试中。

在波形图中，通常用高电平表示 1，用低电平表示 0。图 1.14 所示为例 1.10 的波形图。波形图也可以描述输出变量（Y）与输入变量（A、B）的关系。

5. 各种表示方法间的相互转换

既然各种表示方法都可以描述同一逻辑函数，它们之间必然可以互相转换。下面举例说明。

例 1.11　试将表 1.17 所示的真值表转换成逻辑函数表达式，并画出逻辑图。

表 1.17　例 1.11 的真值表

A	B	C	Y
0	0	0	1
0	0	1	0
0	1	0	0
0	1	1	0
1	0	0	0
1	0	1	0
1	1	0	0
1	1	1	1

解：（1）由真值表转换成逻辑函数表达式。

方法：将真值表中使 $Y=1$ 的各输入组合中的 1 用原变量表示，0 用反变量表示，变量间进行逻辑乘，再把所有使 $Y=1$ 的项进行逻辑加，可得下式：

$$Y = \overline{A}\ \overline{B}\ \overline{C} + ABC$$

（2）由逻辑函数表达式画出逻辑图。

方法：把逻辑函数表达式中的非号、逻辑乘号和逻辑加号分别用相应的门电路的逻辑符号表示，可画出如图 1.15 所示的例 1.11 的逻辑图。

例 1.12 已知函数的逻辑函数表达式为 $Y = AB + \overline{B}C$，求它对应的真值表，并按图 1.16 所示的输入波形，画出输出波形。

图 1.15　例 1.11 的逻辑图

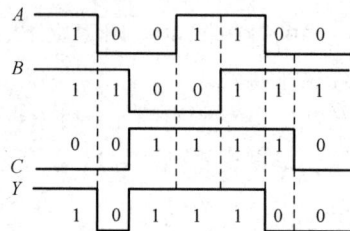

图 1.16　例 1.12 的波形图

解：（1）根据逻辑函数表达式写出真值表。

方法：将输入变量 A、B、C 的所有取值组合逐一代入逻辑函数表达式中进行计算，即可得到函数 Y 的真值表，表 1.18 所示为例 1.12 的真值表。

表 1.18　例 1.12 的真值表

A	B	C	Y
0	0	0	0
0	0	1	1
0	1	0	0
0	1	1	0
1	0	0	0
1	0	1	1
1	1	0	1
1	1	1	1

（2）根据逻辑函数表达式和输入波形，画出输出波形。

方法：以输入波形的每一次跳变边缘（从 0 到 1 或从 1 到 0）为界，把输入波形每一部分的高电平表示为 1，低电平表示为 0，代入逻辑函数表达式，得出 Y 的结果，然后以 Y 为 1 画高电平，Y 为 0 画低电平，可得到图 1.16 中的输出波形 Y。

例 1.13 已知函数 Y 的逻辑图如图 1.17 所示，写出函数 Y 的逻辑函数表达式并列出其真值表。

解：（1）根据逻辑图写出逻辑函数表达式。

方法：① 逐级写出函数输出端逻辑函数表达式。

$$Y_1 = AB$$
$$Y_2 = \overline{A}\ \overline{B}$$

② 最后得到函数 Y 的逻辑函数表达式。

$$Y = AB + \overline{A}\ \overline{B} \qquad\qquad (1-6)$$

（2）列出真值表。把 AB 的每一种输入组合代入函数 Y 的逻辑函数表达式，即可得出它的真值表，如表 1.19 所示。

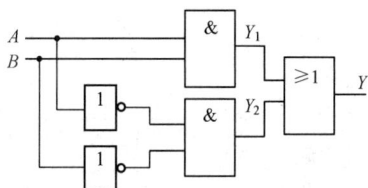

图 1.17 例 1.13 的逻辑图

表 1.19 例 1.13 的真值表

A	B	Y
0	0	1
0	1	0
1	0	0
1	1	1

从真值表可知，这种电路的功能为同或逻辑运算。

想一想：如果已知逻辑函数的任一种表示方法，是否就可以推算出其他所有的表示方法呢？

实训 1 认识常用实训设备和集成电路，制作逻辑笔

1. 实训目的

（1）熟悉门电路应用分析。

（2）熟悉实验箱各部分电路的作用。

（3）掌握逻辑笔的制作和使用，对高电平、低电平、脉冲串的信号建立相应的概念。

（4）学会用门电路解决实际问题。

逻辑笔的实训电路示意图如图 1.18 所示。

图 1.18 逻辑笔的实训电路示意图

2. 实训器材

数字电路实验箱及各种集成电路　　　若干

六反相非门	74LS04	3 块
发光二极管	红、绿	各 1 只
电阻	470Ω	2 只

3. 实训内容

（1）实验箱的使用。熟悉实验箱的使用，通过对开关、显示、脉冲产生电路等的测试、连接和控制，掌握实验箱各部分的作用。

利用实验箱的数码管显示学生本人的学号。

（2）安装逻辑笔。安装如图 1.18 所示的逻辑笔。该逻辑笔的使用一般是将黑色探针接地，用红色探针测试逻辑电路。根据两个发光二极管的发光状态可以判断测试点的逻辑高电平、低电平、脉冲串及高阻态。

74LS04 是六反相非门。图 1.19 所示为 74LS04 引脚图，相应的说明见集成电路手册。

当红色探针所接为高电平时，经两级非门后，输出仍为高电平，从而表示高电平的红色指示灯发亮。而经一级非门后，输出为低电平，从而表示低电平的绿灯不亮。

当红色探针所接为低电平时，经两级非门后，输出仍为低电平，从而表示高电平的红色指示灯不亮。而经一级非门后，输出为高电平，从而表示低电平的绿灯发亮。

图 1.19　74LS04 引脚图

4. 实训报告

（1）分析电路工作原理。

（2）按图进行接线实训，测试实验箱上各种电平、脉冲，并与上面的分析对照。

（3）根据实训结果编写该逻辑笔使用说明及注意事项。

（4）想一想，在逻辑笔电路中，既然经过两个非门后，从逻辑功能上来说，相当于原输入的逻辑变量取值，那么电路中的两个非门是不是可以省略呢？

5. 想想做做

能否用 74LS00 即与非门实现逻辑笔电路呢？使用这种逻辑笔测试一个固定点的电平，逻辑笔接触电路时立刻显示相应的电平值，离开测试点后仍显示其电平值，直到按复位键才能测另外测试点的电平值。首先制成实际的电路，然后利用废钢笔套制成实用逻辑笔。74LS00 的内部引脚连接图可以通过 Internet 查询，方法：打开浏览器，进入 21IC 电子网，然后进入"资源"→"资源下载"→"手册"，在"搜索"框中输入芯片型号即可。

本项目学习指导

（1）数字信号是在时间和幅度上都离散的信号。由于其离散性，在应用中很容易实现分析和存储。数字信号在电路中以逻辑电平的形式保存。在传送过程中以脉冲波的形式存在。

（2）数字电路中采用二进制数，它只有 1、0 两个代码，在运算中遵从"逢 2 进 1"的进位规律。它转换成十进制数的方法是"按权展开"。十进制整数转换成二进制整数时，方法为"除 2 取余，逆序排列"。

因为二进制数书写较长，所以又有用十六进制数代替表示二进制数的方法。在数字电路中，二进制数不仅可以表示数，也可以表示逻辑状态，两者是不同的。

（3）在数字系统中，为了表示数值、文字符号等，往往要建立它们与二进制数对应的关系，这称为编码。编码的形式有多种，其中应用较广的有 BCD 码、格雷码和字符代码。

（4）逻辑代数是进行逻辑运算的数学工具。逻辑变量是用来表示逻辑关系的一种二值量，它只有 0 和 1 两种取值，此时的 0 和 1 不是数量大小符号，而是代表两种相对的逻辑状态，如高电平、低电平。与、或、非是三种最基本的逻辑运算，逻辑代数的运算规则和公式是逻辑化简和变换的依据。

（5）逻辑代数有五种表示方法：真值表、表达式、逻辑图、波形图和卡诺图，它们之间可以进行转换。

习 题 1

1.1　数字信号的特点是什么？数字信号在电路传送中是以什么形式存在的呢？

1.2　为什么在计算机中通常采用二进制数呢？

1.3　说明二进制数、十进制数和十六进制数各自的适用场合。

1.4　将下列十进制数分别用二进制数、十六进制数和 8421BCD 码来表示。

（1）$[38]_{10}$　　（2）$[57.625]_{10}$　　（3）$[256]_{10}$

1.5　将下列二进制数转换成十进制数、十六进制数。

（1）$[1001.01011]_2$　　（2）$[10010011]_2$　　（3）$[1111.1011]_2$　　（4）$[1101100]_2$

1.6　将下列十六进制数转换成二进制数、十进制数。

（1）2FBC　　（2）8DF　　（3）FFF

1.7　计算机内数据存储的形式如何？

1.8　逻辑代数有几种基本运算？写出它们各自的逻辑表达式和逻辑符号。

1.9　一个电路有三个输入信号 A、B、C，当其中两个输入信号为 1 时，输出 Y 为 1，其余输入组合对应输出为 0，试列出真值表，写出逻辑函数表达式，画出逻辑图，并根据图 1.20 所示输入波形画出对应的输出波形。

1.10　如图 1.21 所示电路，设开关闭合为 1，断开为 0，灯亮为 1，灯灭为 0。列出反映 L 与 A、B、C 关系的真值表，并写出逻辑函数 L 的表达式。

图 1.20　题 1.9 图

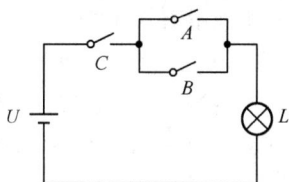

图 1.21　题 1.10 图

项目 2　使用基本逻辑门电路

通过项目 1，我们初步认识了与、或、非三种基本逻辑运算和与非、或非、异或等组合逻辑运算。在项目 1 的实训中，运用集成电路来代替逻辑符号进行电路的制作。集成电路是我国科技发展的重要组成部分，也是我国各行各业实现智能化、数字化的基础。目前集成电路渗透到我国各个行业，如工业机器人、5G 网络建设、汽车电子及计算机等重要科技领域，可以说集成电路是我国科技发展的基石，集成电路技术发展到位，我国在科技领域就不受制于人。本书内容以应用"黑匣子"的思想，着重研究集成电路的逻辑功能和外部特性，不深究其内部结构（但了解"黑匣子"的内部结构，将有助于我们更好地使用这些集成电路）。本项目将逐步揭开这些"黑匣子"的奥秘。

通过本项目，主要掌握如下知识：

(1) TTL 与非门的结构和常用参数。

(2) 各种功能的门电路。

(3) 门电路的各种输出结构。

(4) TTL 门电路和 CMOS 门电路的使用常识。

2.1　概述

门电路是构成数字电路的基本逻辑单元。门电路是由半导体元器件，如二极管、三极管、场效应管等构成的开关电路。

逻辑变量的取值只有"1"和"0"两种。此时的"1"和"0"并不表示数量的大小，而是表示两种不同的取值。常用高电平（H）表示逻辑"1"，低电平（L）表示逻辑"0"。这种规定为正逻辑，反之为负逻辑。本书一律采用正逻辑表示。高、低电平是一种相对值，可以规定 3V 为高电平，0V 为低电平，也可以规定 0V 为高电平，-3V 为低电平。同时，高、低电平并不对应唯一值，有一定的取值范围，如规定 3V 为高电平，0V 为低电平。当电压为 3.7V 时，也可以认为它是高电平。高、低电平取值范围的大小由具体电路规定。

门电路可以采用分立元器件，如二极管、三极管搭接而成，也可以直接采用集成电路来实现。集成电路（Integrated Circuit，IC）是将元器件和连线集成于同一半导体芯片上而制成的电路或系统，根据集成的元器件数量，分为晶体管数不超过 100 的小规模集成电路（SSI）、晶体管数大于 100 不超过 1000 的中规模集成电路（MSI）、晶体管数大于 1000 不超过 10 万的大规模集成电路（LSI）、晶体管数大于 10 万不超过 100 万的超大规模集成电路（VLSI）及晶体管数超过 100 万的巨大规模集成电路（GSI）等。

常用的门电路是小规模集成电路，从电路结构及工艺实现方面看，具有代表性的门电路有 TTL（Transistor-Transistor Logic，晶体管-晶体管逻辑）门电路和 CMOS（互补金属氧化物半导体）门电路。

2.2　TTL 门电路

TTL 门电路是晶体管-晶体管逻辑门电路的简称，主要的构成元器件是二极管和三极管。二极管具有单向性，通常工作于正向导通和反向截止状态，相当于开关的闭合和断开。三极管根据输入信号的大小，工作状态有三种：截止、放大、饱和。在 TTL 门电路中，三极管通常工作于截止和饱和状态，也可以等效成开关的闭合和断开。

下面以 TTL 与非门为例讲解 TTL 门电路使用时的外部特性。

2.2.1　TTL 与非门

图 2.1 所示为 TTL 与非门引脚排列图及封装图，图中的 74LS20 和 74LS00 都是 TTL 与非门。一片集成电路内的各个逻辑门互相独立，可以单独使用，但其电源引脚（电源正极 V_{CC} 和电源负极 GND）是共用的。

（a）74LS20（4 输入 2 与非门）　　（b）74LS00（2 输入 4 与非门）　　（c）封装图

图 2.1　TTL 与非门引脚排列图及封装图

如果 74LS00 的 1 脚和 2 脚作为输入（设为 A、B），那么 3 脚就是输出（设定为 Y），则 $Y=\overline{AB}$，这就是与非关系。

在设计电路时，必然要清楚电路的电压值，TTL 门电路的输入电压为多少时定为高电平输入，而输出高电平又是多少呢？这是作为设计者必须了解的。因为只有了解信号的大小才能够实现前后电路的连接，或者对后续电路的控制。下面将通过实验测试的方法了解 TTL 门电路的主要外部特性。

2.2.2　TTL 门电路电压传输特性测试

TTL 门电路的电压传输特性测试电路示意图及特性曲线如图 2.2 所示（以与非门为例）。电压传输特性是指输入电压从零（低电平）逐渐增加（到高电平）时，输出电压随输入电压变化的特性，通常用电压传输特性曲线来表示。

TTL 门电路在设计时，设定其工作电压为 +5V。按图 2.2 连接好电路，利用可调电位器控制输入电压的高低，并采用电压表对 74LS00 进行电压传输特性的测试。如图 2.2 所示，门电路的 2 脚接高电平，表示为 1，根据 $Y=\overline{AB}=\overline{A\cdot1}=\overline{A}$ 来进行研究。若 2 脚接低电平，则表示为 0，根据 $Y=\overline{AB}=\overline{A\cdot0}=1$，输出为某一固定电压值，很难观察其特性。

（a）电压传输特性测试电路示意图　　　　　　　　　（b）电压传输特性曲线

图 2.2　TTL 门电路的电压传输特性测试电路及特性曲线

各种类型的 TTL 与非门的传输特性曲线大同小异，可分为四段，以图 2.2（b）为例。

（1）AB 段。当输入电压 $u_I<0.6V$ 时，电路输出高电平，$u_O=U_{OH}=3.6V$。

（2）BC 段和 CD 段。当 $0.6V\leqslant u_I\leqslant1.4V$ 时，输出电压随输入电压的上升而下降。当 $u_I>1.4V$ 后，输出电压迅速下降到 0.3V，此时所对应的输入电压称为阈值电压或门限电平，用 U_{TH} 表示。一般 TTL 与非门电压传输特性曲线转折区所对应的输入电压 $U_{TH}\approx1.4V$。

（3）DE 段。当 $u_I>1.5V$ 后，随着 u_I 的上升，电路输出低电平，$u_O=U_{OL}=0.3V$。

在逻辑电路中，TTL 与非门通常工作于 AB 段和 DE 段，电路状态比较明确，可以避免与其他电路连接时，对逻辑取值产生误判。

在 TTL 门电路中，当输入电压变化时，TTL 门电路内部的二极管和三极管的工作状态会发生相应的变化，从而导致输出电压发生变化。当使用集成电路（含门电路）时，可以把相应的集成电路当成一个单独的电路单元进行考虑，而不分析构成该集成电路的晶体管工作状态的变化。对于本书的学习，我们希望读者重点掌握集成电路的外部特性。

想一想：

（1）在如图 2.2 所示的电压传输特性曲线中，当门电路正常工作时，输入电压应处于什么范围呢？如果输入电压不在此范围，那么会出现什么情况呢？

（2）门电路能否作为放大器使用呢？

2.2.3　TTL 门电路的主要参数

某一型号的红色发光二极管工作电压为 1.5~2V，正向导通电流为 3~20mA，正向导通电流越大，发光二极管的亮度越大，若正向导通电流大于允许的最大值，则可能烧毁发光二极管；若正向导通电流太小，则发光二极管发光不明显。有人想用 TTL 与非门控制多只发光二极管同时发光，按图 2.3 连接电路。问：这样的连接方法能否让发光二极管正常发光呢？为什么？如果门电路不能驱动发光二极管发光，那么减少所驱动的发光二极管的数量是否能使发光二极管发光呢？

实际上，只有图 2.3（c）中的发光二极管能正常发光，采用其他连接方法的发光二极管都无法发光。原因是单靠 TTL 门电路输出的电流或电压无法驱动发光二极管正常发光，因此，为了正确使用 TTL 门电路，要特别注意其参数，否则电路不能正常工作。下面介绍 TTL 门电路的主要参数。

（a）控制串联发光二极管发光1 　　　　　（b）控制串联发光二极管发光2

（c）控制并联发光二极管发光1 　　　　　（d）控制并联发光二极管发光2

注：R_v 的阻值取 470Ω，用于限流，以免电流太大烧坏发光二极管

图 2.3　TTL 与非门控制发光二极管发光

通常情况下，利用产品手册（参数说明文档）了解元器件是最有帮助的。现有的元器件参数说明主要以英文为主。下面以在 21IC 电子网中下载的 74LS00 参数说明为例，对 TTL 门电路的功能进行说明。图 2.4 所示为 TTL 与非门 74LS00 的参数说明截图，用中文表示，TTL 与非门 74LS00 的工作条件如表 2.1 所示，TTL 与非门 74LS00 的电参数如表 2.2 所示。

Recommended Operating Conditions

Symbol	Parameter	Min	Nom	Max	Units
V_{CC}	Supply Voltage	4.75	5	5.25	V
V_{IH}	HIGH Level Input Voltage	2			V
V_{IL}	LOW Level Input Voltage			0.8	V
I_{OH}	HIGH Level Output Current			−0.4	mA
I_{OL}	LOW Level Output Current			8	mA
T_A	Free Air Operating Temperature	0		70	°C

Electrical Characteristics

over recommended operating free air temperature range (unless otherwise noted)

Symbol	Parameter	Conditions	Min	Typ (Note 2)	Max	Units
V_{OH}	HIGH Level Output Voltage	V_{CC} = Min, I_{OH} = Max, V_{IL} = Max	2.7	3.4		V
V_{OL}	LOW Level Output Voltage	V_{CC} = Min, I_{OL} = Max, V_{IH} = Min		0.35	0.5	V
		I_{OL} = 4 mA, V_{CC} = Min		0.25	0.4	
I_I	Input Current @ Max Input Voltage	V_{CC} = Max, V_I = 7V			0.1	mA
I_{IH}	HIGH Level Input Current	V_{CC} = Max, V_I = 2.7V			20	μA
I_{IL}	LOW Level Input Current	V_{CC} = Max, V_I = 0.4V			−0.36	mA
I_{OS}	Short Circuit Output Current	V_{CC} = Max (Note 3)	−20		−100	mA
I_{CCH}	Supply Current with Outputs HIGH	V_{CC} = Max		0.8	1.6	mA
I_{CCL}	Supply Current with Outputs LOW	V_{CC} = Max		2.4	4.4	mA

Note 2: All typicals are at V_{CC} = 5V, T_A = 25°C.

图 2.4　TTL 与非门 74LS00 的参数说明截图

表 2.1　TTL 与非门 74LS00 的工作条件

参　　数	参数名称	最　小　值	典　型　值	最　大　值	单　位
V_{CC}	供电电压	4.75	5	5.25	V
V_{IH}	输入高电平	2			V
V_{IL}	输入低电平			0.8	V
I_{OH}	高电平输出电流			-0.4	mA
I_{OL}	低电平输出电流			8	mA
T_A	正常工作的温度	0		70	℃

说明：表 2.1 中规定流入集成电路的电流为正，流出集成电路的电流为负。

表 2.2　TTL 与非门 74LS00 的电参数

参　　数	参数名称	工　作　状　态	最小值	典型值	最大值
V_{OH}	输出高电平	V_{CC} 取最小值，I_{OH} 取最大值，V_{IL} 取最大值	2.7V	3.4V	
V_{OL}	输出低电平	V_{CC} 取最小值，I_{OL} 取最大值，V_{IH} 取最小值		0.35V	0.5V
		V_{CC} 取最小值，I_{OL} = 4mA		0.25V	0.4V
I_I	最大输入电压情况下的输入电流	V_{CC} 取最大值，V_I = 7V			0.1mA
I_{IH}	高电平输入电流	V_{CC} 取最大值，V_I = 2.7V			20μA
I_{IL}	低电平输入电流	V_{CC} 取最大值，V_I = 0.4V			-0.36mA
I_{OS}	短路电流	V_{CC} 取最大值	-20mA		-100mA
I_{CCH}	输出高电平时的供电电流	V_{CC} 取最大值		0.8mA	1.6mA
I_{CCL}	输出低电平时的供电电流	V_{CC} 取最大值		2.4mA	4.4mA

说明：表 2.2 中的参数是在 V_{CC} = 5V，T_A = 25℃ 的条件下测试的。

根据表 2.1，结合图 2.2（b），可知 TTL 与非门 74LS00 的供电电压为 4.75～5.25V，即 5±0.25V。主要参数分析如下（以 74LS00 为例）。

（1）输出高电平 V_{OH}。表 2.2 中的 74LS00 的 V_{OH} 典型值为 3.4V，习惯用 3.6V 表示。通常高于 2.7V 就认为输出高电平。在图 2.3（a）中，即使在电路输出电压为 3.6V 时，也无法满足 4 只发光二极管发光所需的至少 6V 的电压条件。

（2）输出低电平 V_{OL}。V_{OL} 典型值为 0.35V，习惯用 0.3V 表示。在图 2.3（b）中，即使在电路输出低电平时，与电源之间的电压差为 4.7V，无法满足 4 只发光二极管发光所需的至少 6V 的电压条件。

（3）开门电平 V_{ON} 和关门电平 V_{OFF}。开门电平是在保证输出为额定低电平时，允许的最小输入高电平，其典型值为 1.5V。关门电平是在保证输出至少为额定高电平（通常为 3.0V）的 90%（2.7V）的情况下，允许的最大输入低电平，其典型值为 1.0V。

（4）噪声容限。当输入端高电平、低电平受到干扰而发生变化时，并不会引起输出端低电平、高电平的变化，即在保证电路正常输出的前提下，允许输入电平有一定的波动范围。噪声容限就是指输入电平的允许波动范围。它包括以下两个参数。

① 输入高电平噪声容限 V_{NH}：当输入高电平时，保证 TTL 门电路仍可正常输出的最大

允许负向干扰电压。从图 2.5 中可以看出：

$$V_{NH} = V_{IH} - V_{ON}$$

② 输入低电平噪声容限 V_{NL}：当输入低电平时，保证 TTL 门电路输出仍为高电平时的最大允许正向干扰电压。从图 2.5 中可以看出：

$$V_{NL} = V_{OFF} - V_{IL}$$

输入信号的噪声容限越大，说明 TTL 门电路的抗干扰能力越强。

(5) 低电平输入电流 I_{IL} 和高电平输入电流 I_{IH}。在选用产品时低电平输入电流 I_{IL} 越小越好，以减轻对前级电路的影响，一般要求 $I_{IL} <$ 0.36mA。高电平输入电流 I_{IH} 是当输入高电平时，从 TTL 门电路流向输入端的电流，一般要求 $I_{IH} < 20\mu A$。

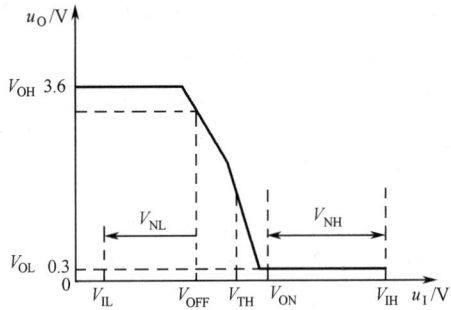

图 2.5 从电压传输特性曲线上求 V_{NL}、V_{NH}

(6) 输出电流 I_O。TTL 门电路输出与负载电阻 R_L 按图 2.6（a）连接时，称为拉电流负载。当电路输出高电平时，有一电流流出 TTL 门电路，经负载电阻 R_L 接地，并随 R_L 阻值的减小而增大，此时的输出电流称为拉电流 I_{OH}。若 I_{OH} 太大，则输出电压将下降，输出电压将可能偏离额定高电平，造成后级电路不能正常工作。R_{HS} 为 TTL 门电路输出高电平时的输出阻抗，通常约为 100Ω。

TTL 门电路输出与负载电阻 R_L 按图 2.6（b）连接时，称为灌电流负载。当电路输出低电平时，外负载电流将流经负载 R_L 流入 TTL 门电路，并随 R_L 阻值的减小而增大，此电流称为灌电流 I_{OL}。若 I_{OL} 太大，则输出电压将偏离规定的低电平值。R_{LS} 为 TTL 门电路输出低电平时的输出阻抗，通常为 $20 \sim 30\Omega$。

图 2.6 拉电流负载和灌电流负载

不管是拉电流负载还是灌电流负载，R_L 阻值太小都会使电流太大，这不仅导致输出电压偏离正常值，还可能烧毁电路，所以 TTL 门电路的输出负载不能太小，特别是禁止输出端直接与电源或地相连。

在图 2.3（d）中，发光二极管不发亮的原因是，虽然在输出高电平时，满足发光二极管发光的电压条件，但此时输出电流太小，最大为 0.4mA，4 只发光二极管，每只只能得到 0.1mA 的电流，发光二极管无法正常发光

(7) 扇出系数 N_O。扇出系数 N_O 是指 TTL 门电路能驱动同类门的个数。因为 TTL 门电路的拉电流和灌电流不能无限制增大，而连接的负载（后级输入门电路）总要从输出电路中拉出或灌入电流，所以 TTL 门电路能正常驱动的门电路个数是有限的。如果 V_{OL} 在不超过

额定低电平时允许的最大灌电流为 I_{OL}，那么其能驱动同类门电路的个数为 $N_O = I_{OL}/I_{IL}$。扇出系数越大，说明这一类 TTL 门电路的带负载能力越强。

（8）平均传输延迟时间 t_{pd}。在 TTL 门电路工作时，由于开关元器件的状态转换需要时间，在输出波形与输入波形上存在一定的滞后，从而限制了电路的工作速度，评价这一因素的参数就是平均传输延迟时间 t_{pd}。

图 2.7 所示为 TTL 与非门的传输延迟时间，输入 u_I 波形上升沿的中点与输出 u_O 波形下降沿的中点之间的时间间隔称为导通延迟时间 t_{pHL}；而输入 u_I 波形下降沿中点与输出 u_O 波形上升沿中点之间的时间间隔称为截止延迟时间 t_{pLH}。平均传输延迟时间 $t_{pd} = (t_{pHL} + t_{pLH})/2$。$t_{pd}$ 越小，工作速度越快。

图 2.7　TTL 与非门的传输延迟时间

（9）功耗。TTL 门电路的电源电压与电源供给电路的平均电流的乘积称为功耗。通常随着 TTL 门电路工作速度的提升，功耗随之升高。通常定义工作速度与功耗的乘积为数字电路的品质因数，该值越小，表明 TTL 门电路在较高的工作速度下，仍能保持较低的功耗。

想一想：请用参数计算的方式确定，在图 2.3 中哪些电路经减少发光二极管后能够发亮呢？同时想一想，利用 TTL 与非门驱动发光二极管发光时，是利用输出高电平直接驱动比较好，还是首先把发光二极管通过限流电阻接电源，然后在低电平输出时来驱动比较好呢？

2.2.4　电路应用

利用 74LS00 可控制信号的传送，与非门电路选通信号如图 2.8 所示。A 信号是要传送的信号，B 信号是控制信号，当 $B=1$ 时，信号可以经反相后输出（因为 $F = \overline{AB} = \overline{A \cdot 1} = \overline{A}$），而当 $B=0$ 时，输出为 1（因为 $F = \overline{AB} = \overline{A \cdot 0} = \overline{0} = 1$），$A$ 信号无法传送。门电路可以控制信号是否可以传送，有类似"门"的作用，顾名思义称为"门电路"。

图 2.8　与非门电路选通信号

想一想：如果要选通传送信号，希望信号经选通后原信号同相输出，那么可用什么门电路来实现控制呢？

2.2.5 TTL门电路的改进

随着数字电路的发展，人们对集成电路，尤其是门电路的要求越来越高。门电路的改进主要从提高工作速度、降低功耗、增强抗干扰能力等方面进行。常用的三种改进型的TTL门电路的特性如表2.3所示。

表2.3 常用的三种改进型的TTL门电路的特性

名　称	工作速度	功　耗	抗干扰能力
抗饱和TTL电路（STTL）	快	低	一般
有源泄放电路	最快	一般	强
低功耗肖特基电路（LS-TTL）	较快	最低	一般

2.3 TTL门电路的输出结构

门电路除与非门外，还有非门、或门、或非门、与或非门、异或门、同或门等种类。各种各样的门电路给逻辑设计带来极大的便利，这些门电路除逻辑功能不同外，因为它们输入部分和输出部分的电路基本相同，所以它们的外部特性也是相似的。

普通TTL与非门禁止输出端直接相连，如图2.9所示。门Z_2输出的是高电平，设为3.4V；门Z_1输出的是低电平，设为0.35V，如果两输出端直接相连，相当于高低差异很大的电压直接并在一起，那么必将有很大的电流从电源经门Z_2流向门Z_1，经门Z_1到地。这个电流远远超过正常工作电流，会使电路损坏。

为了使门电路的应用具有更强的适应性，运用更灵活，能够适应逻辑运算以外的其他要求，如更改输出电压、控制门电路是否工作等，出现了一些输出结构比较特别的门电路。TTL门电路的输出结构有以下三种：

（1）推拉式结构，即前述TTL与非门常用的输出结构。

（2）集电极开路输出结构，即OC结构。

（3）三态输出结构，即TSL结构。

图2.9 普通TTL与非门禁止输出端直接相连

2.3.1 集电极开路门

集电极开路（Open Collector，OC）门：输出端需要外加上拉电阻后接外加电源的门电路，输出的高电平电压值与外加电源相同。

1. 功能分析

OC门在制作时，缺少一些影响参数的元器件，可理解为"残缺的门"，相当于图2.10

（a）中的 OC 门的模型——只带门框，不带门板的门。在使用这种门电路时，用户要外接电路，相当于给门框配门板才能使用。例如，外加一个电阻 R_P 并连接电源 V'_{CC}，才能实现相应的逻辑功能，R_P 为上拉电阻。OC 与非门逻辑符号如图 2.10（b）所示，电路实现与非门功能：$Y=\overline{A \cdot B}$。图 2.10（b）还画上了外加的电源和上拉电阻。OC 与非门电路与常用的 TTL 与非门电路的差异就是在输出高电平时，由于门电路截止，输出的高电平不是通常的 3.4V 或 3.6V，而是与外接的 V'_{CC} 相同。

（a）OC 门的模型 　　　　　（b）OC 与非门逻辑符号

图 2.10　OC 门的功能分析

以 OC 结构为输出结构的门电路，因为电源 V'_{CC} 和上拉电阻 R_P 是外接的，所以只要合理配置其参数，使灌电流不要大于门电路的允许值，就允许将几个 OC 门的输出端直接连在一起使用，当然也可以单独使用。当 OC 门单独使用时，由于输出高电平为 V'_{CC}，可以任意改变输出高电平的电压值，提高输出电路带负载的能力。

2. OC 门的主要用途

（1）线与。图 2.11（a）所示为 OC 门线与，可以看出，仅当所有 OC 门的输出都是高电平时，Z 才为高电平，任一个 OC 门输出为低电平时，Z 就是低电平，所以输出 Z 的表达式为

$$Z=\overline{AB} \cdot \overline{CD} \cdot \overline{EF}$$

从表达式中可知，此电路通过输出线相连，实现了"与逻辑"功能，称为"线与"。

（a）OC 门线与 　　　　　（b）等效电路示意图

图 2.11　OC 门线与和等效电路示意图

在使用 OC 门实现"线与"时，外接上拉电阻的选择非常重要，只有选择得当，才能保证 OC 门输出满足要求的高电平和低电平。图 2.12 所示为外接上拉电阻阻值 R_P 的选择，标出了外接上拉电阻时要考虑的电流方向。R_P 的选择可参考下式：

$$\frac{V_{CC}-V_{OL(max)}}{I_{OL(max)}-m \cdot I_{IL}} < R_P < \frac{V_{CC}-V_{OH(min)}}{m' \cdot I_{IH}}$$

式中，$V_{OH(min)}$ 是 OC 门输出高电平的下限值；I_{IH} 是负载门的输入高电平电流；m' 是负载门连接 OC 门的输入端的个数（不是负载门的个数）；$V_{OL(max)}$ 是 OC 门输出低电平的上限值；$I_{OL(max)}$ 是 OC 门输出低电平时的灌电流；I_{IL} 是负载门的输入低电平电流；m 是负载门输入端的个数。

图 2.12　外接上拉电阻阻值 R_P 的选择

一般 R_P 的阻值可选 1kΩ 左右。

除 TTL 与非门电路外，其他类型门电路也有 OC 门形式，只要其电路输出结构是 OC 结构，就允许接成线与形式。

（2）电平转移。一般门电路输出高电平为 3.6V，在需要输出不同高电平电压值的情况下，也可以用 OC 门实现。图 2.13 所示为用 OC 门实现电平转移，OC 门的输出经负载电阻 R_L 接+10V 电源电压 V_{CC}，这样，当电路输入低电平时输出管截止，当输出高电平时电压值为 10V。

（3）用作驱动电路。OC 门通常具有较强电流驱动能力，可直接用它驱动指示灯、带动继电器、带动脉冲变压器等，OC 门用作驱动电路的示意图如图 2.14 所示。

图 2.13　用 OC 门实现电平转移

（a）驱动指示灯　　（b）带动继电器　　（c）带动脉冲变压器

图 2.14　OC 门用作驱动电路的示意图

想一想：

（1）为什么在电路制作时，有些电路必须加上拉电阻才能工作呢？

（2）一只红色发光二极管正向导通时所需的电压大约为 1.6V，普通的与非门能够驱动多少只串联的发光二极管呢？如果需要驱动的发光二极管为 5 只，那么可利用什么门电路呢？

2.3.2 三态门

三态（Tristate Logic，TSL）门又称为三态输出门，它的输出端有三种状态：

（1）门导通，输出低电平；

（2）门截止，输出高电平；

（3）高阻态，或称为禁止态，此时输出端相当于是悬空的，即与内部电路断开。

在数字电路中，经常需要进行多个部件之间的数据传送，这些数据的传送通常通过"总线"来实现；也就是说，这些部件的输出端要直接连接在一起，并直接连接在总线上。控制部件的信号是否可以输出到总线上的门电路就是三态门。

三态门是在普通门的基础上加上控制电路构成的，主要改变的是电路的输出结构，不改变逻辑功能。

三态门输出结构的作用就相当于如图 2.15（a）所示的三态门的功能，给门加锁，即成为"带锁的门"。加锁后的门可以控制物体的进出，开门时除按门打开的方向用力推动外，还必须保证门锁是打开的，否则大力推动门也无法把门打开。

三态门的控制端又称为使能端，$\overline{EN}=0$ 有效的逻辑符号如图 2.15（b）所示，低电平有效；$EN=1$ 有效的逻辑符号如图 2.15（c）所示，高电平有效。

1. 功能分析

图 2.15（b）中，当 $\overline{EN}=0$ 时，与电路要求输入能控制输出的工作条件相符合，此时相当于门锁已开，输入信号可以控制输出信号，即此时的三态门相当于一个正常的二输入端与非门，输出信号完全取决于输入信号的状态，输出 $L=\overline{AB}$，称为正常工作状态。

（a）三态门的功能　　（b）$\overline{EN}=0$有效的逻辑符号　　（c）EN=1有效的逻辑符号

图 2.15 三态输出门

当 $\overline{EN}=1$ 时，相当于门锁关闭，门外任何变动都影响不了门里面物体的状态，这时三态门的输出信号不受输入信号的影响，从电路结构上认为对地和对电源都相当于开路，呈现高电阻，所以称这种状态为高阻态或禁止态。此时输出端相当于悬空，内部电路与引脚断开。

三态门在工作时，用万用表电压挡测其输出端，可能测得三种情况：

（1）输出端对地电压约为 3.4V，此时输出相当于逻辑 1；

（2）输出端对地电压小于 0.3V，对正电源端电压大于 4.7V，此时输出相当于逻辑 0；

（3）输出端对地和对正电源端电压均为 0V，即输出端悬空，为高阻态。

2. 三态门的用途

三态门主要用于控制信号的传输。例如，应用在计算机系统各部件的输出级实现总线传输。总线就是数字电路系统中所有单元都允许与它相连，并通过它与其他单元进行信息传递的传输线，相当于公共交通中的主干道，首先所有汽车都可以通行在主干道上，然后进入各自的目的地支路。但是每一时刻只允许一辆汽车在主干道上行驶，不同时刻可以行驶不同的车辆，即在同一传输线上传递的多个信号必须分时进行。

图 2.16 所示为三态门的主要用途。

（1）用作多路开关。当 $E=0$ 时，门 G_1 使能，门 G_2 禁止，$Y=A$；当 $E=1$ 时，门 G_2 使能，门 G_1 禁止，$Y=B$。

（2）信号双向传输。当 $E=0$ 时，信号向右传送，$B=A$；当 $E=1$ 时，信号向左传送，$A=B$。

（3）构成总线（单向总线）。让各门的控制端轮流处于低电平，即任何时刻只让一个三态门处于工作状态，而其余三态门均处于高阻态，这样总线就会轮流接收各三态门的输出而不互相干扰。

| （a）用作多路开关 | （b）信号双向传输 | （c）构成总线 |

图 2.16 三态门的主要用途

图 2.17 所示为利用三态门进行数据的双向传送并应用于计算机读/写控制的连接图，此时的控制端 EN 可作为读/写（R/$\overline{\text{W}}$）选择端。当此端为低电平时，由微处理器向存储器写入信号，数据传送从左往右；当此端为高电平时，微处理器从存储器读出数据，数据传送从右往左。

想一想：

（1）哪种输出结构的门电路的输出端可以直接连接在一起呢？一根传输线在同一时刻可以表示多少位二进制数呢？试举一些总线应用的例子。

（2）在总线中，不同时刻传送不同信号的方式，通常称为时分复用，如何理解？

图 2.17　利用三态门进行数据的双向传送并应用于计算机读/写控制的连接图

2.4　CMOS 门电路

　　CMOS 门电路是由互补金属-氧化物半导体元器件构成的门电路。

　　CMOS 门电路是继 TTL 门电路之后发展起来的另一种应用广泛的数字电路。由于它功耗低、抗干扰能力强、工艺简单，几乎所有的大规模、超大规模数字电路都采用 CMOS 工艺。就其发展趋势看，CMOS 门电路已超越 TTL 门电路成为占主导地位的逻辑元器件。

　　在三极管中参与导电的载流子是电子和空穴，而金属-氧化物半导体场效应管（MOS 管）的电流是一种载流子的运动，所以 MOS 电路又称为单极型电路。MOS 管是一种用电压控制电流的元器件，它利用栅源之间的电压 u_{GS} 来控制漏极电流 I_D。

　　在 MOS 管中，利用电子导电的称为 N 沟道 MOS 管，由它组成的电路称为 NMOS 电路；利用空穴导电的称为 P 沟道 MOS 管，由它组成的电路称为 PMOS 电路。另外，既有 N 沟道 MOS 管又有 P 沟道 MOS 管的电路，称为互补 MOS 电路，简称 CMOS 电路。

　　MOS 管的输入阻抗非常大，无输入电流，即 CMOS 门电路是没有电流流入其内部的。这一特性导致即使在 CMOS 门电路输入端聚集了电荷，也无法形成电流而泄放，这种情况类似于在天气干燥的冬天，穿化纤类的衣服容易起静电一样。当聚集电荷数量过大时，CMOS 门电路容易被击穿。

2.4.1　常用 CMOS 门电路

　　CMOS 门电路有和 TTL 门电路功能相当的逻辑门，如与门、或门、与非门、或非门、与或非门、三态门、异或门和类似 TTL 门电路的 OC 门和 OD 门（漏极开路的门电路）等，其逻辑符号和表达式与 TTL 门电路完全一致。此外，CMOS 传输门也是常用的 CMOS 门电路。TTL 门电路只能用于控制数字信号的传递，而 CMOS 模拟开关可以用来控制模拟信号的传递。

　　CMOS 模拟开关的传输门的逻辑符号如图 2.18（a）所示，图 2.18（b）所示为其等效开关。这种传输门只要控制信号 C 的电平，即可控制模拟开关的通和断，实现 u_I 和 u_O 的双向传输。当 $C=1$ 时，认为控制端处于选通状态，输出端的状态与输入端的状态一致，即 $u_O=u_I$；当 $C=0$ 时，认为控制端处于截止状态，不管输入端电平如何，输出端都呈高阻态。在使用时，控制端不允许悬空。

(a) 逻辑符号   (b) 等效开关

图 2.18　CMOS 模拟开关的传输门的逻辑符号和等效开关

CMOS 模拟开关（简称模拟开关）在电子设备中主要起接通信号或断开信号的作用。因为模拟开关具有功耗低、速度快、无机械触点、体积小和使用寿命长等特点，所以它在自动控制系统和计算机中得到了广泛应用。

1. 模拟开关的种类

根据电路的特性和集成度的不同，模拟开关可分为很多种类。现将常用的模拟开关的类别、型号、名称及特性列入表 2.4 中。

表 2.4　常用的模拟开关

类　　别	型　　号	名　　称	特　　性
（普通）模拟开关	CD4066	四双向模拟开关	四组独立开关，双向传输
多路模拟开关	CD4051	八选一模拟开关	电平位移，双向传输，地址选择
	CD4052	双路四选一模拟开关	电平位移，双向传输，地址选择
	CD4053	三路两组双向模拟开关	电平位移，双向传输，地址选择
	CD4067	单十六通道模拟开关	电平位移，双向传输，地址选择
	CD4097	双八通道模拟开关	电平位移，双向传输，地址选择
	CD4529	双四路或单八路模拟开关	电平位移，双向传输，地址选择

2. 模拟开关的应用实例

电视机的输入信号通常除天线输入信号外，还包括 1~2 路音视频（简称 AV）信号，如 DVD 作为信号源输出的音视频信号等。即使多路信号同时输入，电视机最终都只能显示其中一路信号，图 2.19 所示为 CD4053 在电视机 AV 输入通道中的作用，就是利用三路两组双向模拟开关 CD4053 进行电视机多路信号的选择。CPU 输出的通道选择信号以不同电平的形式输入 CD4053 的选通端，CD4053 的引脚功能及真值表如图 2.20 所示，CONTROLS 就是控制端，即选通端。A、B、C 的取值决定三组输出 X、Y、Z 对输入端的选择。如果 A、B、C 是低电平，那么输出端选中下标为 0 的输入端；如果 A、B、C 是高电平，那么输出端选中下标为 1 的输入端。在使用 CD4053 时，V_{EE} 端接地。

想一想：

（1）如图 2.19 所示，如果想选取通道 1，那么 CPU 应该输出高电平还是低电平给对应的控制端呢？

（2）利用模拟开关控制信号的传输、利用门电路控制信号的传输和利用三态门的使能端控制信号的传输三者之间有什么差别呢？

（3）CMOS 模拟开关与普通的机械开关相比有什么特点呢？

图 2.19　CD4053 在电视机 AV 输入通道中的作用

TRUTH TABLE(真值表)

INHIBIT	SELECT			SWITCHES IN/OUT		
	C	B	A	Z	Y	X
0	0	0	0	Z_0	Y_0	X_0
0	0	0	1	Z_0	Y_0	X_1
0	0	1	0	Z_0	Y_1	X_0
0	0	1	1	Z_0	Y_1	X_1
0	1	0	0	Z_1	Y_0	X_0
0	1	0	1	Z_1	Y_0	X_1
0	1	1	0	Z_1	Y_1	X_0
0	1	1	1	Z_1	Y_1	X_1
1	×	×	×	None		

×=Don't Care(无关)

（c）真值表

图 2.20　CD4053 的引脚功能及真值表

2.4.2 CMOS 门电路的主要参数

CMOS 门电路主要参数的定义同 TTL 门电路，下面介绍 CMOS 门电路主要参数的特点。

（1）输出高电平 V_{OH} 与输出低电平 V_{OL}。CMOS 门电路 V_{OH} 的理论值等于电源电压 V_{DD}，$V_{OH(min)} = 0.9V_{DD}$；V_{OL} 的理论值为 0V，$V_{OL(max)} = 0.01V_{DD}$。所以 CMOS 门电路的逻辑摆幅（高、低电平之差）较大，接近电源电压 V_{DD} 的值。

（2）阈值电压 V_{TH}。阈值电压 V_{TH} 约为 $V_{DD}/2$。

（3）抗干扰容限。CMOS 非门的关门电平 V_{OFF} 为 $0.45V_{DD}$，开门电平 V_{ON} 为 $0.5V_{DD}$。因此，其高、低电平抗干扰容限均达 $0.45V_{DD}$。其他 CMOS 门电路的抗干扰容限一般也大于 $0.3V_{DD}$，电源电压 V_{DD} 越大，其抗干扰能力越强。

（4）传输延迟与功耗。CMOS 门电路的功耗很低，一般小于 1mW/门，但传输延迟较高，一般为每门数十纳秒，且与电源电压有关。电源电压越高，CMOS 门电路的传输延迟越低，功耗越高。74HC 高速 CMOS 门电路系列的工作速度已与 TTL 门电路系列的工作速度相当。

（5）扇出系数。因为 CMOS 门电路有极高的输入阻抗，所以其扇出系数很大，一般额定扇出系数可达 50。但必须指出的是，扇出系数是指驱动 CMOS 门电路的个数，若就灌电流负载能力和拉电流负载能力而言，CMOS 门电路则远远低于 TTL 门电路。

2.4.3 CMOS 集成门电路的应用

图 2.21 所示为用 CMOS 集成六反相器构成的灯光报警器电路示意图及输出波形图。该电路实际上是由一片 CMOS 集成六反相器中的 3 个非门构成的方波发生器。图 2.21（a）所示为电路示意图，图 2.21（b）所示为输出波形图。从波形图中可以看出，由于经过一个非门，两输出波形刚好反相。

在实际使用时，应把集成电路的 14 脚（V_{DD}）接至电源正端，7 脚（V_{SS}）接至电源负端。该电路允许电源电压为 3~18V，本节假设电源电压为 4.5V。

假设接通电源瞬间，1 脚为高电平，则 2 脚和 3 脚为低电平，4 脚为高电平。因为 4 脚通过电容 C 和电阻 R_2 与 2 脚相连，所以会从 4 脚对电容 C 充电，4 脚电压基本不变，对电容 C 充电将使电容 C 左端电压下降，从而影响 1 脚电压下降。当 1 脚电压下降到足以使 2 脚翻转为高电平时，4 脚转变为低电平，通过电容 C 耦合，使 1 脚维持为低电平；此后，电容 C 放电，将引起 1 脚电压上升，升至使 2 脚变为低电平，4 脚为高电平，通过电容 C 耦合，使 1 脚维持为高电平；此后，电容 C 充电，周而复始，形成振荡，从 4 脚输出矩形波。

（a）电路示意图　　　　　　　（b）输出波形图

图 2.21　用 CMOS 集成六反相器构成的灯光报警器电路示意图及输出波形图

振荡电路的输出频率主要由电阻 R_2 和电容 C 的参数决定。本电路输出方波的频率略高于 2Hz，方波电平的幅值约为 4.4V。振荡信号一路从 CC4069 的 4 脚经电阻 R_3 加到红色 LED_1 上，另一路经一非门从 6 脚输出，通过电阻 R_4 加到绿色 LED_2 上，因为这两个输出端的信号相位是互为相反的，当合上电源开关后，两只 LED 轮流发光。

想一想：如何设计可以通过一个控制端输入信号去控制报警电路工作与否的电路呢？

2.5　集成门电路的实用知识

前面重点介绍了 TTL 门电路和 CMOS 门电路，这两种门电路是应用最广泛的门电路。除此之外，还有其他几种常用的门电路，其性能如表 2.5 所示，使用者可以根据对速度、抗干扰能力和集成度的要求进行选用。

表2.5　常用门电路的性能

类　型	优　点	缺　点	适 用 场 合
TTL 门电路 （晶体管-晶体管逻辑门电路）	功耗低、高速	对电源变化敏感（5±0.5V），抗干扰能力一般	中、小规模集成电路、高速信号处理和许多接口应用
CMOS 门电路 （互补金属-氧化物半导体元器件门电路）	功耗极低，集成度高，电源适应范围广（3～18V），抗干扰能力强	速度不够高，对静电破坏敏感	中、小规模集成电路、微型计算机和自动仪器仪表
ECL 门电路 （发射极耦合逻辑门电路）	速度快，负载能力强	抗干扰能力差，功耗高	中、小规模集成电路，用在高速、超高速的数字系统和设备当中
I2L 门电路 （集成注入逻辑电路）	集成度高，功耗低	输出电压幅度小，抗干扰能力差，开关速度较低	数字系统如单片机、大规模逻辑阵列、存储器等

2.5.1　常用集成门电路型号系列简介

1. TTL 门电路型号系列

TTL 门电路的国标系列型号用 CT 作为前缀。前缀"C"表示中国制造，"T"表示 TTL。在国际上，TTL 门电路通常以德州仪器（TI）的产品为公认的参照电路，前面冠以 SN54/SN74。SN 是英文半导体网络的缩写，54 是为满足军事上的需要而设计的产品，将可靠性、功耗、体积等因素放在优先位置考虑，其工作温度范围为-50～120℃；74 是为民用工业部门提供的，其工作温度范围为 0～75℃。TTL 门电路主要型号系列如表 2.6 所示。

表2.6　TTL 门电路主要型号系列

系　列	子 系 列	名　　称	国标型号	t_{pd}/ns	P/mW
TTL	TTL	标准 TTL 系列	CT54/74××	10	10
	HTTL	高速 TTL 系列	CT54H/74H××	6	22
	LTTL	低功耗 TTL 系列	CT54L/74L××	33	1

系 列	子 系 列	名　称	国标型号	t_{pd}/ns	P/mW
TTL	STTL	肖特基 TTL 系列	CT54S/74S××	3	19
	LSTTL	低功耗肖特基 TTL 系列	CT54LS/74LS××	9	2
	ALSTTL	先进低功耗肖特基 TTL 系列	CT54ALS/75ALS××	4	1
	ASTTL	先进肖特基 TTL 系列	CT54AS/75AS××	1.5	20
	FTTL	快速 TTL 系列	CT54F/74F	3	4

在表 2.6 中，有的已经基本淘汰，如 HTTL 和 LTTL，最常用的是 LSTTL，它们的产品种类和产量远远超过其他品种。ALSTTL、ASTTL、FTTL 的性能更好一些，目前还处于发展和完善阶段，它们之间相差不大。数字集成电路只要型号的序号相同，它们的功能就相当，若均采用双列直插类型封装，则其引脚排列也一致，只是在功耗等指标上不同。现在市面上有一些低功耗、低电压的系列，如 74LV、74LVC、74ALVC 和 74BCT 等系列，供电电压只有 1.2~3.6V，功耗很低，如 74BCT 系列的功耗只有 2.5mW。

2. CMOS 门电路型号系列

目前，国产 CMOS 门产品型号系列如表 2.7 所示，主要有标准型 CMOS 系列、高速 CMOS 系列、新的高速型 CMOS 系列等。其中，4000 系列由于其电源适用面比较广（3~18V），较为常用；而 HC 系列则以其开关速度较快占优势。另外，ACT 系列不需要接口电路就可以与 TTL 门电路兼容使用。

表 2.7　国产 CMOS 门产品型号系列

系 列	子 系 列	名　称	国 标 型 号	供电电源/V
CMOS	CMOS	标准型 CMOS 系列	4000 系列/4500 系列/14500 系列	3~18
	HCMOS	高速 CMOS 系列	40H××（东芝 TC 系列兼容 TTL74 引脚）	2~6
	HC	新的高速型 CMOS 系列	74HC××/74HC4000××/74HC4500（输入电平与 TTL 引脚兼容）	4.5~6
	AC	先进的 CMOS 系列	74AC××	1.5~5.5
	ACT	与 TTL 门电路电平兼容的 AC 系列	74ACT××（输入电平与 TTL 引脚兼容）	4.5~5.5

3. 74HC 系列的 TTL 门电路和 4000 系列的 CMOS 门电路输入/输出参数

常见型号系列的 TTL、CMOS 门电路输入/输出参数如表 2.8 所示，在该表中，CMOS 门电路的供电电压采用与 TTL 门电路相同的供电电压（+5V）。

表 2.8　常见型号系列的 TTL、CMOS 门电路输入/输出参数

参数名称	电路种类			
	TTL	LSTTL	CMOS	HCMOS
$V_{OH(min)}$ /V	2.4	2.7	4.6	4.4
$V_{OL(max)}$ /V	0.4	0.5	0.05	0.1
$I_{OH(max)}$ /mA	−0.4	−0.4	−0.51	−4
$I_{OL(max)}$ /mA	16	8	0.51	4

参数名称	电路种类			
	TTL	LSTTL	CMOS	HCMOS
$V_{IH(min)}$ /V	2	2	3.5	2
$V_{IL(max)}$ /V	0.8	0.8	1.5	0.8
$I_{IH(max)}$ /μA	40	20	0.1	0.1
$I_{IL(max)}$ /mA	−1.6	−0.4	-0.1×10^{-3}	-0.1×10^{-3}

2.5.2 集成门电路使用注意事项

1. TTL 门电路的使用注意事项

（1）TTL 门电路的电源正端通常标以"V_{CC}"，负端标以"GND"。电源正常是集成门电路正常工作的必要条件。

（2）TTL 门电路对电源电压要求比较严格，除低电压、低功耗系列外，通常只允许在 5±0.5V 的范围内工作，若电源电压超过 5.5V，则元器件将损坏；若电源电压低于 4.5V，则元器件的逻辑功能将不正常。

（3）TTL 门电路的多余输入端处理方法。由于集成门电路输入引脚的多少在生产时就已固定，所以在使用集成门电路时可能会出现多余的引脚。多余的引脚要按具体情况进行处理。

TTL 与非门的输入端接地可以看作接低电平，但不用悬空来等效高电平输入。因为输入端悬空，干扰信号可能从悬空端引入，使电路工作不稳定。TTL 与门、TTL 与非门多余输入端的处理方法如图 2.22（a）所示，可使输入端通过 1kΩ 电阻与 V_{CC} 连接来等效高电平输入，或与其他输入端并联。原因分析如下：三输入与门表达式为 $F=ABC$，若其逻辑关系为 $F=AB$，则 C 多余，可以使 $C=1$ 或 $C=A$，因为 $F=ABC=AB \cdot 1=AB$，$F=ABC=ABA=AB$，所以 $C=1$ 或 $C=A$ 对输出结果无影响。对于 TTL 或门、TTL 或非门，将多余的输入端接地，或与有输入信号的输入端并联，TTL 或门、TTL 或非门多余输入端的处理方法如图 2.22（b）所示。逻辑关系请读者自行分析。

（a）TTL 与门、TTL 与非门多余输入端的处理方法　　（b）TTL 或门、TTL 或非门多余输入端的处理方法

图 2.22　多余输入端的处理方法

某些时候，利用按钮产生脉冲信号的电路如图 2.23 所示。若门 G 为 TTL 门电路，则电阻 R 的阻值不能大于 0.68kΩ（具体是由 TTL 门电路内部电路决定的），否则不管 S 接通还是断开，都认为输入电压为 1，Y 输出都为 0。

常见的 TTL 门电路输入电阻若大于 2kΩ 则认为是高电平输入，若小于 0.68kΩ 则认为是低电平输入。

（4）TTL门电路的输出端不允许直接接地或直接接+5V，输出端与输出端之间也不能并联（除非输出逻辑值总是相同的），否则将导致元器件损坏。图2.24所示为门电路的输出端错误接法。

图2.23　利用按钮产生
脉冲信号的电路

（a）不可以直接接地　　　　（b）不可直接接电源

图2.24　门电路输出端的错误接法

若输出端直接接地，则当TTL门电路输出高电平时，会产生很大的电流，烧毁TTL门电路。

若输出端直接接电源，则当TTL门电路输出低电平时，会产生很大的电流，烧毁TTL门电路。

2. CMOS门电路的使用注意事项

（1）CMOS门电路的电源正端标以"V_{DD}"，负端标以"V_{SS}"。使用时一般将负端接地。

（2）因为CMOS门电路采用的MOS管是一种高输入阻抗、微功耗的电路，极易造成静电损坏，所以不使用的输入端不能悬空，而要根据逻辑功能接V_{DD}（CMOS与门、CMOS与非门）或接地（CMOS或门、CMOS或非门），以免受干扰造成逻辑混乱及电路损坏。多余的输入端不要并联，以免增加输入端的电容量，降低工作效率。并且，CMOS门电路与TTL门电路不同，它在直流状态下，栅极基本上无电流通过，即使通过上千欧的电阻接地，电阻上无电流流过，也看作低电平输入。

（3）CMOS门电路在未接电源V_{DD}之前，不允许输入信号，否则将导致输入端保护电路被损坏，即CMOS门电路一定要先加V_{DD}，后加输入信号；先撤去输入信号，后去掉V_{DD}。通电时禁止连接数字电路设备。

（4）CMOS门电路的输出端不允许直接接V_{DD}或V_{SS}，以免损坏元器件。一般情况下也不允许输出端与输出端并联而形成大电流。但为了增强驱动能力，同一芯片上的输出端允许并联。

（5）在储存和运输中，CMOS门电路应放入铝箔或防静电包装袋中。

（6）使用CMOS门电路时，必须采取防静电措施，以免静电击穿损坏或损伤。所有与CMOS门电路直接接触的工具及测试设备必须可靠接地。

2.5.3　TTL门电路与CMOS门电路的接口技术

在设计数字电路中，通常采用同类型的门电路来实现，但有时同时会应用几种不同类型的门电路，以便各取所长。两种不同类型的门电路相互连接，驱动门（前一级门电路）必须要为负载门（后一级门电路）提供符合要求的高、低电平和足够的输入电流，即要满足下列条件：

①驱动门的 $V_{OH(min)}$ ≥负载门的 $V_{IH(min)}$；②驱动门的 $V_{OL(max)}$ ≤负载门的 $V_{IL(max)}$；③驱动门的 $I_{OH(max)}$ ≥负载门的 $I_{IH(总)}$；④驱动门的 $I_{OL(max)}$ ≥负载门的 $I_{IL(总)}$。

但是，不同元器件之间的输入逻辑电平、输出逻辑电平、负载能力等参数可能不满足上述条件，此时为了保证电路的正常工作，它们之间的连接需要采用接口电路。而且在自动控制电路中通常要驱动大电压、大电流元器件，此时门电路也要驱动接口电路。

1. TTL 门电路驱动 CMOS 门电路

从表 2.8 可知，TTL 门电路输出高电平的最小值为 2.4V，不能满足+5V 电源的 CMOS 门电路输入高电平应大于 3.5V 的要求。为此，TTL 门电路驱动 CMOS 门电路的接口电路的作用是提高高电平输出能力，以便与 CMOS 门电路逻辑电平相容。TTL 门电路驱动 CMOS 门电路的接口电路示意图如图 2.25 所示。

图 2.25　TTL 门电路驱动 CMOS 门电路的接口电路示意图

（1）利用 OC 门如图 2.25（a）所示。适当选接 OC 门的外接电源和 R_L，可满足 CMOS 门电路对输入高电平的要求。例如，当 CMOS 门电路的输入高电平为 10V 时，将 OC 门外接 +10V 电源即可。

（2）利用三极管如图 2.25（b）所示。在 TTL 门电路输出低电平时，三极管 VT 截止，因为其与 CMOS 门电路共用+10V 电源，所以 $V_{OH}=10V$，满足 CMOS 门电路输入高电平的要求；当 TTL 门电路输出高电平时，三极管 VT 导通，$V_{OL}=0.3V$，满足 CMOS 门电路输入低电平的要求。

（3）利用上拉电阻如图 2.25（c）所示。当 TTL 与非门截止时，因为负载是输入电流为零的 CMOS 门电路，所以 R_P 无电流流过，输出高电平 $V_{OH}=V_{CC}-U_{R_P}=V_{CC}-0=V_{CC}=5V$，即输出高电平可提高 5V，满足 CMOS 门电路输入高电平的要求。

调整电平也可以直接使用专用的电平移动器，如 CC40109，它由两种直流电源 V_{CC} 和 V_{DD} 供电。电平移动器接收 TTL 电平（对应 V_{CC}），而输出 CMOS 电平（对应 V_{DD}）。TTL-CMOS 电平移动器的应用如图 2.26 所示。

图 2.26　TTL-CMOS 电平移动器的应用

想一想：当两种设备要连接时，是否只要发现合适的接口就可以直接连在一起呢？

2. CMOS 门电路驱动 TTL 门电路

当用 CMOS 门电路驱动 TTL 门电路时，由于 CMOS 门电路具有较宽的工作电压范围，它可以在 5V 电压下工作，因此无论 CMOS 门电路输出低电平还是输出高电平，从逻辑电平的相容性来看，均可满足 TTL 门电路的要求。但 CMOS 门电路在输出低电平时，如果与 TTL 门电路直接相连，那么从 TTL 门电路输入端流入的短路电流 I_{IS} 太大，流入 CMOS 门电路将使输出低电平大大提高，甚至超过 TTL 门电路输入低电平的限值。所以，CMOS 门电路驱动 TTL 门电路要解决的问题是增大其驱动电流。为此，可以用专门用于 CMOS 门电路驱动 TTL 门电路的接口电路或用独立电流放大器衔接。

（1）利用独立电流放大器。利用三极管的电流放大作用，为负载（TTL 门电路）提供足够大的驱动电流，如图 2.27 所示。

（2）利用专用接口电路。利用专用接口电路，如六反相缓冲器 CC4009 或六同相缓冲器 CC4010 等来直接驱动 TTL 门电路，如图 2.28 所示。

图 2.27　CMOS 门电路驱动 TTL 门电路示意图（一）　图 2.28　CMOS 门电路驱动 TTL 门电路示意图（二）

74HC 系列门电路可直接驱动 74LS 系列 TTL 门电路，不用进行电平、电流变换。

例 2.1　一个 74HC00 与非门电路能否驱动 4 个 7400 与非门？能否驱动 4 个 74LS00 与非门？

解：查阅集成电路使用手册或在 21IC 电子网搜索可查到：74 系列门电路的 $I_{IL}=1.6\text{mA}$，74LS 系列门电路的 $I_{IL}=0.4\text{mA}$，4 个 7400 与非门的 $I_{IL(总)}=4\times1.6=6.4\text{mA}$，4 个 74LS00 与非门的 $I_{IL(总)}=4\times0.4=1.6\text{mA}$。而 74HC 系列门电路的 $I_{OL}=4\text{mA}$，所以不能驱动 4 个 7400 与非门，但可以驱动 4 个 74LS00 与非门。

3. TTL 门电路和 CMOS 门电路驱动外接负载

标准的 TTL 门电路、CMOS 门电路的拉电流、灌电流是比较小的，对于一些对电压和电流要求不高的负载，可以直接将其与门电路相连。对于一些需要高电压、大电流的负载，如指示灯、继电器、晶闸管等，就必须在负载和门电路之间增加驱动电路。驱动电路采用 OC 门或复合门等形式输出，具有很强的带负载能力，在图 2.14 中就是利用 OC 门直接驱动负载的，常用的缓冲器有反相缓冲器 7406、四组两输入端与非门缓冲器 74LS37 等，还可以利用晶体管驱动负载。当这些 TTL 门电路和 CMOS 门电路要驱动高电压、大电流的显示屏、继电器、步进电动机等时，就必须用大功率接口电路，如 ULN2001～2004 系列，甚至采用大功率的晶体管。

实训 2　门电路的应用——门控报警电路

1. 实训目的

（1）让学生接触和实际应用集成电路。

（2）掌握 74HC00 和 74HC04 的使用方法。

（3）增强学生的实际动手能力，提高其学习兴趣。

2. 实训器材

万能线路板一块、74HC00 一块、发光二极管两只、无源蜂鸣器一个、扬声器一个、电阻和电容若干。

3. 实训内容

使用集成电路时，不仅要接好信号端，还要给集成电路提供电源。

（1）灯光报警器。其电路结构图如图 2.21（a）所示。观察实训现象，总结电路工作原理。CC4069 的 4 脚和 6 脚可用示波器观察其输出波形，但因为振荡频率较低，不到 3Hz，用示波器难以观察，此时可更改 R_2 的阻值为 10kΩ，提高输出频率，以便观察输出波形。这时由于红、绿色发光二极管闪烁频率太快及人眼视觉暂留作用，无法观察到其闪动，会感觉到两管同时保持发亮，但亮度比单独发亮时低。

（2）门控报警电路。门控报警电路示意图如图 2.29 所示。使用的集成电路为 CMOS 门电路 74HC00。74HC00 与 74LS00 的引脚排列相同，但其电平与 CMOS 门电路兼容。与非门 G_1 与 G_2 组成一个低频振荡器，其振荡频率小于 10Hz，与非门 G_3 和 G_4 组成一个音频振荡器，其振荡频率约为 1kHz。平时 a 点通过电阻 R_1 接地为低电平，使得 b 点也是低电平，从而使音频振荡器停振，扬声器不发出报警声。一旦 a 点有外来高电平输入，b 点的电平就随着低频振荡器周期性地时高时低，使音频振荡器发出报警信号，并通过扬声器发出报警声。

图 2.29　门控报警电路示意图

用 74LS00 取代 74HC00，电路能否工作呢？为什么？

思考时注意：① a 点接地电阻 R_1 阻值为 500kΩ，若采用 74LS00，则该阻值将使 a 点的电平为高电平还是低电平呢？

② 如果采用 74LS00，R_2 阻值为 $2M\Omega$，那么电路是否能够工作呢？

思考时，注意 R 的取值与关门电阻 R_{OFF} 之间的比较。考虑如果 R_2 和 R_3 的相交点为低电平，那么 G_1 门输入端是否有电流流向 R_2 呢？如果有，那么 R_2 上的电压降为多少呢？1 脚为何种电平？

如果采用 74LS00，那么 R_1 和 R_2 的取值应该是多少？是否越小越好呢？而 R_2 阻值的降低是否会引起其他因素导致电路不工作呢？请读者进行实训并得出结论。

4. 实训报告

（1）画出实训电路，说明观察到的实训现象。

（2）对实训过程进行总结。

5. 想想做做

设计一个水位检测仪，当水位达到规定位置时，发出报警声提醒用户。

本项目学习指导

（1）常用的集成电路有 TTL 门电路和 CMOS 门电路两种。

（2）TTL 门电路的基础是 TTL 与非门。掌握其主要参数是正确使用门电路的前提。

（3）CMOS 门电路使用的是 MOS 管，CMOS 门电路最基本的逻辑单元是反相器，它采用了 N 沟道管与 P 沟道管互补式电路，功耗低，集成度高，其是高速 CMOS 门电路，工作速度已可与 TTL 门电路媲美，在整个数字电路设计领域，CMOS 门电路占据了主导地位。

（4）普通门电路采用推拉式的输出结构；集电极开路结构的门电路（OC 门）使用时必须通过上拉电阻外接电源，OC 门可实现线与功能，还可以通过改变外接电源电压来改变电路高电平输出时的输出电压值；三态门利用控制端可控制门电路处于高阻态或正常传送信号的状态，从而使门电路方便与传输总线相连。

（5）按逻辑功能分，常用逻辑门电路的符号和表达式如表 2.9 所示。

表 2.9　常用逻辑门电路的符号和表达式

名　称	符　号	表　达　式
与门	A B & F	$F = AB$
或门	A B ≥1 F	$F = A + B$
非门	A 1 F	$F = \bar{A}$
与非门	A B & F	$F = \overline{AB}$
或非门	A B ≥1 F	$F = \overline{A + B}$

名　称	符　号	表　达　式
与或非门	A B C D & ≥1 ○— F	$F=\overline{AB+CD}$
异或门	A B =1 —F	$F=A\oplus B=A\overline{B}+\overline{A}B$
同或门	A B = ○—F	$F=A\odot B=AB+\overline{A}\,\overline{B}$
与非集电极开路门（OC门），与非漏极开路门（OD门）	A B & ◇ ○—F	符号◇表示开路输出，如三极管集电极开路、场效应管漏极开路等
与非三态门	A B C & ▽ EN —F	符号▽表示三态 当 $C=1$ 时，$F=\overline{AB}$ 当 $C=0$ 时，三态门为高阻态

习　题　2

2.1　TTL 门电路的主要参数有哪些？如一个 TTL 与非门的有关参数为 $V_{OH}=3.6\text{V}$，$V_{OL}=0.3\text{V}$，$V_{OH(min)}=3.0\text{V}$，$V_{OL(max)}=0.4\text{V}$，$V_{IH(min)}=2.8\text{V}$，$V_{IL(max)}=0.8\text{V}$，试定性画出其输入/输出特性曲线，并将上述参数标在曲线中的相应位置，再求该 TTL 与非门的 V_{NH}、V_{NL}。

2.2　灌电流负载能力和拉电流负载能力与哪些电路参数有关呢？这些参数对反相器工作速度有何影响呢？

2.3　TTL 与非门输入端接地和悬空理论上分别看作何种电平输入呢？实际使用时，TTL 与非门输入端能否悬空？为什么？CMOS 门电路呢？

2.4　对应如图 2.30 所示的各种情况，分别画出输出 Z 的波形（不考虑门电路的传输时间）。

图 2.30　题 2.4 图

2.5 TTL 门电路的输出结构有哪些形式？各自有何特点呢？

2.6 试画出用 OC 门驱动发光二极管（LED）的电路图。

2.7 在图 2.31 中，为实现图中所示各输出逻辑，各 TTL 门电路的接法是否正确？若有错，则说明实现输出逻辑的正确接法。

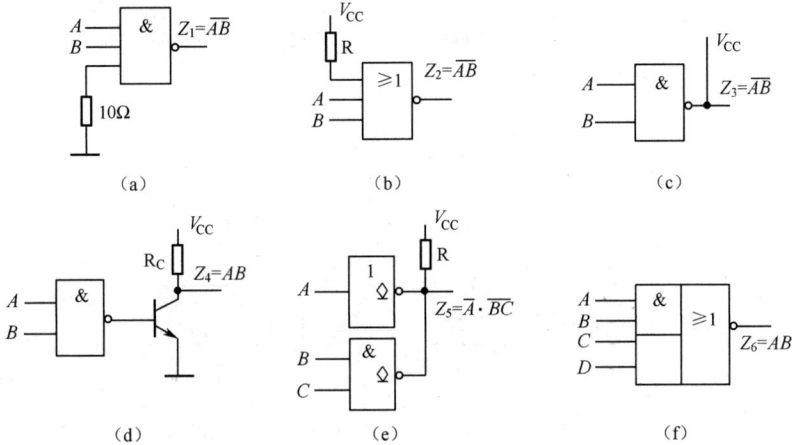

图 2.31 题 2.7 图

2.8 TTL 三态门的输出端有几种状态？在工作时，用万用表如何检测它的工作状态？写出如图 2.32 所示三态门的表达式，并画出其输出波形。

图 2.32 题 2.8 图

2.9 CMOS 门电路示意图及输入波形如图 2.33 所示，写出各输出 Y 的表达式并画出其输出波形。

图 2.33 题 2.9 图

2.10 使用 TTL 门电路、CMOS 门电路的注意事项是什么？

2.11 对应如图 2.34（a）~图 2.34（d）所示的各种情况，分别画出输出 Y 的波形。

2.12 图 2.35 所示的各门电路均为 74 系列 TTL 门电路，分别指出电路的输出状态（高电平、低电平或高阻态）。

图 2.34 题 2.11 图

图 2.35 题 2.12 图

2.13 图 2.36 所示的各门电路均为 4000 系列的 CMOS 门电路，分别指出电路的输出状态是高电平还是低电平。

图 2.36 题 2.13 图

2.14 在进行 TTL 门电路和 CMOS 门电路连接时应注意哪些问题？
2.15 TTL 门电路驱动 CMOS 门电路时主要考虑满足何种条件？通常采用的方法有哪几种？
2.16 CMOS 门电路驱动 TTL 门电路时主要考虑满足何种条件？通常采用的方法有哪几种？

项目3　学会设计制作组合逻辑电路

数字电路系统能够完成非常复杂的任务，我国全自主创新开发的"天河三号"超级计算机，采用自主开发的飞腾CPU、天河高速互联通信系统和麒麟操作系统，浮点计算处理能力将达到10^{18}次/秒，其工作1小时相当于13亿人上万年的工作量。这些高科技的数字产品都是依靠项目2介绍的基本门电路功能模块集成或组合而成的。利用具有"与""或""非"功能的门电路进行组合拼接，可以设计具有各种功能的大型数字电路系统，就如有了砖头、水泥、钢筋等建筑材料，就具备了建大厦的基本条件了，但是要建大厦，除了准备材料，还有很多事情要做，如拥有优秀的设计和技巧等。数字电路的分析与设计也需要一定的数学工具和一套有效的方法。在本项目中学习分析数字电路，利用基本门电路设计数字电路来实现需要的逻辑功能的方法。

通过本项目，主要掌握如下知识：

(1) 进一步学习在分析和设计数字电路时常用的数学工具——逻辑函数。

(2) 逻辑函数的基本公式。

(3) 逻辑函数的公式化简法和卡诺图化简法。

(4) 组合逻辑电路的分析方法。

(5) 组合逻辑电路及其设计方法。

3.1　概述

数字电路系统由各种数字部件"拼装"组合而成，可以实现一定的逻辑功能，数字部件又是由各种标准逻辑元器件组成的。

电子秤是大家熟悉的一种电子产品，其主要功能是把物体的质量以十进制数值的形式表示出来。图3.1所示为某一型号电子秤的外形及结构框图。

（a）外形　　　　　　　　　　　　　　（b）结构框图

图3.1　某一型号电子秤的外形及结构框图

脉搏计也是大家熟悉的一种电子产品，其外形及结构框图如图 3.2 所示。

(a) 外形

(b) 结构框图

图 3.2　某一型号脉搏计的外形及结构框图

这些电子产品中，包含了数字电路系统。图 3.1 和图 3.2 中的 A/D 转换（模/数转换）、译码、计数、锁存、数码显示等就是本章要学习的内容。图 3.3 所示为数字电路系统组成简图，由图可知，数字电路可分为无记忆功能的组合逻辑电路和有记忆功能的时序逻辑电路。组合逻辑电路的特点：电路任何时刻的输出状态，取决于该时刻输入信号的状态，而与输入信号作用之前电路所处的状态无关。时序逻辑电路的特点：电路任何时刻的输出状态，不仅取决于该时刻输入信号的状态，而且与输入信号作用之前电路所处的状态有关。本项目将介绍组合逻辑电路的分析和设计方法。

图 3.3　数字电路系统组成简图

前面我们介绍了逻辑函数，也介绍了逻辑函数的表示方法和实现逻辑函数的最基本逻辑元器件——门电路。同一逻辑函数用不同形式的表达式表达，所用的元器件也将不同，生产的成本和电路的可靠性也有一定的差异。例如：

$$F = AB + \overline{A}C \qquad \text{与-或表达式}$$

$$F = (A+C)(\overline{A}+B) \qquad \text{或-与表达式}$$

$$F = \overline{\overline{AB} \cdot \overline{\overline{A}C}} \qquad \text{与非-与非表达式}$$

$$F = \overline{\overline{A+C} + \overline{\overline{A}+B}} \qquad \text{或非-或非表达式}$$

$$F = \overline{\overline{A}\,C + A\overline{B}} \qquad \text{与或非表达式}$$

通常情况下，在制作集成电路时，会把一定数量的功能相同的门电路集成在一起，如型号为74LS00的与非门集成电路，内含4个与非门，要实现上述表达式，如果采用与-或表达式 $F = AB + \overline{A}C$，那么需要与、或、非三种门电路，需要三块集成电路，如图3.4（a）所示。

若采用与非-与非表达式 $F = \overline{\overline{AB} \cdot \overline{\overline{A}C}}$，则需要一块74LS00就可以了，如图3.4（b）所示。

（a）用与、或、非三种门电路实现逻辑函数　　　　　（b）用与非门电路实现逻辑函数

图3.4　用门电路实现逻辑函数

逻辑函数表达式与逻辑图有直接对应关系，要合理选用门电路来实现组合逻辑电路，通常要对逻辑函数表达式的形式进行变换，等价变换表达式的依据就是逻辑函数的公式。为了使设计更为简洁合理，还要对逻辑函数进行化简。

3.2　逻辑函数的公式

1. 逻辑函数的基本公式

由逻辑运算的定义，可以推导出逻辑函数的基本公式和常用公式。逻辑函数的基本公式如表3.1所示，它反映了逻辑运算的基本规律。

表 3.1 中的公式可以采用真值表证明，下面以表 3.1 所列出的式（3-10）的证明为例进行说明。

例 3.1 证明表 3.1 所列出的式（3-10）:$A+B \cdot C=(A+B) \cdot (A+C)$。

证明：将变量 A、B、C 的全部取值组合分别代入等式两边，进行逻辑运算，例 3.1 的真值表如表 3.2 所示。

表 3.1 逻辑函数的基本公式

名 称	逻 辑 与		逻 辑 或	
01律	$A \cdot 1=A$	(3-1)	$A+0=A$	(3-2)
	$A \cdot 0=0$	(3-3)	$A+1=1$	(3-4)
交换律	$A \cdot B=B \cdot A$	(3-5)	$A+B=B+A$	(3-6)
结合律	$A \cdot (B \cdot C)=(A \cdot B) \cdot C$	(3-7)	$A+(B+C)=(A+B)+C$	(3-8)
分配律	$A \cdot (B+C)=AB+AC$	(3-9)	$A+B \cdot C=(A+B) \cdot (A+C)$	(3-10)
互补律	$A \cdot \overline{A}=0$	(3-11)	$A+\overline{A}=1$	(3-12)
重叠律	$A \cdot A=A$	(3-13)	$A+A=A$	(3-14)
反演律	$\overline{A \cdot B}=\overline{A}+\overline{B}$	(3-15)	$\overline{A+B}=\overline{A} \cdot \overline{B}$	(3-16)
还原律	$\overline{\overline{A}}=A$	(3-17)	—	

表 3.2 例 3.1 的真值表

A	B	C	$B \cdot C$	$A+B \cdot C$	$A+B$	$A+C$	$(A+B) \cdot (A+C)$
0	0	0	0	0	0	0	0
0	0	1	0	0	0	1	0
0	1	0	0	0	1	0	0
0	1	1	1	1	1	1	1
1	0	0	0	1	1	1	1
1	0	1	0	1	1	1	1
1	1	0	0	1	1	1	1
1	1	1	1	1	1	1	1

从表 3.2 可以看出，对于任何一组 A、B、C 的取值，第 5 列取值和第 8 列取值都相等，可以证明 $A+B \cdot C=(A+B) \cdot (A+C)$ 成立。

例 3.2 试用真值表证明反演律，即式（3-15）:$\overline{A \cdot B}=\overline{A}+\overline{B}$ 和式（3-16）:$\overline{A+B}=\overline{A} \cdot \overline{B}$。

证明：将 A、B 的全部取值组合分别代入式（3-15）和式（3-16）的等式两边进行逻辑运算，得到式（3-15）和式（3-16）的真值表，分别如表 3.3 和表 3.4 所示，从表中可见对于任意一组 A、B 取值，等式的第 4 列取值和第 7 列取值都相等，这就证明了反演律的正确性。

<table>
<tr><td colspan="7">表 3.3 式（3-15）的真值表</td></tr>
<tr><td>A</td><td>B</td><td>AB</td><td>$\overline{A \cdot B}$</td><td>$\overline{A}$</td><td>$\overline{B}$</td><td>$\overline{A}+\overline{B}$</td></tr>
<tr><td>0</td><td>0</td><td>0</td><td>1</td><td>1</td><td>1</td><td>1</td></tr>
<tr><td>0</td><td>1</td><td>0</td><td>1</td><td>1</td><td>0</td><td>1</td></tr>
<tr><td>1</td><td>0</td><td>0</td><td>1</td><td>0</td><td>1</td><td>1</td></tr>
<tr><td>1</td><td>1</td><td>1</td><td>0</td><td>0</td><td>0</td><td>0</td></tr>
</table>

A	B	AB	$\overline{A \cdot B}$	$\overline{A}$	$\overline{B}$	$\overline{A}+\overline{B}$
0	0	0	1	1	1	1
0	1	0	1	1	0	1
1	0	0	1	0	1	1
1	1	1	0	0	0	0

表 3.4 式（3-16）的真值表

A	B	$A+B$	$\overline{A+B}$	$\overline{A}$	$\overline{B}$	$\overline{A} \cdot \overline{B}$
0	0	0	1	1	1	1
0	1	1	0	1	0	0
1	0	1	0	0	1	0
1	1	1	0	0	0	0

2. 逻辑函数的常用公式

利用逻辑函数的基本公式可以进一步证明逻辑函数的常用公式。熟练地掌握和使用这些公式将为化简逻辑函数带来很多方便。下面列出一些常用公式。

（1）公式： $$AB+A\overline{B}=A \tag{3-18}$$

证明： $$AB+A\overline{B}=A \cdot (B+\overline{B})=A \cdot 1=A$$

所以，公式成立。

（2）公式： $$A+A \cdot B=A \tag{3-19}$$

证明： $$A+A \cdot B=A \cdot (1+B)=A$$

所以，公式成立。

（3）公式： $$A+\overline{A}B=A+B \tag{3-20}$$

证明： $$A+\overline{A}B=(A+\overline{A})(A+B)=A+B$$

所以，公式成立。

（4）公式： $$AB+\overline{A}C+BC=AB+\overline{A}C \tag{3-21}$$

证明：
$$AB+\overline{A}C+BC=AB+\overline{A}C+(A+\overline{A})BC$$
$$=AB+\overline{A}C+ABC+\overline{A}BC=AB(1+C)+\overline{A}C(1+B)$$
$$=AB+\overline{A}C$$

所以，公式成立。

（5）公式： $$Y=A\odot B=\overline{A\oplus B} \tag{3-22}$$

证明：
$$A\oplus B=A \cdot \overline{B}+\overline{A} \cdot B, A\odot B=\overline{A} \cdot \overline{B}+A \cdot B$$
$$\overline{A \cdot \overline{B}+\overline{A} \cdot B}=\overline{A \cdot \overline{B}} \cdot \overline{\overline{A} \cdot B}=(\overline{A}+B) \cdot (A+\overline{B})$$
$$=\overline{A} \cdot A+\overline{A} \cdot \overline{B}+A \cdot B+B \cdot \overline{B}=\overline{A} \cdot \overline{B}+A \cdot B$$

即 $\overline{A\oplus B}=A\odot B$，公式成立，异或门和同或门互为"非"关系。

想一想：为什么在逻辑函数中存在 $1+A=1$，而在普通函数中这一结论并不成立呢？

3.3 逻辑函数的化简

3.3.1 逻辑函数化简的意义及标准

逻辑函数可以有多种不同的表达式，通常逻辑函数表达式越简单，实现它的逻辑电路将会成本越低、速度越快、可靠性越高，所以，需要对逻辑函数进行化简。

因为从逻辑函数的真值表直接得到的是一个与或表达式，同时与或表达式也比较容易转换成其他形式的表达式，所以下面主要讨论与或表达式的化简方法。

最简与或表达式的标准如下。

（1）乘积项的个数应该最少。

（2）每一个乘积项中所含变量个数最少。

对逻辑函数进行化简的方法有公式化简法和卡诺图化简法。

3.3.2　公式化简法

公式化简法是运用逻辑函数的基本公式和常用公式进行化简的。

1. 化简方法

（1）并项法。利用公式 $AB+A\bar{B}=A$，把两项合并成一项，同时消去一个变量。

例 3.3　$F=AB\bar{C}+AB\bar{C}\,C=A\bar{C}(B+\bar{B})=A\bar{C}$

（2）吸收法。利用公式 $A+AB=A$，吸收掉 AB 这一项。

例 3.4　$F=A+A\bar{B}CD=A(1+\bar{B}CD)=A$

（3）消去法。利用公式 $A+\bar{A}B=A+B$，消去多余的因子 $\bar{A}$。

例 3.5　$F=AB+\bar{A}C+\bar{B}C=AB+(\bar{A}+\bar{B})C=AB+\overline{AB}C=AB+C$

（4）配项法。利用公式 $A+\bar{A}=1$，首先将函数中的某个合适乘积项展开成两项，然后与其他项合并，最后得到最简结果。

式（3-21）的证明就采用了配项法。

2. 化简举例

用公式化简法化简逻辑函数，往往是上述几种方法的综合运用。

例 3.6　化简函数 $F=ABC\bar{D}+ABD+BC\bar{D}+ABC+BD+B\bar{C}$

解：

$$
\begin{aligned}
F &=ABC\bar{D}+ABD+BC\bar{D}+ABC+BD+B\bar{C} \\
&=BC\bar{D}+ABC+BD+B\bar{C} && \text{利用公式 } A+AB=A \\
&=B(C\bar{D}+D)+B(AC+\bar{C}) && \text{利用公式 } AB+AC=A(B+C) \\
&=B(C+D)+B(A+\bar{C}) && \text{利用公式 } A+\bar{A}B=A+B \\
&=BC+BD+AB+B\bar{C} && \text{利用公式 } A(B+C)=AB+AC \\
&=B+BD+AB && \text{利用公式 } AB+A\bar{B}=A \\
&=B && \text{利用公式 } A+AB=A
\end{aligned}
$$

当用公式化简法化简逻辑函数时，要求熟记并灵活应用逻辑函数中的基本公式、常用公式和规则进行化简，其直观性差，要求化简者具有一定的技巧。下面介绍的是较为机械、直观的卡诺图化简法。

3.3.3　卡诺图化简法

1. 逻辑函数的最小项及最小项表达式

（1）逻辑函数的最小项。在 n 变量的逻辑函数中，如果一个乘积项含有 n 个变量，而且每个变量以原变量或以反变量的形式在该乘积项中仅出现一次，那么该乘积项称为 n 变量的最小项。

例如，A、B、C是三个变量，由这三个变量可以构成许多乘积项，根据最小项的定义，只有 8 个乘积项 $\overline{A}\,\overline{B}\,\overline{C}$、$\overline{A}\,\overline{B}C$、$\overline{A}B\overline{C}$、$\overline{A}BC$、$A\overline{B}\,\overline{C}$、$A\overline{B}C$、$AB\overline{C}$、$ABC$ 是三变量 A、B、C 的最小项。可见，三个变量共有 $2^3 = 8$ 个最小项。对 n 个变量来说，共有 2^n 个最小项。

为了方便表示，常常把最小项排列起来，编上号。编号的方法是，把使最小项的取值为 1 的那一组变量的取值看成是二进制数，将其转换成十进制数，所得到的就是该最小项的编号。例如，三变量 A、B、C 的最小项 $\overline{A}\,\overline{B}\,\overline{C}$，使它的值为 1 所对应的变量取值为 000，转换成十进制数 0，所以该最小项的编号为 0，并记作 m_0。同理，最小项 $\overline{A}\,\overline{B}C$ 对应的变量取值为 001，编号为 1，记作 m_1，以此类推，$\overline{A}B\overline{C} = m_2$，$\overline{A}BC = m_3$，$\cdots$，$ABC = m_7$。表 3.5 所示为三变量所有最小项的表示形式。表 3.5 第一行中标出了各个最小项的编号。

表 3.5　三变量所有最小项的表示形式

编号	m_0	m_1	m_2	m_3	m_4	m_5	m_6	m_7
最小项	$\overline{A}\,\overline{B}\,\overline{C}$	$\overline{A}\,\overline{B}C$	$\overline{A}B\overline{C}$	$\overline{A}BC$	$A\overline{B}\,\overline{C}$	$A\overline{B}C$	$AB\overline{C}$	ABC
对应取值	000	001	010	011	100	101	110	111

表 3.6　例 3.7 的真值表

A	B	C	F
0	0	0	0
0	0	1	0
0	1	0	0
0	1	1	0
1	0	0	1
1	0	1	1
1	1	0	0
1	1	1	1

注意：提到最小项时，一定要说明变量的数目，否则最小项将失去意义。例如，ABC 对于三变量的逻辑函数来说是最小项，而对于四变量的逻辑函数来说，则不是最小项。同时要说明变量的排列顺序，否则对应取值和编号将出错。

例 3.7　写出表达式 $F_{(A,B,C)} = ABC + A\overline{B}C + AB\,\overline{C}$ 的真值表。

解：表 3.6 所示为例 3.7 的真值表。

由于 F 为三变量的表达式，而表达式中每一个与组合都是三变量，即最小项。从表 3.6 可知，ABC、$A\overline{B}C$、$AB\,\overline{C}$ 相对的取值组合 111、101、100 在输入时，输出为 1，其余最小项组合的取值在输入时，输出为 0。在表达式中若有出现的最小项的组合，则其相应取值在输入时将使输出为 1，否则为 0。

（2）最小项表达式：由使输出为 1 的最小项之和构成的表达式。

例 3.7 的公式就是逻辑函数的最小项表达式，又称为标准与或式。

任何逻辑函数都可以用最小项表达式来表示。方法是首先把任何形式的逻辑函数先转换成与或式表示，然后在不是最小项的乘积项中利用公式 $1 = A + \overline{A}$，补齐所缺少的变量，把与或式中的所有乘积项变为最小项，就得到了最小项表达式。

例 3.8　将函数 $Z_{(A,B,C)} = A\overline{B} + \overline{B}C$ 化简成最小项表达式。

解：这是一个包含 A、B、C 三个变量的逻辑函数表达式，首先乘积项 $A\overline{B}$ 中缺少变量 C，可以利用 $(C + \overline{C})$ 乘以 $A\overline{B}$；$\overline{B}C$ 中缺少 A，可以利用 $(A + \overline{A})$ 乘以 $\overline{B}C$。然后展开，所得就是最小项表达式：

$$Z_{(A,B,C)} = A\overline{B} + \overline{B}C = A\overline{B}(C+\overline{C}) + (A+\overline{A})\overline{B}C$$

$$= A\overline{B}C + A\overline{B}\,\overline{C} + A\overline{B}C + \overline{A}\,\overline{B}C = A\overline{B}C + A\overline{B}\,\overline{C} + \overline{A}\,\overline{B}C$$

$$= m_5 + m_4 + m_1 = \sum m(1,4,5)$$

注：为写书方便，可以直接用下标（编号）表示最小项。$\sum$ 表示逻辑或。

表 3.7 例 3.9 的真值表

A	B	C	Z
0	0	0	0
0	0	1	0
0	1	0	1
0	1	1	1
1	0	0	0
1	0	1	0
1	1	0	1
1	1	1	0

例 3.9 已知逻辑函数的真值表如表 3.7 所示，求函数 Z 的最小项表达式。

解： 由表 3.7 可知，使 $Z=1$ 的输入变量 A、B、C 的取值组合有 010、011、110 三组，相应的最小项为 $\overline{A}B\overline{C}$、$\overline{A}BC$、$AB\overline{C}$ 三项，所以，最小项表达式为

$$Z_{(A,B,C)} = \overline{A}B\overline{C} + \overline{A}BC + AB\overline{C}$$

$$= m_2 + m_3 + m_6$$

$$= \sum m(2,3,6)$$

因为逻辑函数的最小项表达式和真值表直接对应，所以与真值表一样，逻辑函数的最小项表达式也具有唯一性。

想一想： 最小项表达式中的编号与真值表取值组合有什么对应关系呢？

2. 逻辑函数的卡诺图表示法

（1）变量卡诺图的画法。在有 n 个变量的逻辑函数中，如果两个最小项中只有 1 个变量不相同（互为反变量），而其余变量都相同，那么称这两个最小项为逻辑相邻项。例如，三变量 A、B、C 的两个最小项 $A\overline{B}\,\overline{C}$ 与 $A\overline{B}C$ 就是逻辑相邻项，它们之间只有 C 有原变量和反变量两种形式。逻辑相邻项可合并，如 $A\overline{B}\,\overline{C} + A\overline{B}C = A\overline{B}(\overline{C}+C) = A\overline{B}$。可见，利用逻辑相邻项的合并可以对逻辑函数进行化简。

卡诺图是一种能够直观地表示出最小项的逻辑相邻关系的方格图。在画卡诺图时，每组变量的取值都是按格雷码排列的，而格雷码的特点是两个相邻代码之间仅有一位数码不同，体现了逻辑相邻性。

卡诺图利用小方格代表最小项，并按照"任何两个逻辑相邻的最小项所处的小方格，其几何位置相邻"的原则画出。

几何位置相邻是指上、下、左、右紧挨着的小方格；每一行、每一列的首尾两个小方格；以中轴对称重合的小方格。

图 3.5 所示为二变量的卡诺图，输入变量在行和列取值相交处的小方格就是对应的最小项。注：在简化形式中，1 表示原变量，0 表示反变量。

图 3.6 所示为三变量和四变量的卡诺图。注意，在三变量和四变量的卡诺图中，输入变量取值一定要按 00、01、11、10 排列，即格雷码方式排列，以保证几何位置上相邻所代表的最小项在逻辑上也相邻。

A\\B	$\bar{B}$	B
$\bar{A}$	$\bar{A}\bar{B}$	$\bar{A}B$
A	$A\bar{B}$	AB

A\\B	0	1
0	00	01
1	10	11

（a）基本形式　　　（b）简化形式

图 3.5　二变量的卡诺图

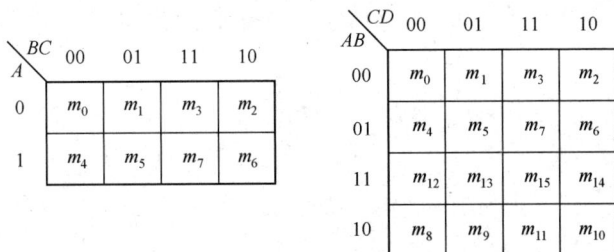

A\\BC	00	01	11	10
0	m_0	m_1	m_3	m_2
1	m_4	m_5	m_7	m_6

AB\\CD	00	01	11	10
00	m_0	m_1	m_3	m_2
01	m_4	m_5	m_7	m_6
11	m_{12}	m_{13}	m_{15}	m_{14}
10	m_8	m_9	m_{11}	m_{10}

图 3.6　三变量和四变量的卡诺图

（2）逻辑函数的卡诺图。卡诺图中的每一个小方格都对应一个最小项，如果任何一个逻辑函数均可用最小项表达式表示，那么只要把函数中包含的最小项在卡诺图中填 1，没有的项填 0（或不填），就可以得到用卡诺图表示的逻辑函数。

例 3.10　用卡诺图表示逻辑函数：$Y_1(A,B,C)=\bar{A}B+A\cdot\bar{B}+C$。

解：Y_1 是三变量函数，首先将 Y_1 展开成最小项表达式：

$$Y_1=\bar{A}B+A\cdot\bar{\bar{B}+C}=\bar{A}B(C+\bar{C})+AB\bar{C}$$

$$=\bar{A}BC+\bar{A}B\bar{C}+AB\bar{C}=\sum m(2,3,6)$$

然后画出三变量的卡诺图，在 Y_1 包含的最小项方格中填 1，如图 3.7 所示。

A\\BC	00	01	11	10
0			1	1
1				1

图 3.7　例 3.10 中 Y_1 的卡诺图

想一想：卡诺图与真值表存在什么关系呢？

3. 用卡诺图化简逻辑函数

逻辑函数用卡诺图表示出来以后，就可以找出相邻的最小项，并通过画卡诺圈的方式进行化简。

画卡诺圈的基本原则和方法如下。

（1）只有几何位置相邻的方格才能在同一个卡诺圈中。

（2）每个卡诺圈内的矩形方格数应为 2^n，圈越大，消去的变量数就越多，即乘积项越简单，所以卡诺圈越大越好。n 是自然数（0，1，2，3，…）。

（3）为 "1" 的小方格可以被多次重复使用，因为 $A=A+A$，图 3.8 所示为卡诺圈的基本画法，其中的 $ABCD$ 的组合为 1111 项的 "1" 取值就被使用了 3 次。

（4）为 "1" 的小方格必须全部圈完。

（5）为避免出现多余项，应保证任一个卡诺圈中至少有一个最小项只被圈过一次。图 3.9（a）中就出现了冗余圈，其中 L_2 为冗余圈。

画完卡诺圈后，利用"去异剩同"的方法把卡诺圈中的最小项合并成一项。"去异剩同"就是把在卡诺圈中既含有原变量又含有反变量的那些变量消去，而保留卡诺圈中变量取值不变的那些变量的乘积项。图 3.9（b）所示为卡诺圈的化简方法，其结果为

$$L_1=BC,L_3=\bar{A}BD,L_4=\bar{B}\,\bar{D},L_5=A\bar{B}$$

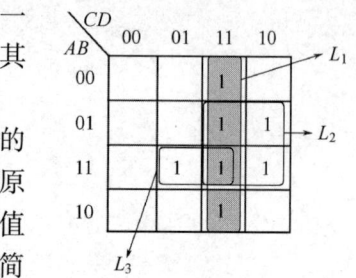

图 3.8　卡诺圈的基本画法

其中的 L_2 因为卡诺圈中的"1"方格全部都被使用了 2 次或 2 次以上，所以为冗余圈，应去除，以免增添多余项。然后把所有乘积项相加，就可以得到最简与或表达式。

函数 Y 就可以表示为

$$Y=BC+\bar{A}BD+\bar{B}\,\bar{D}+A\bar{B}$$

（a）L_2 为冗余圈　　　（b）卡诺圈的化简方法

图 3.9　卡诺圈的画法及化简

例 3.11　化简函数 $Y(A,B,C,D)=\sum m(1,3,5,9,10,11,14,15)$。

解：（1）用卡诺图表示该函数。对应最小项编号把 1 填入卡诺图中（见图 3.10）。

（2）按要求画卡诺圈，各卡诺圈内的"1"方格数为 2^n。

（3）根据"去异剩同"的方法，合并卡诺圈内的最小项，写出函数的最简与或式为

$$L_1=AC,L_2=\bar{B}D,L_3=\bar{A}\,\bar{C}D$$

图 3.10　例 3.11 的卡诺图

从而解得：

$$Y=AC+\bar{B}D+\bar{A}\,\bar{C}D$$

 想一想：图 3.7 和图 3.8 的化简结果是怎样的呢？

3.3.4　具有约束项的逻辑函数及其化简

1. 约束项和约束条件

约束项：输入端不可能出现的取值组合对应的最小项表达式。

用 8421BCD 码代替十进制数 0~9 作为输入时，输入端有 A、B、C、D 四位代码，它共有 $2^4 = 16$ 种组合，实际只需要其中 10 种组合 0000~1001，而 1010、1011、1100、1101、1110、1111 这 6 种组合是多余项。在正常情况下，输入端是不会出现这 6 种组合情况的，这 6 种组合对应的最小项表达式就是约束项。

由所有约束项的逻辑和等于 0 构成的逻辑表达式称为约束条件。因为约束项对应的数值组合不会也不应该出现在输入端，在所有可以出现的取值组合条件下，其值恒为 0，所有约束项之和也恒为 0，所以约束条件是一个值恒为 0 的条件等式。为了与其他变量组合所对应的函数值区别，通常把约束项所对应的函数 F 的取值记作"×"。

用 8421BCD 码来表示十进制数的约束条件：

$$\sum m(10,11,12,13,14,15) = 0$$

2. 有约束条件的逻辑函数的化简

因为输入端不会出现约束项的输入，所以不管约束项的函数取值为 1 还是为 0，对输出结果都没有影响，因此约束项又称为无关项，即约束项的函数取值"×"可根据需要看成 1 或 0。在函数化简中，合理利用约束项，可使逻辑函数化简结果更为简单。

例 3.12　设计一个电路，用 8421BCD 码代替一位十进制数 0~9 作为输入，四位代码分别用变量 A、B、C、D 表示。当十进制数为偶数时，输出变量 $F = 1$。

解：根据题意，写出函数 F 的真值表，如表 3.8 所示。由真值表得出 F 的表达式，可写成：

$$\begin{cases} F = \sum m(0,2,4,6,8) \\ \sum m(10,11,12,13,14,15) = 0 \end{cases}$$

表 3.8　例 3.12 的真值表

十进制数	输入（8421BCD 码）				输出	十进制数	输入（8421BCD 码）				输出
	A	B	C	D	F		A	B	C	D	F
0	0	0	0	0	1	8	1	0	0	0	1
1	0	0	0	1	0	9	1	0	0	1	0
2	0	0	1	0	1	约束项	1	0	1	0	×
3	0	0	1	1	0		1	0	1	1	×
4	0	1	0	0	1		1	1	0	0	×
5	0	1	0	1	0		1	1	0	1	×
6	0	1	1	0	1		1	1	1	0	×
7	0	1	1	1	0		1	1	1	1	×

画出卡诺图，对约束项打上"×"，如图 3.11 所示。

若不考虑约束条件，如图 3.11（a）所示，则可得：

$$F = \overline{B}\,\overline{C}\,\overline{D} + \overline{A}\,\overline{D}$$

在化简时，首先可把当作"1"有利于化简的约束项看作"1"（本例中把 m_{10}、m_{12}、m_{14} 看作 1），当作"0"有利于化简的约束项看作"0"（如 m_{11}、m_{13}、m_{15}），然后画卡诺圈。若考虑约束条件，如图 3.11（b）所示，则可得：

$$F = \overline{D}$$

（a）不考虑约束条件　　　　　（b）考虑约束条件

图 3.11　例 3.12 的卡诺图

可见，考虑约束条件化简的结果通常比不考虑约束条件化简的结果要简单。但一旦由于不正常的原因，约束项在输入端出现，就可能会引起逻辑出错。

注：利用约束项进行化简时，"×"方格的函数取值以有利于化简为前提，可以为 1，也可以为 0，所以不必像"1"方格必须全部圈完。

想一想：对于有约束条件的逻辑函数化简后的公式，对于约束项对应的取值组合而言，其取值是否已为确定值呢？

3.4　组合逻辑电路的分析与设计方法

在实际应用中，往往需要将若干门电路组合起来实现不同的逻辑功能，这种电路称为逻辑电路。逻辑电路有组合逻辑电路和时序逻辑电路之分，组合逻辑电路不但能独立完成各种功能复杂的逻辑运算，而且是时序逻辑电路的组成部分。

组合逻辑电路的典型框图如图 3.12 所示。它可用如下的逻辑函数来描述，即

$$F_i = f_i(X_0, X_1, \cdots, X_n) \quad (i = 1, 2, \cdots, m)$$

图 3.12　组合逻辑电路的典型框图

上式表明，任一个输出函数的逻辑取值都由所有的输入逻辑变量的逻辑取值决定。

组合逻辑电路具有如下特点：无反馈连接的电路，没有记忆单元，其任何时刻输出函数的逻辑值都由对应的输入逻辑变量的取值确定。

组合逻辑电路的逻辑功能的描述方法通常有逻辑图、逻辑函数表达式、真值表（状态表）、工作波形等。

想一想：对比组合逻辑电路的描述与逻辑函数的描述，两者有何不同呢？

3.4.1 组合逻辑电路的分析方法

分析组合逻辑电路是指分析电路的逻辑功能，即根据已知的逻辑图找出电路的输入和输出之间的逻辑关系，从而知道电路的逻辑功能。

1. 组合逻辑电路分析的一般步骤

组合逻辑电路的分析步骤如图 3.13 所示。首先根据给定的组合逻辑电路写出逻辑函数表达式。若逻辑函数表达式较复杂，则可以将其化简，以得到最简逻辑函数表达式，或直接列真值表，并根据真值表来确定电路的逻辑功能（有时也可以直接由逻辑函数表达式确定电路的逻辑功能）。如果逻辑功能难以用简练语言描述，那么只要列出真值表即可，也可以根据周围的电路来分析实际逻辑功能。

图 3.13　组合逻辑电路的分析步骤

2. 组合逻辑电路分析示例

例 3.13　一个双输入端/双输出端的组合逻辑电路如图 3.14 所示，分析该电路的功能。

解：（1）逐级写出逻辑函数表达式。无论从输入端开始分析到输出端，或从输出端开始分析到输入端，或从中间任意一级开始分析，一步一步推导，都能得出电路的函数关系。在分析时，可以加入一些中间变量。

图 3.14　一个双输入端/双输出端的组合逻辑电路

$$Z_1 = \overline{AB}$$

$$Z_2 = \overline{A\overline{AB}}$$

$$Z_3 = \overline{B\overline{AB}}$$

$$S = \overline{Z_2 Z_3} = \overline{\overline{A\overline{AB}}\ \overline{B\overline{AB}}}$$

$$C = \overline{Z_1} = \overline{\overline{AB}}$$

上面的公式中，Z_1、Z_2、Z_3 就是为了方便分析，加入的中间变量。

（2）化简。首先整理公式，把多层非号先降为一层，然后进行公式化简或卡诺图化简。

$$S = \overline{\overline{A\overline{AB}}\ \overline{B\overline{AB}}} = A\overline{AB} + B\overline{AB} = A(\overline{A} + \overline{B}) + B(\overline{A} + \overline{B}) = A\overline{B} + \overline{A}B$$

$$C = \overline{\overline{AB}} = AB$$

（3）写出真值表。根据化简后的逻辑函数表达式写出真值表，本例真值表及说明如表 3.9 所示。

表 3.9　例 3.13 的真值表及说明

输　　入		输　　出		*分析说明*
A	B	S	C	$\begin{array}{r}A\\+B\\\hline CS\end{array}$
0	0	0	0	$\begin{array}{r}0\\+0\\\hline 00\end{array}$
0	1	1	0	$\begin{array}{r}0\\+1\\\hline 01\end{array}$
1	0	1	0	$\begin{array}{r}1\\+0\\\hline 01\end{array}$
1	1	0	1	$\begin{array}{r}1\\+1\\\hline 10\end{array}$

（4）简述逻辑功能。观察真值表得出的结论，便于用文字描述的就用文字描述，若不便用文字描述，则直接写出对应的输入与输出关系。

本例中，当 A、B 都为 0 时，S 为 0，C 也为 0；当 A、B 只有 1 个为 1 时，S 为 1，C 为 0；当 A、B 都为 1 时，S 为 0，C 为 1。这符合两个 1 位二进制数相加的原则，即 A、B 表示两个 1 位二进制的加数，S 为它们相加的本位和，C 为向高位的进位，如表 3.9 所示的分析说明。这种电路可用于实现两个 1 位二进制数的相加，它是运算器中的基本单元电路，称为半加器。

例 3.14　分析图 3.15 中电路的逻辑功能。

解：（1）写出逻辑函数表达式并化简。

$$F_1 = \overline{ABC}$$

$$F = \overline{AF_1 + BF_1 + CF_1} = \overline{A\overline{ABC} + B\overline{ABC} + C\overline{ABC}}$$

$$= \overline{\overline{ABC}\,(A+B+C)} = ABC + \overline{(A+B+C)} = ABC + \overline{A}\,\overline{B}\,\overline{C}$$

（2）列真值表，如表 3.10 所示。

图 3.15　例 3.14 的组合逻辑电路图

表 3.10　例 3.14 的真值表

输　　入			输　　出
A	B	C	F
0	0	0	1
0	0	1	0
0	1	0	0
0	1	1	0
1	0	0	0
1	0	1	0
1	1	0	0
1	1	1	1

（3）简述逻辑功能。由真值表可知，当电路中三个变量一致时，输出 F 为 1；当电路中三个变量不一致时，输出 F 为 0。

想一想：若需要知道别人设计好的组合逻辑电路的逻辑功能，则应该怎么办呢？

3.4.2 组合逻辑电路的设计方法

组合逻辑电路的设计就是根据给定的逻辑问题，画出实现这一逻辑功能的组合逻辑电路。组合逻辑电路的设计是分析的逆过程。

1. 组合逻辑电路设计的步骤

图 3.16 以框图的形式概括了组合逻辑电路的设计步骤。首先把给出的实际问题，用逻辑语言加以表达，确认在所提出的问题中的输入变量和输出变量，以及它们之间的逻辑关系，并做出逻辑规定，根据这些逻辑关系列出真值表，这是关键的一步。只有所列真值表准确，设计才具有实际意义；然后由真值表写出逻辑函数表达式，并对逻辑函数表达式进行化简或变换，以便选用合适的中、小规模集成电路来实现给定实际问题所要求的逻辑功能；最后根据化简或变换后的逻辑函数表达式画出电路图。

图 3.16　组合逻辑电路的设计步骤

从逻辑问题到写出逻辑函数表达式，可以不画真值表和写出逻辑函数表达式，可以直接画卡诺图，方便化简。如果问题比较简单，甚至可以直接写出逻辑函数表达式，那么整个设计过程可以根据需要调整。

2. 组合逻辑电路设计举例

例 3.15 设计一个三人表决电路，结果按"少数服从多数"的原则决定。要求仅用与门、或门，或者仅用与非门实现。

解：（1）根据设计要求建立该逻辑问题的真值表。设三人的意见为变量 A、B、C，表决结果为函数 L。对变量及函数进行如下状态赋值：对于变量 A、B、C，设同意为逻辑"1"，不同意为逻辑"0"。对于函数 L，设表决通过为逻辑"1"，没通过为逻辑"0"。

例 3.15 的真值表如表 3.11 所示。

（2）由真值表写出逻辑函数表达式为

$$L=\overline{A}BC+A\overline{B}C+AB\overline{C}+ABC$$

该逻辑函数表达式不是最简的。

（3）化简。可采用公式化简法或卡诺图化简法，此处用公式化简法化简：

$$L=\overline{A}BC+A\overline{B}C+AB\overline{C}+ABC$$

表 3.11　例 3.15 的真值表

输　　入			输　出
A	B	C	L
0	0	0	0
0	0	1	0
0	1	0	0
0	1	1	1
1	0	0	0
1	0	1	1
1	1	0	1
1	1	1	1

$$=AB(\overline{C}+C)+BC(\overline{A}+A)+AC(\overline{B}+B)$$
$$=AB+BC+AC$$

（4）画出组合逻辑电路图。如果要求用与非门实现该逻辑电路，就应将逻辑函数表达式转换成与非–与非表达式：

$$L=AB+BC+AC=\overline{\overline{AB+BC+AC}}=\overline{\overline{AB}\cdot\overline{BC}\cdot\overline{AC}}$$

画出分别采用与门、或门和与非门实现的组合逻辑电路图，如图 3.17 所示。

（a）用与门、或门实现　　　　　　　（b）用与非门实现

图 3.17　例 3.15 的组合逻辑电路图

例 3.16　设计一个 8 输入 3 输出的二进制编码电路，即 8–3 线编码器。要求每一时刻只有一个输入端接通高电平，为"1"。当不同的输入端为"1"时，会有一个对应二进制码输出。

解：（1）把实际问题变成逻辑问题。设 8 个输入为 $I_0 \sim I_7$，对应 3 个输出 $Y_0 \sim Y_2$ 的二进制码与输入端的下标数码一致。

（2）列真值表。表 3.12 所示为 8–3 线编码器的简化真值表，因为每一时刻只有一个输入端的电平有效，所以合法的输入组合只有 8 组，而不用列 2^8 组输出组合。表 3.12 中没有列出的组合为约束项。

表 3.12　8–3 线编码器的简化真值表

输入								输出		
I_7	I_6	I_5	I_4	I_3	I_2	I_1	I_0	Y_2	Y_1	Y_0
0	0	0	0	0	0	0	1	0	0	0
0	0	0	0	0	0	1	0	0	0	1
0	0	0	0	0	1	0	0	0	1	0
0	0	0	0	1	0	0	0	0	1	1
0	0	0	1	0	0	0	0	1	0	0
0	0	1	0	0	0	0	0	1	0	1
0	1	0	0	0	0	0	0	1	1	0
1	0	0	0	0	0	0	0	1	1	1

（3）写出相应的逻辑函数表达式。因为输入不能任意组合，而是每一时刻只有一个输入端为"1"，所以，输出完全由对应输入为 1 的输入端决定，根据真值表可直接写出对应的逻辑表达式：

$$Y_0 = I_1 + I_3 + I_5 + I_7$$
$$Y_1 = I_2 + I_3 + I_6 + I_7$$
$$Y_2 = I_4 + I_5 + I_6 + I_7$$

（4）画出组合逻辑电路图，如图 3.18 所示。

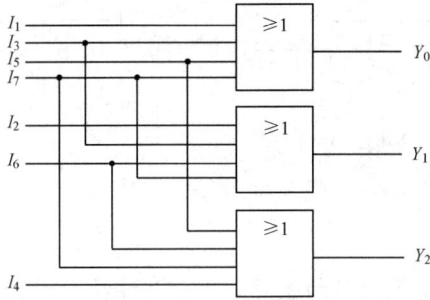

图 3.18　例 3.16 的组合逻辑电路图

想一想：一种实际问题只要能够转变为逻辑问题，并列出真值表，是否就可以得到与或表达式呢？也一定可以用组合逻辑电路来实现吗？

3.4.3　组合逻辑电路中的竞争冒险

3.4.1 节及 3.4.2 节在分析和设计组合逻辑电路时，都没有考虑门电路延迟时间对电路的影响。实际上，因为延迟时间的存在，当一个输入信号经过多条路径传送后又重新会合到某个门电路上，由于不同路径上门电路的级数不同，或者门电路延迟时间的差异，所以到达会合点的时间有先有后，从而产生瞬间的错误输出，这一现象称为竞争冒险。

1. 产生竞争冒险的原因

图 3.19（a）所示为组合逻辑电路图，在其电路中，逻辑函数表达式为 $L = A\bar{A}$，在理想情况下，输出应恒等于 0。但是由于受 G_1 门的延迟时间 t_{pd} 的影响，$\bar{A}$ 信号下降沿到达 G_2 门的时间比 A 信号上升沿晚 $1t_{pd}$，因此，使 G_2 门输出端出现了一个正向窄脉冲，通常称为"1 冒险"，波形图如图 3.19（b）所示。

（a）组合逻辑电路图　　　　　　（b）波形图

图 3.19　产生"1 冒险"

同理，图 3.20（a）所示为组合逻辑电路图，在其电路中，由于受 G_1 门的延迟时间 t_{pd} 的影响，G_2 门输出端出现了一个负向窄脉冲，通常称为"0 冒险"，波形图如图 3.20（b）所示。

"0 冒险"和"1 冒险"统称竞争为冒险，是一种干扰脉冲，有可能引起后级电路的错误动作。产生竞争冒险的原因是一个门（如 G_2 门）的两个互补的输入信号分别经过两条路径传输，由于延迟时间不同，到达的时间也不同。

（a）组合逻辑电路图   （b）波形图

图 3.20 产生 0 冒险

2. 竞争冒险现象的识别

可采用代数法来判断一个组合逻辑电路是否存在竞争冒险，方法如下。

写出组合逻辑电路的逻辑函数表达式，当某些逻辑变量取特定值（0 或 1）时，若逻辑函数表达式能转换成

$$L=A\bar{A} \qquad 则存在 1 冒险$$

$$L=A+\bar{A} \qquad 则存在 0 冒险$$

例 3.17 判断如图 3.21（a）所示的组合逻辑电路是否存在竞争冒险，若存在，则指出冒险类型，画出输出波形。

解： 写出逻辑函数表达式：

$$L=A\bar{C}+BC$$

若输入变量 $A=B=1$，则有 $L=C+\bar{C}$。因此，该电路存在 0 冒险。下面画出 $A=B=1$ 时 L 的波形图，如图 3.21（b）所示。在稳态下，无论 C 取何值，L 恒为 1，但当 C 变化时，信号的各传输路径的延时不同，将会出现如图 3.21（b）所示的负向窄脉冲，即 0 冒险。

（a）组合逻辑电路图   （b）波形图

图 3.21 例 3.17 的组合逻辑电路图和波形图

例 3.18 逻辑函数表达式 $L=(A+B)(\bar{B}+C)$，判断电路是否存在竞争冒险。

解： 如果令 $A=C=0$，那么有 $L=B\cdot\bar{B}$，因此，该电路存在 1 冒险。

3. 竞争冒险现象的消除方法

当组合逻辑电路存在竞争冒险现象时，可以采取以下方法来消除竞争冒险现象。

（1）加冗余项。在例 3.17 的电路中，存在竞争冒险现象。如果在其逻辑函数表达式中增加乘积项 AB，使其变为 $L=A\bar{C}+BC+AB$，那么在原来产生竞争冒险的条件 $A=B=1$ 成立时，$L=$

1，不会产生竞争冒险。逻辑函数表达式中增加了乘积项 AB 后已不是"最简"的，故这种乘积项称为冗余项。

（2）变换逻辑函数表达式，消去互补变量。例 3.18 的逻辑函数表达式 $L=(A+B)(\bar{B}+C)$ 存在竞争冒险现象。如果将其变换为 $L=A\bar{B}+AC+BC$，那么在原来产生竞争冒险的条件 $A=C=0$ 成立时，$L=0$，不会产生竞争冒险。

（3）增加选通脉冲。在电路中增加一个选通脉冲，接到可能产生竞争冒险的门电路的输入端。当输入信号转换完成，进入稳态后，才引入选通脉冲，将门打开。这样输出信号就不会出现竞争冒险。

（4）增加输出滤波电容。由于竞争冒险产生的干扰脉冲的宽度一般都很窄，在可能产生竞争冒险的门电路输出端与地之间并联一个滤波电容（一般为 $4\sim20pF$），利用电容两端的电压不能突变的特性，使输出波形上升沿和下降沿都变得比较平缓，从而起到消除竞争冒险现象的作用。

想一想：在例 3.18 的电路中，t_{pd} 有多大呢？请查一查典型门电路的 t_{pd}。这个"1 冒险"在什么情况下要考虑呢？

实训 3　组合逻辑电路设计之数字密码锁

1. 实训目的

（1）掌握组合逻辑电路的设计方法。
（2）用实训验证设计好的组合逻辑电路的逻辑功能。
（3）掌握编码的概念，为后续内容做准备。

2. 实训器材

LCN-1 数字电路实验箱
74LS20（两组四输入端与非门）　　2 块
74LS00（四组二输入端与非门）　　1 块
74LS08（四组二输入端与门）　　1 块
万用表及钳子等工具

3. 实训内容

（1）设计一个数字密码锁，其输入、输出示意图如图 3.22 所示，图 3.23 所示为数字密码锁参考电路示意图。其中，A、B、C、D 为四个二进制代码输入信号，E 为开锁控制输入信号。每把锁的密码都为预设的四位数字代码。本次实训所用的密码为 1001，学生也可以自行选定密码。如果输入数字代码符合该锁密码，且有开锁信号（控制输入信号 $E=1$）时，那么锁才被打开（$F_1=1$）；若输入数字代码不符合该锁密码，则开锁时电路将发出报警信号（$F_2=1$）。要求用最少的与非门进行电路搭建。

实训要求如下。

① 根据要求，设定输入/输出变量的个数，并根据电路的逻辑确定两者之间的对应关系，列出真值表，写出逻辑函数表达式，画出实训电路图。

图 3.22　数字密码锁输入、输出示意图　　　图 3.23　数字密码锁参考电路示意图

② 连接电路进行验证。利用数字电路实验箱提供工作所需电源、脉冲信号。F_1、F_2 由数字电路实验箱上的两个发光二极管配合扬声器监测，若发光二极管亮，则表示接发光二极管的输出端为高电平；若发光二极管不亮，则表示接发光二极管的输出端为低电平。当不能开锁时，要求扬声器发出报警声。

（2）设计一个编码器电路。要求 8 个输入信号对应由 3 个输出信号组成的二进制数。3 个输出端可以接 3 个指示灯，由二进制数组合来表示，也可以以权位的高低按顺序接到数字电路实验箱的数码管显示的 8421BCD 码的其中 4、2、1 这 3 个端，1 个输入端对应 1 组二进制数输出，同时显示相应的数码。如定义为 3 的按钮被按下时输出为 011，经译码显示的数字为 3，要求用两块 74LS20 实现。

4. 实训报告

（1）列出真值表。

（2）画出实训电路图。

（3）说明实训原理。

（4）画出编码器的电路结构，并说明其工作现象和工作原理。

5. 想想做做

制作自动售货冷饮机控制电路。要求：该冷饮机能接收 5 角或 1 元的硬币。冷饮机控制示意图如图 3.24 所示。该冷饮机所售冷饮价格为 1 元。一次投币最多为 2 元（两个 5 角，一个 1 元），当投币大于或等于 1 元时，给出冷饮 1 瓶并找付多余的钱币；当投币小于 1 元时，退还钱币而不给冷饮。钱币投好后要启动一下冷饮机，并开始执行交易。

图 3.24　冷饮机控制示意图

 本项目学习指导

（1）组合逻辑电路的逻辑功能特点：组合逻辑电路任一时刻的输出，取决于该时刻各输入状态的组合，而与电路的原状态无关。其电路结构特点：由门电路构成，电路中无记忆单元，且由输出到各级门电路的

输入也无任何反馈线。

（2）逻辑函数的化简有两种方法：公式化简法和卡诺图化简法。公式化简法的优点是不受任何条件限制，但要求使用者能熟练运用各种公式和规则，而且需要一定的运算技巧和经验。卡诺图化简法的优点是简单、直观，而且有一定的步骤可循，但当变量数太多时，用手工的方法难以操作。

（3）各种组合逻辑电路在功能上千差万别，但其分析方法和设计方法都是相同的。掌握了一般的分析方法，可得知任何给定电路的逻辑功能；掌握基本的设计方法，就可根据已知的实际要求设计出相应的逻辑电路。

习 题 3

3.1 用真值表证明下列恒等式。

（1）$A\bar{B}+\bar{A}B=(\bar{A}+\bar{B})(A+B)$

（2）$A\oplus 1=\bar{A}$

3.2 用公式证明下列恒等式。

（1）$(A+B)(B+C)(\bar{A}+C)=(A+B)(\bar{A}+C)$

（2）$\overline{\overline{AB}+A\bar{B}}=(A+\bar{B})(\bar{A}+B)$

3.3 用公式化简法将下列函数化简为最简与或式。

（1）$F_1=ABC+\bar{A}+\bar{B}+\bar{C}$

（2）$F_2=(A+\overline{AB})(A+BC+C)$

（3）$F_3=\overline{A\bar{B}\bar{C}+AC}+\overline{A}BC+\overline{AC}$

3.4 用卡诺图化简法化简下列函数，写出最简与或式，并画出简化的逻辑电路图。

（1）$F_{(A,B,C)}=\bar{A}BC+\bar{A}B\bar{C}+AB\bar{C}+ABC$

（2）$F_{(A,B,C,D)}=A\overline{BC}+AC+\bar{A}BC+\overline{BC}D$

（3）$F_{(A,B,C,D)}=\sum m(1,3,6,7,10,11,13,15)$

（4）$F_{(A,B,C,D)}=\sum m(3,5,8,9,11,13,14,15)$

（5）$\begin{cases}F_{(A,B,C,D)}=\sum m(1,5,8,9,13,14)\\\sum m(7,10,11,15)=0\end{cases}$

（6）$\begin{cases}F_{(A,B,C,D)}=\sum m(1,5,8,10,14)\\\sum m(0,1,12,13,15)=0\end{cases}$

3.5 试画出用逻辑门符号实现下列函数的逻辑电路图。

（1）$Y=AB+BC+AC$

（2）$Y=(\bar{A}+B)(A+\bar{B})C+\overline{BC}$

（3）$Y=\overline{A\bar{B}\bar{C}+A\bar{B}C+\bar{A}B\bar{C}}$

3.6 将图 3.25 中的组合逻辑电路转化成最简与或式。

图 3.25 题 3.6 图

3.7 化简如图 3.26 所示的电路，要求化简后的电路逻辑功能不变。

3.8 组合逻辑电路的特点是什么呢？

3.9 分析如图 3.27 所示的组合逻辑电路，并分别简述 K 在不同取值时电路的逻辑功能。

图 3.26 题 3.7 图

图 3.27 题 3.9 图

3.10 用与非门来分别实现以下逻辑功能。

（1）三人多数通过表决电路。

（2）电动机控制电路：某机床电动机由电源开关 S_1、过载保护开关 S_2 和安全开关 S_3 控制。当三个开关同时闭合时，电动机转动；当任一开关断开时，电动机停转。

3.11 设计一组合逻辑电路，当输入的 4 位二进制数能被 4 整除时，输出为 1，否则输出为 0。

3.12 设计一个编码器，输入是 6 个信号，每一时刻只有 1 位输入端为高电平（有效），输出是 3 位二进制数，其真值表如表 3.13 所示。

表 3.13 题 3.12 真值表

输　　入						输　　出		
I_0	I_1	I_2	I_3	I_4	I_5	Y_0	Y_1	Y_2
1	0	0	0	0	0	0	0	1
0	1	0	0	0	0	0	1	0
0	0	1	0	0	0	0	1	1
0	0	0	1	0	0	1	0	0
0	0	0	0	1	0	1	0	1
0	0	0	0	0	1	1	1	0

3.13 设计一个 3 输入 5 输出译码器，其真值表如表 3.14 所示。其中当 $A_2A_1A_0$ 等于 101、110、111 时为无效状态，可作为约束项。

表 3.14 题 3.13 真值表

A_2	A_1	A_0	Y_0	Y_1	Y_2	Y_3	Y_4
0	0	0	1	0	0	0	0
0	0	1	0	1	0	0	0
0	1	0	0	0	1	0	0
0	1	1	0	0	0	1	0
1	0	0	0	0	0	0	1

项目4　玩转常用组合逻辑电路模块

随着集成电路技术的发展及更先进的制造工艺的出现，集成电路的制作精度已经可以达到7nm，一块CPU芯片可能集成了数以亿万计的晶体管。但在电子产品设计时，还是可能会用到一些功能比较简单的中、小规模集成电路。本项目主要介绍一些常用的中规模组合逻辑电路模块，可以提高设计的可靠性和电路的性能，由这些模块再去构成更复杂的系统。

通过本项目，主要掌握如下知识：

(1) 掌握编码器、译码器、数据选择器、数据分配器、数值比较器和加法器的功能。

(2) 熟练使用某一型号的编码器、译码器。

4.1　概述

常用组合逻辑电路模块的品种有很多，主要有全加器、编码器、译码器、数据分配器、数据选择器、数值比较器等，这些模块都有专门的符号，用相应的集成电路可以直接设计更复杂的数字电路。图4.1所示为计算器外形和部分电路框图，此计算器就使用了组合逻辑电路。

计算器处理的结果送到显示屏进行显示

不同按键被按下时，产生的信号被编制成不同的二进制码（编码），把这些二进制码送到计算器的内部CPU后，CPU按预先设定的规律分辨指令（译码）、数据，并按指令进行运算等

(a) 计算器外形　　　　　(b) 部分电路框图

图4.1　计算器外形和部分电路框图

学习常用的组合逻辑电路模块时，在掌握其功能的基础上，通常要求使用者能够掌握集成电路的端子名称、作用及有效控制电平。除特殊说明外，本书关于元器件符号标记的规则如下。

(1) 在集成电路的输入信号端子引脚标记中，若符号标记为原变量，则表示高电平有效；若符号标记为反变量，则表示低电平有效。例如，三态门的控制端标记为 $\overline{EN}$，表示当

控制端为低电平时，该三态门才能正常工作，否则处于高阻态。输入信号端子的信号若经一个非门符号（输入端有一个小圈或有一个尖三角）输入，则也表示低电平有效。

（2）在集成电路的输出信号端子引脚标记中，若符号标记为反变量，则表示反码输出。

4.2 编码器

编码就是用文字、符号或数码表示特定的对象。例如，给新安装的电话一个电话号码、给刚入学的学生安排学号等都是进行编码的过程。图 4.2 所示为用十进制的学号对应代表一名学生。

图 4.2 用十进制的学号对应代表一名学生

在数字电路中，因为只有二进制数，所以一般用的都是二进制编码器。虽然二进制编码器只有 "0" 和 "1" 两个数码，但是 n 个 "0" 和 "1" 按一定规律编排起来就可以表示 2^n 种不同的代码，n 值越大，可以表示的特定的状态信息就越多。将不同的输入信号或对象编为对应的二进制代码的电路称为二进制编码器。

待编码的状态数为 M，二进制编码后输出数为 N，它们之间要满足的关系式为

$$2^N \geq M$$

若待编码的状态数为 16，则输出线只需 4 根，编码器可以将多线的输入变为较少线的输出。

想一想：如果要对 108 个键进行编码，那么输出线至少需要多少根？

二进制编码器的特点是，任一时刻只能对一个输入信号进行编码。有两种输入情形，第一种情形是，在需要编码的状态中每次只有一位为有效电平，如图 4.3 所示；第二种情形是，任何时候只允许一个输入信号为有效电平，其余输入信号均为无效电平。第二种情形可能同时存在多个输入信号为有效电平，但编码器仅对优先权最高的输入信号进行编码，忽略其他有效的输入信号，优先权的高低在电路设计时已确定。第二种情形称为优先编码。计算机的键盘就是采用了优先编码电路。常用的编码器有二-十进制编码器。

图 4.3 在需要编码的状态中每次只有一位有效电平

编码器的资料可以在网上查找并下载，相关的文档会提供详细的功能说明、内部电路结构、参数、使用注意事项、封装等。

1. 8-3 线优先编码器 74HC148

DIP 封装的 74HC148 的顶视图及引脚图如图 4.4 所示，表 4.1 所示为 74HC148 的功能表（Function Table）。

（a）DIP封装的74HC148的顶视图　　　　（b）引脚图

图 4.4　DIP 封装的 74HC148 的顶视图及引脚图

表 4.1　74HC148 的功能表（Function Table）

INPUTS（输入）										OUTPUTS（输出）				
EI	0	1	2	3	4	5	6	7		A_2	A_1	A_0	GS	EO
H	X	X	X	X	X	X	X	X		H	H	H	H	H
L	H	H	H	H	H	H	H	H		H	H	H	H	L
L	X	X	X	X	X	X	X	L		L	L	L	L	H
L	X	X	X	X	X	X	L	H		L	L	H	L	H
L	X	X	X	X	X	L	H	H		L	H	L	L	H
L	X	X	X	X	L	H	H	H		L	H	H	L	H
L	X	X	X	L	H	H	H	H		H	L	L	L	H
L	X	X	L	H	H	H	H	H		H	L	H	L	H
L	X	L	H	H	H	H	H	H		H	H	L	L	H
L	L	H	H	H	H	H	H	H		H	H	H	L	H

注：H——高电平，即逻辑"1"；L——低电平，即逻辑"0"；X——无关，即任意。

74HC148 是一种应用比较广泛的编码器。它的引脚体现了数字集成电路的常用引脚类型，按功能可分为电源端、控制端、输入/输出端三类。

（1）电源端：对于 DIP 封装的集成电路，通常集成电路顶视图的右上角引脚接电源正极（标注为 V_{CC}）、左下角引脚接电源负极（标注为 GND）。因为电源是集成电路工作所必需的，所以在画原理图时通常隐含已连接的电源，不再画出。

（2）控制端：输入控制端用于控制集成电路是否工作，输出控制端显示集成电路的工作状态。

EI 是输入控制端，只有当 EI 有效时，编码器才正常编码。从表 4.1 中可以看出，当 EI 为"H"时，编码输入信号为任意，输出全为"H"，也就是编码器不工作；仅当 EI 为"L"时，编码器才正常工作。由此可见，在数字电路中，控制信号非常重要，若集成电路不能正常工作，则首先要检查电源，其次是输入控制端，最后是输入/输出端。

输出控制端，在扩展芯片的功能时使用。EO 为输出控制端，有效时（本节规定："L"时有效）表示本芯片无编码信号输入。GS 为片扩展输出端，有效时表示本芯片有编码信号输出。

（3）输入/输出端：0~7 为八个输入端，编码的优先权从"0"至"7"依次变高。低电平有效，即低电平表示要求编码。当高优先权的编码信号要求编码时，低优先权的编码输入不会影响编码。A_2~A_0 为编码输出，输出为三位二进制数的反码，如对"6"编码，输出码为"001"，即"6"对应 $(110)_2$ 的反码。

74HC148 的典型应用电路示意图如图 4.5 所示。

图 4.5　74HC148 的典型应用电路示意图

图 4.5 中，电源 V_{CC}、GND 端省略没画，但实际上隐含着该芯片已连接电源。EI 端接地，即该芯片正常工作，当按键 S_0~S_7 都没有接通时，编码输入端 0~7 均为高电平，编码器无有效的编码输入信号。当 S_4 接通时，编码器编码输入端"4"有效，按"4"的反码输出，即"$\overline{A_2}\,\overline{A_1}\,\overline{A_0}$"输出为"011"。

想一想：

（1）图 4.5 中，若 S_2 与 S_3 同时按下，则按哪个输入信号编码呢？$A_2A_1A_0$ 输出为多少？

（2）将标准键盘的 101 个按键进行编码，至少需要多少位二进制数呢？

2. 二-十进制优先编码器 74HC147

74HC147 的符号和引脚图如图 4.6 所示，其功能表如表 4.2 所示。74HC147 的输入信号是 $\overline{I_0}$~$\overline{I_9}$，因为在不输入有效信号时，输出为 1111，相当于 $\overline{I_0}$ 输入有效，所以，$\overline{I_0}$ 没有对应的引脚，实际输入引脚为 9 个，低电平有效，即当输入端电平为"0"时有效，$\overline{Y_3}$、$\overline{Y_2}$、$\overline{Y_1}$、$\overline{Y_0}$ 以反码形式输出。输入中，$\overline{I_0}$~$\overline{I_9}$ 的优先权排列顺序为 $\overline{I_9}$（最高），…，$\overline{I_0}$（最低）。例如，若 $\overline{I_9}=0$，则 $\overline{I_8}$~$\overline{I_0}$ 不论为何状态，输出 $\overline{Y_3}\,\overline{Y_2}\,\overline{Y_1}\,\overline{Y_0}=0110$；当 $\overline{I_9}=1$ 时，观察 $\overline{I_8}$ 是否为有效信号（是否为"0"），若 $\overline{I_8}=0$，则输出 $\overline{Y_3}\,\overline{Y_2}\,\overline{Y_1}\,\overline{Y_0}=0111$，$\overline{I_7}$~$\overline{I_0}$ 不论为何状态都无影响。

图 4.6　74HC147 的符号和引脚图

表 4.2　74HC147 的功能表

输　　入										输　　出			
$\overline{I_9}$	$\overline{I_8}$	$\overline{I_7}$	$\overline{I_6}$	$\overline{I_5}$	$\overline{I_4}$	$\overline{I_3}$	$\overline{I_2}$	$\overline{I_1}$	$\overline{I_0}$	$\overline{Y_3}$	$\overline{Y_2}$	$\overline{Y_1}$	$\overline{Y_0}$
1	1	1	1	1	1	1	1	1	1	1	1	1	1
1	1	1	1	1	1	1	1	0	×	1	1	1	0
1	1	1	1	1	1	1	0	×	×	1	1	0	1
1	1	1	1	1	1	0	×	×	×	1	1	0	0
1	1	1	1	1	0	×	×	×	×	1	0	1	1
1	1	1	1	0	×	×	×	×	×	1	0	1	0
1	1	1	0	×	×	×	×	×	×	1	0	0	1
1	1	0	×	×	×	×	×	×	×	1	0	0	0
1	0	×	×	×	×	×	×	×	×	0	1	1	1
0	×	×	×	×	×	×	×	×	×	0	1	1	0

3. 74LS148 编码器的应用

图 4.7 所示为利用 74LS148 编码器监视 8 个化学罐液面的报警编码电路示意图。若 8 个化学罐中任何一个罐的液面超过预定高度，则其液面检测传感器便输出一个低电平到编码器的输入端。编码器输出 3 位二进制代码到微控制器，此时微控制器仅需要接 3 根信号线就可以监视 8 个独立的被测点。

图 4.7　利用 74LS148 编码器监视 8 个化学罐液面的报警编码电路示意图

当编码芯片的输入端不够时，可以利用有控制端的编码芯片来实现扩展。能够对其输入/输出控制端的状态进行控制，在多块编码芯片中，让其中一块编码芯片工作，可实现优先编码。

4.3 译码器及数码显示电路

图 4.8 所示为上课提问场景，不同的学号代表不同的学生，该过程可理解为生活中的译码。译码是编码的逆过程，它的功能是将有特殊含义的代码（如二进制代码）进行辨别，并将每一种取值转换成相应的特定状态输出。具有译码功能的逻辑电路称为译码器。

图 4.8 上课提问场景

译码器是将 N 个输入转换成对应的 M 个输出的过程。译码器的输入数 N 和输出数 M 之间的关系为

$$M \leqslant 2^N$$

当 $M = 2^N$ 时，称为全部译码。

当 $M < 2^N$ 时，称为部分译码。

习惯上将译码器按功能分类，可分为二进制译码器和代码译码器。

二进制译码器在每一组二进制代码输入时将使一个输出端有效（表现为与其余输出端呈现不同的电平），通常用于地址译码。若在计算机中对存储单元地址译码，则可将每一个地址转换成一个有效信号，用于选中对应的单元。

代码译码器可将一种代码转换成另一种代码，以便应用，如把二进制代码转换成一种七段码，变换为人们容易接受的字形符号。

4.3.1 二进制译码器

输入的二进制代码使输出端唯有一个端子与其余端子电平不同，称这种译码器为二进制译码器。二进制译码器若有 n 位输入代码，则最多可有 2^n 个输出信号。对应每一种输入代码的组合，2^n 个输出信号中只有一个输出信号为有效电平，其余输出信号为无效电平，二

进制译码器通常又称为唯一地址译码器，利用这一特征，二进制译码器通常用于选通信号。在地址译码器中，把输入的二进制代码称为地址。

二进制译码器有各种集成电路可供选购。3-8 线译码器 74HC138 是一种典型的二进制译码器。图 4.9 所示为 74HC138 逻辑符号及引脚图，表 4.3 所示为 74HC138 的功能表。它是一种带有控制端（控制信号为 E_1、$\overline{E_{2A}}$、$\overline{E_{2B}}$）的 3-8 线译码器。当 $E_1=1$，$\overline{E_{2A}}=\overline{E_{2B}}=0$ 时，译码器处于工作状态；否则，译码器处于禁止状态，即译码器不工作。利用控制端可以扩展译码器的功能。在使用这类集成电路时要特别注意正确连接控制端，否则电路不能正常工作。仅当 $E_1=1$ 且 $\overline{E_{2A}}=\overline{E_{2B}}=0$ 时，74HC138 正常工作，具有译码功能。

（a）逻辑符号 （b）引脚图

图 4.9 74HC138 的逻辑符号及引脚图

表 4.3 74HC138 的功能表

输　　入						输　　出								备注
E_1	$\overline{E_{2A}}$	$\overline{E_{2B}}$	A_2	A_1	A_0	$\overline{Y_0}$	$\overline{Y_1}$	$\overline{Y_2}$	$\overline{Y_3}$	$\overline{Y_4}$	$\overline{Y_5}$	$\overline{Y_6}$	$\overline{Y_7}$	
0	×	×	×	×	×	1	1	1	1	1	1	1	1	
1	0	1	×	×	×	1	1	1	1	1	1	1	1	不工作
1	1	0	×	×	×	1	1	1	1	1	1	1	1	
1	0	0	0	0	0	0	1	1	1	1	1	1	1	
1	0	0	0	0	1	1	0	1	1	1	1	1	1	
1	0	0	0	1	0	1	1	0	1	1	1	1	1	
1	0	0	0	1	1	1	1	1	0	1	1	1	1	工作
1	0	0	1	0	0	1	1	1	1	0	1	1	1	
1	0	0	1	0	1	1	1	1	1	1	0	1	1	
1	0	0	1	1	0	1	1	1	1	1	1	0	1	
1	0	0	1	1	1	1	1	1	1	1	1	1	0	

由表 4.3 可知，在工作状态时，输入任一组 3 个变量，在 8 个输出端中只有 1 个为"0"（且正好与输入代码一一对应），其余 7 个全为"1"，即译码输出低电平有效。根据输出端哪一条线有效，就可知道具体输入的二进制代码是哪一种组合，这就是译码功能。输入为 3 条引线，输出为 8 条引线，此电路习惯上称为 3-8 线译码器。

图 4.10 所示为 74HC138 对发光二极管的控制示意图。当输入为"011"时只有发光二极管 D_3 亮，可见，依据哪一只发光二极管亮，可知输入的编码是什么。当然，74HC138 不仅控制发光二极管的亮灭，它也输出高、低电平，在不同时候，可利用不同的输入信号，改

变输出端电压，从而改变控制对象的状态来实现智能控制。

图 4.10 74HC138 对发光二极管的控制示意图

想一想：

（1）在图 4.10 中，若 D_5 亮，则对应的输入编码为多少呢？

（2）若要求图 4.10 中的 8 只发光二极管不断地循环点亮，则应顺序输入哪些编码呢？

（3）10 条地址输入线最多可以表示多少种不同的地址呢？10 条地址输入线的二进制译码器的输出线为多少呢？

4.3.2 二–十进制译码器

二–十进制译码器（又称为 BCD 译码器）的输入编码是 BCD 码，输出端有 10 个，对应输入的 10 个 BCD 码。BCD 码有多种，对应着多种译码器，常用的是 8421BCD 译码器。8421BCD 译码器有 4 个输入端，10 个输出端，常称之为 4–10 线译码器，也是一种唯一地址译码器。

8421BCD 译码器是最常用的 BCD 译码器。图 4.11 所示为 8421BCD 译码器 74HC42 的逻辑符号及引脚图，其功能表如表 4.4 所示，表中输出 0 为有效电平，输出 1 为无效电平。

（a）逻辑符号　　　　　　　　　　（b）引脚图

图 4.11 8421BCD 译码器 74HC42 的逻辑符号及引脚图

应该注意的是，8421BCD 译码器输入状态组合中总有 6 个伪码（无效数码）状态存在。所用 8421BCD 码不同，则相应的 6 个伪码状态也不同。使用 8421BCD 译码器的电路应具有拒绝伪码的功能，即当输入端出现不应被翻译的伪码状态时，输出端呈无效电平。

表4.4 8421BCD译码器74HC42的功能表

数码	8421BCD码输入				输出									
	A_3	A_2	A_1	A_0	$\overline{Y_9}$	$\overline{Y_8}$	$\overline{Y_7}$	$\overline{Y_6}$	$\overline{Y_5}$	$\overline{Y_4}$	$\overline{Y_3}$	$\overline{Y_2}$	$\overline{Y_1}$	$\overline{Y_0}$
0	0	0	0	0	1	1	1	1	1	1	1	1	1	0
1	0	0	0	1	1	1	1	1	1	1	1	1	0	1
2	0	0	1	0	1	1	1	1	1	1	1	0	1	1
3	0	0	1	1	1	1	1	1	1	1	0	1	1	1
4	0	1	0	0	1	1	1	1	1	0	1	1	1	1
5	0	1	0	1	1	1	1	1	0	1	1	1	1	1
6	0	1	1	0	1	1	1	0	1	1	1	1	1	1
7	0	1	1	1	1	1	0	1	1	1	1	1	1	1
8	1	0	0	0	1	0	1	1	1	1	1	1	1	1
9	1	0	0	1	0	1	1	1	1	1	1	1	1	1
无效数码	1	0	1	0	全部为1									
	1	0	1	1										
	1	1	0	0										
	1	1	0	1										
	1	1	1	0										
	1	1	1	1										

4.3.3 唯一地址译码器的应用

计算机中的地址选择是唯一地址译码器最典型的应用之一。图4.12所示为在计算机系统中利用译码器选通元器件示意图。

图4.12 在计算机系统中利用译码器选通元器件示意图

存储器是计算机系统最重要的组成部分。图4.12中由7块单片存储器芯片（$IC_1 \sim IC_7$）及1块输入/输出（I/O）芯片组成集成电路。CPU如何知道选中哪一块芯片呢？

图4.12中CPU的输出共有13根地址线 $A_0 \sim A_{12}$。每块存储器除有读/写控制端、地址线外，还有控制芯片工作与否的 $\overline{CS}$ 片选端，仅当 $\overline{CS}$ 片选端有效时芯片才工作，否则芯片与

总线断开。

图 4.12 中，第 1~7 块单片存储器芯片和第 8 块 I/O 芯片共用前 10 根地址线（$A_0 \sim A_9$）。这 10 根地址线对应每个单片存储器的 2^{10} 个存储单元（因为 10 位二进制数有 2^{10} 种不同的组合）。具体选中哪一块芯片工作则由高三位地址 A_{12}、A_{11}、A_{10} 通过 3-8 线译码器决定，从图 4.12 中可以看出，芯片的 $\overline{\text{CS}}$ 片选端与译码器的输出端相连接。假设某一时刻 $A_{12}A_{11}A_{10}=$ 001，即 $\overline{Y_1}$ 有效，译码器信号使 IC_2 被选中工作（其对应的 $\overline{\text{CS}}$ 片选端有效），至于该芯片内哪个存储单元被选中，与 CPU 之间进行数据读写，则取决于 $A_0 \sim A_9$ 的状态。

想一想：图 4.12 中，IC_1 的地址线有多少根呢？对应多少个存储单元呢？

4.3.4 七段数字显示器及显示译码器

在数字系统中，计数器、定时器、数字电压表等，需要将表示数字信息的二进制数以人们习惯的十进制数形式显示出来，以便查看，因此，数字显示电路是许多数字设备不可缺少的部分。数字显示电路通常由译码器、驱动器和显示器等部分组成，图 4.13 所示为数字显示电路组成框图。

图 4.13 数字显示电路组成框图

1. 数码显示元器件

数码显示元器件种类繁多，用以显示数字和符号。按发光物质不同，分为半导体发光二极管、数码管、荧光显示器、辉光显示器等；按组成数字的方式不同，又分为分段式显示器、点阵式显示器和字形重叠式显示器等。

用于十进制数的显示，目前使用较多的是分段式显示器。图 4.14 所示为七段数字显示器显示字段布局及字形组合。

图 4.14 七段数字显示器显示字段布局及字形组合

七段数字显示器主要有荧光数码管、半导体显示器和液晶显示器。半导体（发光二极管）显示器是数字电路中使用比较方便的显示器，它有共阳极和共阴极两种接法，图 4.15 所示为 LED 七段数字显示器。其中，共阴极七段数字显示器显示数字 1 时的驱动电路示意图如图 4.16 所示，其带有小数点显示，图中用 dp 标注。它利用各个段的组合来显示某个数字的字形。要使对应字形的几个显示字段发亮，对于共阳极接法，这几个显示字段的控制端必须同时为低电平；对于共阴极接法，这几个显示字段的控制端必须同时为高电平。

（a）共阴极示意图　（b）共阴极内部接线图　（c）共阳极示意图　（d）共阳极内部接线图

图 4.15　LED 七段数字显示器

2. 数字显示译码器

数字显示译码器将 BCD 码译成数码显示元器件（如数码管）显示数字所需要的相应高、低电平信号，使其显示出 BCD 码所表示的对应十进制数，这是一种代码译码器。

74HC4511、74LS48、74LS47 是 8421BCD 码七段显示译码器。其中，74LS47 是反码输出，通常用来驱动共阳极接法的数码管；74HC4511、74LS48 是原码输出，通常用来驱动共阴极接法的数码管，两者引脚功能相同，可以互换。图 4.17 所示为

图 4.16　共阴极七段数字显示器显示数字 1 时的驱动电路示意图

74HC4511 与显示器的连接示意图，图中，A_3、A_2、A_1、A_0 为 8421BCD 码输入端，a~g 为输出端（输出高电平有效），其功能表如表 4.5 所示。$\overline{LT}$ 为测试输入端，$\overline{BI}$ 为灭零输入端，$\overline{LE}$ 为锁存允许控制端，使其具有锁存功能，即当 $\overline{LE}=0$ 时，输入码 $A_3A_2A_1A_0$ 可通过内部锁存器传到译码器；当 $\overline{LE}=1$ 时，输入码被锁存，无法进行译码，输出保持不变。当输入码为 1010~1111 时，a~g 均为低电平，显示器不显示。

图 4.17　74HC4511 与显示器的连接示意图

表 4.5　74HC4511 的功能表

输　入							输　出	显示数字
$\overline{LE}$	$\overline{BI}$	$\overline{LT}$	A_3	A_2	A_1	A_0	$a\ b\ c\ d\ e\ f\ g$	
×	×	0	×	×	×	×	1 1 1 1 1 1 1	8
×	0	1	×	×	×	×	0 0 0 0 0 0 0	灭
1	1	1	×	×	×	×	不变	维持
0	1	1	0	0	0	0	1 1 1 1 1 1 0	0
0	1	1	0	0	0	1	0 1 1 0 0 0 0	1
0	1	1	0	0	1	0	1 1 0 1 1 0 1	2
0	1	1	0	0	1	1	1 1 1 1 0 0 1	3
0	1	1	0	1	0	0	0 1 1 0 0 1 1	4
0	1	1	0	1	0	1	1 0 1 1 0 1 1	5
0	1	1	0	1	1	0	0 0 1 1 1 1 1	6
0	1	1	0	1	1	1	1 1 1 0 0 0 0	7
0	1	1	1	0	0	0	1 1 1 1 1 1 1	8
0	1	1	1	0	0	1	1 1 1 1 0 1 1	9
0	1	1	1	0	1	0	全部为0	灭
0	1	1	1	0	1	1		灭
0	1	1	1	1	0	0		灭
0	1	1	1	1	0	1		灭
0	1	1	1	1	1	0		灭
0	1	1	1	1	1	1		灭

想一想：

（1）在使用计算器时，按下标有1、2、3、4、5、6、7、8的其中一个按键时，可显示相应的数字。请解析其原理。

（2）计算机内字符是如何保存和显示的呢？字符的代码与字形是否相同呢？字库是什么呢？字库存放的是字符的代码还是字形呢？

4.4　数据分配器和数据选择器

数据分配器：将传送来的或处理后的信息分配到各通道中去，应用于一路数据输入、多路数据输出的系统中。

数据选择器：在多个通道中选择其中的某一路，或在多个信息中选择其中的某一个信息加以传送或处理，应用于多路数据输入、一路数据输出的系统中。

图 4.18 所示为信件的收发过程。在传送信件时，不同的人在信封上写上收信地址和姓名，投入信箱，信箱中汇集了很多信件，邮递员把信件收齐后送到邮局，邮局把所有信件收齐后，首先按大范围的地址传送，然后由邮递员按具体的地址将信件分发到收信人手中。数

据处理中存在类似的信息收集、传送和分发的过程。数据分配器和数据选择器在其中起着重要的作用，而地址是最重要的连接因素。

图 4.18　信件的收发过程

在数字系统尤其是计算机数字系统中，为了减少传送信号线，经常采用总线技术，即在同一条信号线上对多路数据进行接收或传送，通常称为信号线的复用。用来实现这种逻辑功能的数字电路就需要用数据选择器和数据分配器，图 4.19 所示为在一条信号线上接收与传送 8 路数据。数据选择器和数据分配器的作用都相当于单刀多掷开关。数据选择器是多路输入、单路输出的；数据分配器是单路输入、多路输出的。

（a）逻辑功能框图　　　　　　　　　　　　　　（b）示意图

图 4.19　在一条信号线上接收与传送 8 路数据

4.4.1　数据分配器

1. 数据分配器的逻辑功能

数据分配器有 1 个输入端，n 个地址端（又称为选择控制端）和 2^n 个输出端。根据 n 个选择变量组合的不同代码来选择输入数据从哪个输出通道输出。

图 4.20 所示为 4 路数据分配器，图 4.20（a）所示为原理框图，图 4.20（b）所示为用译码器实现数据分配器，图 4.20（c）所示为 4 路数据分配器逻辑符号。

图 4.20 中，D 为 1 路数据输入信号，A_1、A_0 为两个地址信号，Y_0、Y_1、Y_2、Y_3 为 4 路数据输出信号。A_1、A_0 的输入组合控制信号 D 由 4 路输出中的某路输出。

（a）原理框图　　　　（b）原译码器实现数据分配器　　　　（c）4路数据分配器逻辑符号

图 4.20　4 路数据分配器

实现数据分配器的电路是译码器。当用译码器进行数据分配时，必须设置控制信号。此时，控制信号作为数据输入信号［见图 4.20（b）中的 D］使用，而译码器的输入信号要作为地址信号［见图 4.20（b）中的 A_1 和 A_0］使用，译码器的输出信号就是数据分配器的输出信号［见图 4.20（b）中的 Y_3、Y_2、Y_1 和 Y_0］。

从图 4.20（b）可知：

当 $D=1$ 时，译码，若 $A_1A_0=01$，则 $Y_1=1=D$，$Y_2=Y_3=Y_0=0 \neq D$。

当 $D=0$ 时，不译码，$Y_1=Y_2=Y_3=Y_0=0=D$。

当 $A_1A_0=01$ 时，$Y_1=D$，输入信号 D 从 Y_1 输出。

据此或根据电路图分析逻辑功能可得 4 路数据分配器的功能表，如表 4.6 所示。

表 4.6　4 路数据分配器的功能表

地　　　址		输　　　出			
A_1	A_0	Y_3	Y_2	Y_1	Y_0
0	0	0	0	0	D
0	1	0	0	D	0
1	0	0	D	0	0
1	1	D	0	0	0

2. 数据分配器的实现

数据分配器可以用唯一地址译码器实现，如 3-8 线译码器。

图 4.21 所示为 74HC138 用作 1~8 路数据分配器，从图中可以看出，74HC138 有三个控制信号 E_1、$\overline{E}_{2A}$、$\overline{E}_{2B}$，选择其中一个控制信号 $\overline{E}_{2A}$ 作为数据分配器的数据输入 X，E_1 和 $\overline{E}_{2B}$ 为满足译码要求分别设为"1"和"0"。译码器的输入 A_2、A_1、A_0 为选择控制信号，其输入组合作为地址选择 $\overline{E}_{2A}$ 的输出通道，$\overline{Y}_0 \sim \overline{Y}_7$ 为译码输出信号。该数据分配器的功能表如表 4.3 所示，表中逻辑"0"为有效电平，逻辑"1"为无效电平。

（1）当 $X=1$ 时，$E_1\overline{E}_{2A}\overline{E}_{2B}=110$，译码器不工作。此时所有输出信号为 1，即 $\overline{Y}_3=1=X$。

（2）当 $X=0$ 时，$E_1\overline{E}_{2A}\overline{E}_{2B}=100$，译码器正常工作。此时根据地址输入 A_2、A_1、A_0 不同

图 4.21　74HC138 用作 1~8 路数据分配器

的取值组合，选择 $\overline{E}_{2A}$ 的通道。若 $A_2A_1A_0=011$，则 $\overline{Y}_3=0=\overline{E}_{2A}$，其余输出信号为 1，不等于 X。

数据分配器的输出状态与 $X=\overline{E}_{2A}$ 时的状态是相同的，这种输出方式称为原码输出。当数据从 $\overline{E}_{2B}$ 中输入时，也是原码输出。若数据从 E_1 输入，则数据分配器为反码输出，其原理请读者自行分析。

想一想：若想将输入的信号按顺序依次分配给 $\overline{Y}_0 \sim \overline{Y}_7$，则应如何实现呢？

4.4.2　数据选择器

1. 数据选择器的逻辑功能

数据选择器的逻辑功能恰好与数据分配器的逻辑功能相反，它有 2^n 个输入端、n 个选择控制端和 1 个输出端。根据 n 个选择变量的不同代码组合，在 2^n 个不同输入中选 1 个输出。

2. 数据选择器的实现

数据选择器的主体电路一般是与或门阵列（也有用传输门开关和门电路混合而成的）。图 4.22 所示为 4 选 1 数据选择器。从逻辑图中不难得到电路的逻辑函数表达式为

$$Y=D_0\overline{S}_1\overline{S}_0+D_1\overline{S}_1S_0+D_2S_1\overline{S}_0+D_3S_1S_0$$

可见，输出 Y 取决于变量 S_1S_0 的不同组合。当 $S_1S_0=00$ 时，$Y=D_0$；当 $S_1S_0=01$ 时，$Y=D_1$；当 $S_1S_0=10$ 时，$Y=D_2$；当 $S_1S_0=11$ 时，$Y=D_3$。

数据选择器已成为目前逻辑电路设计中最流行的通用中规模组件，它有 2 选 1、4 选 1、8 选 1 和 16 选 1 等类别。在实际应用中，数据选择器一般会带有一个片选输入端 $\overline{S}$，由它控制该数据选择器是否被选通工作。片选输入端常接在计算机系统的某根地址线上，而且利用片选输入端还可以实现数据选择器的扩展，如用两片 8 选 1 数据选择器来实现 16 选 1 数据选择器的功能等。

（a）逻辑图

（b）框图

图 4.22   4 选 1 数据选择器

表 4.7 所示为 8 选 1 数据选择器 CT74LS151 的功能表，图 4.23 所示为数据选择器在智能小区中的应用。

表 4.7   8 选 1 数据选择器 CT74LS151 的功能表

选　　择			选　通	输　出
A_2	A_1	A_0	$\bar{S}$	Y
×	×	×	1	0
0	0	0	0	D_0
0	0	1	0	D_1
0	1	0	0	D_2
0	1	1	0	D_3
1	0	0	0	D_4
1	0	1	0	D_5
1	1	0	0	D_6
1	1	1	0	D_7

图 4.23   数据选择器在智能小区中的应用

在智能小区中，家庭安装了各种传感器。当发生事故时，如火灾，火警传感器和烟雾传感器就能产生信号。假设正常时，每个数据端输出的信号为 1，当出现异常时，输出的信号变为 0。

小区管理系统的 CPU 不断循环输出 000~111 的地址码，000 时选中 D_0，此时，$Y=D_0$，检测 D_0 的信号可知是否有短信息传送；其后，CPU 输出的地址为 001，$Y=D_1$，可检测呼叫系统是否有数据信号传送，顺序检测可知家庭各传感器的情况。

想一想：一条光纤可以传送很多路信号，它是如何实现的呢？

4.4.3 数据选择器和数据分配器的应用

图 4.24 所示为信息的传送，其是利用 8 路数据选择器 CT74LS151 和 8 路数据分配器 CT74LS138 来实现单根数据线传送多路数据的，其传送方式有点对点传送和并行—串行—并行传送。

图 4.24　信息的传送

因为 CT74LS151 的控制信号 $\overline{EN}=0$，同时地址码 $ABC=000$，所以其反码输出信号 $\overline{F}=\overline{D_0}$。而数据分配器 CT74LS138 的控制信号 $EN=\overline{\overline{E_{2B}}} \cdot \overline{\overline{E_{2A}}} \cdot E_1 = \overline{\overline{0}} \cdot \overline{\overline{0}} \cdot \overline{F} = \overline{\overline{0}} \cdot \overline{\overline{0}} \cdot \overline{D_0} = \overline{D_0}$。

1. 数据点对点传送

当 $D_0=1$ 时，$\overline{F}=0$，CT74LS138 的控制信号 $EN=\overline{D_0}=0$，禁止译码，由于 CT74LS138 是反码输出，输出信号全为 1，$\overline{Y_0}=D_0=1$。

当 $D_0=0$ 时，$\overline{F}=1$，CT74LS138 的控制信号 $EN=\overline{D_0}=1$，译码状态，由于地址码 $ABC=000$，选中 $\overline{Y_0}$ 后，有 $\overline{Y_0}=D_0=0$，其余输出信号为 1。

此时，信号可以从 D_0 传送到 $\overline{Y_0}$，改变地址码可以改变传送的对象。

2. 实现信息的并行—串行—并行传送

若把数据选择器地址码按一定的频率以加 1 方式递增，则可把 8 位并行输入数据转换成串行数据从 $\overline{F}$ 端按序传送。

若把数据分配器地址码按一定的频率以加 1 方式递增，则可把 $\overline{F}$ 端的串行数据从 8 位并行输出端分时输出。这种单线分时传送多路数据的方式称为时分复用。

想一想：能否举出数据选择器和数据分配器应用的例子呢？

4.5 数值比较器

能实现两个二进制数比较的逻辑电路统称为数值比较器。

4.5.1 1位数值比较器

比较两个 1 位二进制数 A 和 B 大小的结果有三种：A 大于 B；A 小于 B；A 等于 B。设向 1 位数值比较器输入两个 1 位二进制数 A、B，当 $A>B$ 时，对应输出 $Y_{A>B}$ 为高电平；当 $A<B$ 时，对应输出 $Y_{A<B}$ 为高电平；当 $A=B$ 时，对应输出 $Y_{A=B}$ 为高电平。由此可得其真值表，如表 4.8 所示。

表 4.8　1 位数值比较器真值表

输　　入		输　　出		
A	B	$Y_{A>B}$	$Y_{A<B}$	$Y_{A=B}$
0	0	0	0	1
0	1	0	1	0
1	0	1	0	0
1	1	0	0	1

4.5.2　考虑低位比较结果的多位比较器

1 位数值比较器只能对两个 1 位二进制数进行比较，实用的比较器一般是多位的，而且考虑低位的比较结果。下面以 2 位数值比较器为例讨论其结构及工作原理。

2 位数值比较器的真值表如表 4.9 所示。其中 $A=A_1A_0$，$B=B_1B_0$，对应 A_1、B_1、A_0、B_0 为数值输入，$I_{A>B}$、$I_{A<B}$、$I_{A=B}$ 为级联输入，这是为了实现 2 位以上数码比较，在本级比较器出现 $A=B$ 时，需要输入低一级比较器比较结果而设置的。$F_{A>B}$、$F_{A<B}$、$F_{A=B}$ 为本级比较器三种不同比较结果的输出。

表 4.9　2 位数值比较器的真值表

数 值 输 入		级 联 输 入			输　　出		
A_1　B_1	A_0　B_0	$I_{A>B}$	$I_{A<B}$	$I_{A=B}$	$F_{A>B}$	$F_{A<B}$	$F_{A=B}$
$A_1>B_1$	×　×	×	×	×	1	0	0
$A_1<B_1$	×　×	×	×	×	0	1	0
$A_1=B_1$	$A_0>B_0$	×	×	×	1	0	0
$A_1=B_1$	$A_0<B_0$	×	×	×	0	1	0
$A_1=B_1$	$A_0=B_0$	1	0	0	1	0	0
$A_1=B_1$	$A_0=B_0$	0	1	0	0	1	0
$A_1=B_1$	$A_0=B_0$	0	0	1	0	0	1

CC14585 是 4 位数值比较器，其逻辑符号如图 4.25（a）所示。逻辑符号中的 $Y_{P>Q}$、$Y_{P=Q}$ 和 $Y_{P<Q}$ 是总的比较结果输出，$A_4A_3A_2A_1$ 和 $B_4B_3B_2B_1$ 是两个相比较的 4 位数的输入信号。$I_{P>Q}$、$I_{P=Q}$ 和 $I_{P<Q}$ 是扩展信号，作为芯片之间连接时用。当只比较两个 4 位数时，使扩展信号 $I_{P<Q}=I_{P>Q}=0$，$I_{P=Q}=1$。

若要比较两个 4 位以上的二进制数，则需要用两片以上的 CC14585 组成位数更多的数值比较器。图 4.25（b）所示为用两片 CC14585 组成的 8 位数值比较器。

(a) CC14585 的逻辑符号　　　　　(b) 用两片 CC14585 组成的 8 位数值比较器

图 4.25　CC14585 的逻辑符号及扩展接法

4.5.3　数值比较器的应用

1. 四舍五入电路

用数值比较器构成以 8421BCD 码表示的 1 位十进制数四舍五入电路，如图 4.26 所示。

图 4.26　8421BCD 码四舍五入电路

$B_3B_2B_1B_0=0100$，当 $A_3A_2A_1A_0>B_3B_2B_1B_0$ 时，输出 $F=1$，否则 $F=0$，若把 F 当成进位信号，则该电路可实现四舍五入。

2. 中断优先权判别电路

数值比较器是使用较多的逻辑元器件，数值比较器的逻辑功能在数字系统和计算机系统中无处不在。图 4.27 所示为中断优先权判别电路，它以数值比较器为核心。中断是计算机中重要的硬件逻辑功能之一，主要用于实时响应各种外部事件的中断请求，当有多个外部中断请求同时需要计算机处理时，计算机将根据中断优先权判别电路发出的信号决定是否中断（暂时停止）现行工作的处理而转向处理新的外部中断请求，并把这些外部中断请求的优先权状态保存在现行状态寄存器（寄存器相关内容将在项目6中介绍）中。

图 4.27　中断优先权判别电路

优先权编码器首先将外部中断请求信号排队，需要紧急处理的请求，其优先权级别一般较高，优先权编码器把对应的输入信号编成 3 位二进制数作为数值比较器的输入，数值比较器的数据输入接现行状态寄存器的输出，接收的数据是计算机正在处理的中断请求信息。

若数值比较器 $A>B$，信号为 1，则表示当前的请求优先权级别比现行处理的事件级别高，计算机必须暂停当前的事件处理，转而响应新的请求。

若数值比较器 $A>B$，信号为 0，则表示当前的请求优先权级别比现行处理的事件级别低或为同一级别，数值比较器不发出中断信号，直到计算机处理完当前的事件后再将现行状态寄存器中的状态清除，转而为别的低级请求服务。

想一想：计算机可同时执行多种任务，但有时（如在用户输入指令时），计算机会出现暂时无反应的现象，当同时按下 Ctrl、Alt、Del 这 3 个按键时，计算机会立即弹出一个窗口。这是为什么呢？

4.6　加法器

在数字系统中，进行各种信息处理，常用到算术运算和信号比较，其中加减运算都可以转化为加法运算来实现。

1. 半加器

半加器：不考虑低位是否进位而将两个 1 位二进制数（A、B）相加。

半加器的实现电路和原理可参照例 3.13，其逻辑图如图 4.28（a）所示，由异或门及与门组成。图 4.28（b）和图 4.28（c）所示为半加器的国标符号和惯用符号。

（a）逻辑图　　　　　　（b）国标符号　　　　　　（c）惯用符号

图 4.28　半加器

2. 全加器

全加器：把加数、被加数和低位的进位信号相加，并根据求和结果输出该位的进位信号。

根据 3 个二进制数相加及加法规则，不难列出全加器的真值表，如表 4.10 所示，表中 A_i、B_i 为两个 1 位二进制数，C_i 为低位的进位数，S_i 为全加的本位和，C_{i+1} 为相邻高位的进位数。

表 4.10　全加器的真值表

输　　入			输　　出	
A_i	B_i	C_i	S_i	C_{i+1}
0	0	0	0	0
0	0	1	1	0
0	1	0	1	0
0	1	1	0	1
1	0	0	1	0
1	0	1	0	1
1	1	0	0	1
1	1	1	1	1

据表 4.10 可得 S_i 和 C_{i+1} 的逻辑函数表达式：

$$S_i = \overline{A_i}\,\overline{B_i}C_i + \overline{A_i}B_i\overline{C_i} + A_i\overline{B_i}\,\overline{C_i} + A_iB_iC_i = C_i(\overline{A_i}\,\overline{B_i} + A_iB_i) + \overline{C_i}(\overline{A_i}B_i + A_i\overline{B_i})$$
$$= A_i \oplus B_i \oplus C_i$$

$$C_{i+1} = \overline{A_i}B_iC_i + A_i\overline{B_i}C_i + A_iB_i\overline{C_i} + A_iB_iC_i = C_i(\overline{A_i}B_i + A_i\overline{B_i}) + A_iB_i(\overline{C_i} + C_i)$$
$$= C_i(A \oplus B) + A_iB_i$$

全加器的逻辑图、国标符号和惯用符号如图 4.29 所示。

（a）逻辑图　　　　（b）国标符号　　　　（c）惯用符号

图 4.29　全加器

用多个全加器可以组成多位二进制加法器，它是最基本的算术运算单元。例如，它可以进行加法运算；减法运算可以转化为被减数与减数的补码相加；乘法运算可以转化为连续的加法运算；除法运算可以转化为减法运算，再将减法运算转化为被减数与减数的补码相加。

实训 4　编码、译码和显示驱动电路综合实训

1. 实训目的

熟悉编码器、七段译码器、LED 和数据选择器等中规模集成电路的典型应用。

2. 实训器材

数字电路实验箱	1个
二-十进制（9-4线）优先编码器 74HC147	1块
七段显示译码器 74HC4511	1块
共阴极数码管	1只
六反相器 74LS04	1块

3. 实训内容

图4.30所示为BCD码编码器和七段显示译码器电路框图。按框图的逻辑要求选用合适的元器件连接好。提示：其中BCD码编码器可选用二-十进制（9-4线）优先编码器74HC147，七段显示译码器可选用74HC4511构成的LED显示电路。选用时要注意输入、输出的有效电平应该一致，否则就需要接反相器。BCD码编码器显示电路如图4.31所示。

图4.30　BCD码编码器和七段显示译码器电路框图

图4.31　BCD码编码器显示电路

4. 实训报告

记录实训结果，画出电路连接图，说明工作原理。

5. 想想做做

请用译码器设计一个控制电路，当输入为000时，控制红色发光二极管亮；当输入为001时，控制绿色发光二极管亮；当输入为010时，控制黄色发光二极管亮；当输入为011

时，控制继电器闭合；当输入为 100 时，控制小电动机旋转。

本项目学习指导

(1) 编码器、译码器、数据选择器、数据分配器、数值比较器、加法器等是常用的逻辑电路元器件。

(2) 编码器主要用于把一些数字、符号、文字等用二进制代码表示。译码器的工作相当于编码器工作的逆过程。数据选择器、数据分配器主要用于数据的传送，从而实现数据点对点的传送和数据传送的并行—串行—并行的转换。数值比较器可以比较数值的大小，从而应用于一些判断电路。加法器是 CPU 的核心元器件，可以完成加法和减法的运算。

(3) 为增加使用灵活性且便于功能扩展，上述中规模集成电路大多数都设置了附加的控制端（或称使能端、选通输入端、片选端、禁止端等）。控制端既可以用于控制电路的状态（工作或禁止），又可以作为输出信号的选通输入端，还可以作为输入信号的一个输入端以扩展电路功能。合理运用控制端能最大限度地发挥电路的潜力。此外，灵活运用这些元器件还可以设计其他功能丰富的组合逻辑电路。

(4) 设计组合逻辑电路时应尽量选用集成电路。要掌握查找集成电路参数的方法。使用中规模集成电路来实现组合逻辑电路的方法与使用小规模集成电路来实现组合逻辑电路的方法基本一样。

习 题 4

4.1 组合逻辑电路的主要特点是什么？

4.2 编码器的作用是什么？什么是优先编码？

4.3 译码器的作用是什么？何种译码器可以作为数据分配器使用？为什么？

4.4 举例说明数值比较器的应用。

4.5 举例说明一种显示 8421BCD 码字形的实现方法。

4.6 已知一组合逻辑电路输入 A、B 和输出 Z 的波形如图 4.32 所示。写出 Z 的表达式，用最少与非门来实现该组合逻辑电路，画出逻辑图。

4.7 分析如图 4.33 所示的逻辑电路，画出真值表，说明其逻辑功能。

图 4.32 题 4.6 图

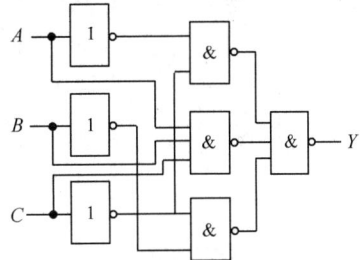

图 4.33 题 4.7 图

4.8 半加器和全加器的区别是什么？各用在什么场合？

项目 5　集成触发器的应用

项目 4 介绍的组合逻辑电路，一旦输入端信号发生变化，输出端就会产生响应，相当于一种"直入直出"型的控制电路。在数字系统中，还需要一些有记忆功能的电路，如在计数时，输入一个计数脉冲，则输出值是原计数值加 1，即输出值由原计数值与输入信号共同决定。计算的起始值未必是 0，也可能是 8 或其他数值，所以在启动计数时，计数的起始值必须是明确的，这时候就需要有记忆功能的电路来保存起始值，以便进行累加计算。触发器就是具有记忆功能的电路。触发器的应用十分广泛，它是构成各种时序逻辑电路的基本单元。

通过本项目，主要掌握如下知识：

（1）掌握基本 RS 触发器、JK 触发器和 D 触发器的符号、功能、特征方程、时序图等。

（2）熟悉使用某一型号的 JK 触发器和 D 触发器。

（3）初步学会使用 JK 触发器和 D 触发器实现计数、寄存功能和控制电路的功能。

5.1　概述

在计算机系统和数字电路系统中，多数操作与以前的状态有关，必须将曾经输入过的信号暂时保存进来，以便与新的输入信号一起确定新的输出状态，即需要具有记忆功能的基本逻辑单元。能够记忆（存储）1 位二值信号的基本单元统称为触发器（Flip Flop，FF）。图 3.2（b）中的计数器和寄存器可以采用触发器来构成。

图 5.1 所示为触发器的模型，图中 A、B 表示两个输入信号。输入信号端称为触发端，对应不同逻辑功能的触发器采用不同的名称。

图 5.1　触发器的模型

Q、$\overline{Q}$ 表示两个逻辑状态相反的输出信号。根据触发器的这一特点，不允许出现 Q、$\overline{Q}$ 为同一电平的状态。

通常规定以输出信号 Q 的状态作为触发器的状态：

（1）当 $Q=1$ 时，称触发器处于 1 态，$\overline{Q}$ 因与 Q 互补，所以 $\overline{Q}=0$；

（2）当 $Q=0$ 时，称触发器处于 0 态，$\overline{Q}=1$。

每个触发器的输出信号 Q 的状态有两种稳态，即"0 态"和"1 态"，但任一时刻触发器只能处于其中一种状态，要么为"0 态"，要么为"1 态"。若用触发器的"0 态"表示二进制数"0"，"1 态"表示二进制数"1"，则一个触发器可以表示 1 位二进制数。

CP 为时钟脉冲，它的作用是确定输入信号 A、B 可控制输出信号 Q 的状态的时间。

$\overline{S}_D$、$\overline{R}_D$ 分别为置 1 信号、置 0 信号，低电平有效。当 $\overline{S}_D$ 为低电平时，输出信号 Q 为高

电平，称为"置位"（或置 1）；当 $\overline{R}_D$ 为低电平时，Q 为低电平，称为"复位"（或清零、置 0）。

在五种输入信号 A、B、CP、$\overline{S}_D$ 和 $\overline{R}_D$ 中，$\overline{S}_D$ 和 $\overline{R}_D$ 的优先等级最高，若它们一旦处于有效电平，则 A、B 和 CP 无法控制输出信号 Q 的状态，其次是 CP，只有在 CP 有效时，A、B 才能控制 Q 的状态。并非所有的触发器都必须包括五种输入信号，若缺少某种信号，则认为该信号不起作用。

不同公司生产的触发器的输入信号标记可能有所不同，如置 1 信号 $\overline{S}_D$ 可能用 $\overline{\text{SET}}$ 表示，置 0 信号 $\overline{R}_D$ 可能用 $\overline{\text{RES}}$、$\overline{\text{CLR}}$、$\overline{\text{CLEAR}}$ 表示，CP 可能用 CLK 或 CLOCK 表示等，其有效电平也随着电路结构的不同有所差异，对有效电平的标注方法也各有特点，但对应端子的功能是相同的。在实际应用中应加以区分使用，所有的控制端子要连接上恰当的电平。

触发器可以用 TTL 门电路和 CMOS 门电路来实现，参数可以参考本书门电路的相关内容。

5.2 集成触发器的基本形式

5.2.1 基本 RS 触发器

基本 RS 触发器又称为直接复位−置位（Reset-Set）触发器，是构成各种触发器的最基本单元。

1. 基本 RS 触发器的电路结构

基本 RS 触发器的逻辑图和逻辑符号如图 5.2 所示。电路由两个与非门交叉耦合而成。两个输入信号分别为 $\overline{R}_D$、$\overline{S}_D$，低电平有效。$\overline{S}_D$ 称为置 1 信号（或置位信号），$\overline{R}_D$ 称为置 0 信号（或复位信号）。

（a）逻辑图　　　　　　　　（b）逻辑符号

图 5.2　基本 RS 触发器

基本 RS 触发器工作时序可以分成触发信号到来之前和触发信号到来之后，通常用 Q^n 表示当前触发器的状态（称为现态），Q^{n+1} 表示输入触发信号之后的新状态（称为次态）。

根据逻辑符号可以推出 $\overline{R}_D$、$\overline{S}_D$ 对 Q 的控制结果：

（1）当 $\overline{R}_D = 0$、$\overline{S}_D = 1$ 时，由于 $\overline{R}_D = 0$ 有效，$\overline{R}_D$ 为置 0 信号，$Q^{n+1} = 0$；

（2）当 $\overline{R}_D = 1$、$\overline{S}_D = 0$ 时，由于 $\overline{S}_D = 0$ 有效，$\overline{S}_D$ 为置 1 信号，$Q^{n+1} = 1$；

（3）当 $\overline{R}_D = 1$、$\overline{S}_D = 1$ 时，$\overline{R}_D$ 和 $\overline{S}_D$ 都无效，不改变输出信号状态，输出信号状态由原状态决定，此时 $Q^{n+1} = Q^n$；

（4）当 $\overline{R}_D=0$、$\overline{S}_D=0$ 时，$\overline{R}_D$ 和 $\overline{S}_D$ 都有效，通过后文中的工作原理分析可知此时两个输出信号将同时为 1，基本 RS 触发器无法定义为 1 态或 0 态，这是不允许的。

下面根据电路结构分析其工作原理，并验证根据逻辑符号推出的结果与电路逻辑控制结果是否相同。

2. 基本 RS 触发器的工作原理

从图 5.2 可知，基本 RS 触发器的输出会反馈到与非门的输入，所以基本 RS 触发器的状态不仅与 $\overline{R}_D$ 和 $\overline{S}_D$ 当时的输入有关，还受信号输入前 Q 状态的影响。

（1）当 $\overline{R}_D=0$、$\overline{S}_D=1$ 时，$\overline{R}_D=0$，即 G_2 门至少有一个输入信号为 0，根据与非门的逻辑功能（有 0 出 1，全 1 出 0）可得 $\overline{Q}^{n+1}=1$；该状态反馈回 G_1 门的输入信号，使 G_1 门的两输入信号全为 1，故 $Q^{n+1}=0$。此后，当 $\overline{R}_D=0$ 信号消失后，即 $\overline{R}_D$ 回 1，输出信号 Q 的低电平反馈回 G_2 门的另一输入信号（其特征：输出信号 Q 返回一个 0，G_2 门有一个输入信号为 0），G_2 门的输出保持原来的状态；G_1 门的输出也仍保持 0 状态，即 $Q^{n+1}=0$、$\overline{Q}^{n+1}=1$。这也体现了基本 RS 触发器具有记忆功能。

（2）当 $\overline{R}_D=1$、$\overline{S}_D=0$ 时，$\overline{S}_D=0$，即 G_1 门至少有一个输入信号为 0，所以 Q^{n+1} 必为 1。而若 G_2 门的输入信号全为 1，则 $\overline{Q}^{n+1}=0$。$\overline{Q}^{n+1}=0$ 反馈回 G_1 门的输入信号，所以，即使 $\overline{S}_D=0$ 信号消失，G_1 门的输出仍保持 1 状态不变，此时，$Q^{n+1}=1$，$\overline{Q}^{n+1}=0$。

（3）当 $\overline{R}_D=\overline{S}_D=1$ 时，$\overline{R}_D=1$，G_2 门的输出状态 $\overline{Q}^{n+1}$ 取决于另一输入信号 Q^n，$\overline{Q}^{n+1}=\overline{1 \cdot Q^n}=\overline{Q^n}$；同理 G_1 门的 $\overline{S}_D=1$，其输出状态 Q^{n+1} 取决于它的另一个输入信号 $\overline{Q}^n$，$Q^{n+1}=\overline{1 \cdot \overline{Q}^n}=Q^n$，即 $\overline{R}_D=\overline{S}_D=1$ 不对 G_2、G_1 门产生影响，电路保持原来状态不变，$Q^{n+1}=Q^n$。

（4）当 $\overline{R}_D=\overline{S}_D=0$ 时，$\overline{R}_D=0$ 使 G_2 门输出 $\overline{Q}^{n+1}=1$；$\overline{S}_D=0$ 使 G_1 门输出 $Q^{n+1}=1$，即 $Q^{n+1}=\overline{Q}^{n+1}=1$。

这既不是规定的 1 状态，也不是规定的 0 状态。而且，在 $\overline{R}_D$ 和 $\overline{S}_D$ 两个输入信号的 0 状态同时回到 1 状态时，由于存在不确定的传输时间差，也无法确认基本 RS 触发器将回到 1 状态还是 0 状态，因此这种不正常情况应避免出现。

实际使用时，将不再考虑基本 RS 触发器的内部电路，根据基本 RS 触发器的状态转换表或符号可以掌握基本 RS 触发器的功能。

3. 基本 RS 触发器的功能描述

基本 RS 触发器与组合电路的逻辑功能描述比较如表 5.1 所示。基本 RS 触发器特有的描述方法是状态转换表、特征方程、波形图等。

表 5.1　基本 RS 触发器与组合电路的逻辑功能描述比较

组 合 电 路	基本 RS 触发器
真值表	状态转换表
表达式	特征方程
波形图	波形图

（1）状态转换表（又称状态表或功能表）。触发器的次态不仅与触发信号有关，还与触发器的原来状态有关；将触发器的原来状态与次态的关系用表格的形式描述，称为状态转换表（又称触发器的特性表）。基本 RS 触发器的状态转换表如表 5.2 所示。该状态转换表又可以简化为表 5.3，表 5.3 所示为基本 RS 触发器状态转换表简表，基本 RS 触发器有置 0、置 1、保持三种功能。

表 5.2　基本 RS 触发器的状态转换表

$\overline{R}_D$	$\overline{S}_D$	Q^n	Q^{n+1}	说　明
0	1	0	0	置 0
0	1	1	0	
1	0	0	1	置 1
1	0	1	1	
1	1	0	0	保持
1	1	1	1	
0	0	0	0	不定态　应避免
0	0	0	1	

表 5.3　基本 RS 触发器状态转换表简表

$\overline{R}_D$	$\overline{S}_D$	Q^{n+1}
0	1	置 0
1	0	置 1
1	1	保持
0	0	不定态

（2）特征方程（又称状态方程或特性方程），根据表 5.2，用卡诺图化简法得到它们之间的表达式，化简时注意不定态用约束项表示，对应就是约束条件，即基本 RS 触发器的特征方程为

$$\begin{cases} Q^{n+1} = \overline{\overline{S}_D} + \overline{R}_D Q^n \\ \overline{R}_D + \overline{S}_D = 1 \quad （约束条件） \end{cases} \tag{5-1}$$

状态转换表和特征方程全面地描述了基本 RS 触发器的逻辑功能。其中，$\overline{R}_D + \overline{S}_D = 1$ 是基本 RS 触发器的约束条件，表示 $\overline{R}_D$、$\overline{S}_D$ 不能同时为 0。

描述基本 RS 触发器的方法除以上的状态转换表、特征方程外，还有状态转换图、波形图。

例 5.1　在图 5.2（a）所示的基本 RS 触发器逻辑图中，已知输入信号 $\overline{S}_D$ 和 $\overline{R}_D$ 的电压波形如图 5.3 所示，试画出输出信号 Q 和 $\overline{Q}$ 对应的电压波形。

解：根据基本 RS 触发器的状态转换表，对应画出各种组合的 $\overline{R}_D$ 和 $\overline{S}_D$ 输入时对应的输出波形 Q 和 $\overline{Q}$，具体如图 5.3 所示。

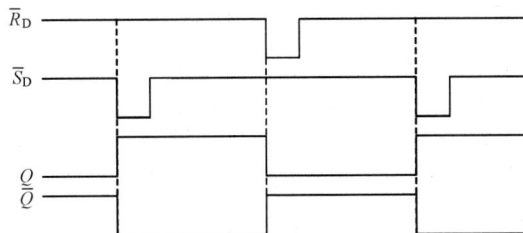

图 5.3　例 5.1 波形图

想一想：触控灯内是否一定有触发器呢？请举一些必须使用触发器的例子。

4. 集成基本 RS 触发器 74LS279

图 5.4 所示为集成基本 RS 触发器 74LS279 的引脚图和符号，该图从网站元器件资料中下载。图 5.4（b）中输入端所标的小尖角 ▷ 相当于带圈的输入符号 ——○，为输入端低电平有效。

（a）引脚图　　　　　（b）符号

图 5.4　集成基本 RS 触发器 74LS279 的引脚图和符号

图 5.4 中，$\bar{S}$ 是置 1 信号，$\bar{R}$ 是置 0 信号，为低电平时有效。表 5.4 所示为集成基本 RS 触发器 74LS279 的英文功能表，与图 5.4 对应，表中 INPUT 表示输入，OUTPUT 表示输出，H 表示高电平，即代表"1"；L 表示低电平，即代表"0"；H^2 表示输出 Q 与 $\bar{Q}$ 都是高电平，即不定态。表 5.4 也可以利用引脚图和符号推算出来，此结果与表 5.3 得出的结果是完全相同的。

表 5.4　集成基本 RS 触发器 74LS279 的英文功能表

INPUT		OUTPUT
$\bar{S}$	$\bar{R}$	Q
H	H	Q_0
L	H	H
H	L	L
L	L	H^2

在基本 RS 触发器的基础上，附加各种控制门与反馈，可以得到不同功能及不同触发方式的触发器。触发器的触发方式有电平触发和边沿触发，按功能分为 RS 触发器、JK 触发器、D 触发器、T 触发器和 T′触发器。

想一想：计算机的复位按钮与开关的工作特性是否一致呢？哪个的工作过程和上述触发器的工作过程相似呢？

5. 基本 RS 触发器的应用

当机械开关接通时，由于抖动会使电压或电流波形产生"毛刺"，图 5.5 所示为机械开关的工作情况。这些"毛刺"持续时间为几十毫秒，因此不为人所察觉。但在电子电路中，这是干扰信号，会导致电路出现误动作，是不允许的。

（a）机械开关的接通　　　　　　　（b）对电压波形的影响

图 5.5　机械开关的工作情况

利用基本 RS 触发器的记忆功能可以消除上述开关抖动所产生的影响。图 5.6 所示为开关与基本 RS 触发器构成的防抖动开关电路及电压波形。在图 5.6（a）所示的电路中，设单刀双掷开关原来与 B 点接通，这时基本 RS 触发器的状态为 0。当开关由 B 点拨向 A 点时，其中有一短暂的悬浮时间，这时基本 RS 触发器的 $\overline{R}_D$、$\overline{S}_D$ 均为 1，Q 仍为 0。中间触点与 A 点接触时，A 点的电压波形由于抖动而产生"毛刺"。因为 B 点已为高电平，A 点一旦出现低电平，基本 RS 触发器的状态就翻转为 1，即使 A 点再出现高电平，也不会改变基本 RS 触发器的状态，所以由 Q 输出的电压波形不会出现"毛刺"，电压波形如图 5.6（b）所示。用基本 RS 触发器输出的信号作为开关信号就不会导致误动作。

（a）电路　　　　　　　　　　　　（b）电压波形

图 5.6　开关与基本 RS 触发器构成的防抖动开关电路及电压波形

想一想：如果采用 74LS279，那么如图 5.6 所示的电路应如何连接呢？

5.2.2　触发器的各种触发方式的实现

基本 RS 触发器属于一触即发型，其工作状态的变化是直接受触发端控制的。只要输入信号有变化，输出就要按其状态转换表进行状态重新转换。

在数字电路系统中，为了使各部分电路能协调工作，通常要求触发器能够以一定的节拍工作，这一节拍即通常所说的时钟频率。通过统一的时钟脉冲控制所有的触发器，可实现系统各电路协调工作。

用同步的时钟脉冲控制的触发器统称为同步触发器，时钟脉冲（时钟信号）简称时钟，用 CP（Clock Pulse 的缩写）表示。同步触发器也称为时钟触发器，依时钟的有效时段可以分为电平触发方式和边沿触发方式。一个时钟周期可以分为低电平、高电平两个时段，以及上升沿、下降沿两个脉冲跳变的时刻。图 5.7 所示为时钟脉冲的组成，图 5.8 所示为时钟脉冲不同时刻有效触发的符号表示形式。

图 5.7　时钟脉冲的组成

图 5.8　时钟脉冲不同时刻有效触发的符号表示形式

1. 电平触发方式

电平触发方式：在 CP=1 或 CP=0 期间，输入信号可以控制触发器的输出状态。同步 RS 触发器即采用电平触发方式。

在基本 RS 触发器的基础上加入 G_3、G_4（输入控制门），CP 同时控制 G_3 和 G_4 的状态就实现了如图 5.9 所示的同步 RS 触发器。同步 RS 触发器的逻辑符号中 CP 输入端不带圈，表示高电平有效，即 CP=1，输入信号 S 与 R 可以控制 Q 的状态。

当 CP=0 时，不管输入信号 R、S 为何值，G_3、G_4 门输出 $\overline{R}_D = \overline{S}_D = 1$，根据基本 RS 触发器的功能可知，结果是触发器保持原状态不变。

当 CP=1 时，有 $\overline{R}_D = \overline{R \cdot CP} = \overline{R}$ 和 $\overline{S}_D = \overline{S \cdot CP} = \overline{S}$，触发器接收 R、S 输入信号，Q 和 $\overline{Q}$ 的状态由 R、S 决定。把 $\overline{R}_D = \overline{R \cdot CP} = \overline{R}$ 和 $\overline{S}_D = \overline{S \cdot CP} = \overline{S}$ 分别代入基本 RS 触发器的特征方程可得同步 RS 触发器的特征方程为

$$\begin{cases} Q^{n+1} = S + \overline{R}Q^n \\ RS = 0 \end{cases} \tag{5-2}$$

在 CP 有效期间，把输入 R、S 的状态代入特征方程可得状态转换表和状态转换表简表，表 5.5 所示为同步 RS 触发器状态转换表，表 5.6 所示为同步 RS 触发器状态转换表简表。

（a）电路结构　　　　　　　　　（b）逻辑符号

图 5.9　同步 RS 触发器

表 5.5　同步 RS 触发器状态转换表

输　　入			输　　出	说　　明
R	S	Q^n	Q^{n+1}	
0	1	0	1	置 1
		1		
1	0	0	0	置 0
		1		
1	1	0	不定态	应避免
		1		
0	0	0	0	保持
		1	1	

表 5.6　同步 RS 触发器状态转换表简表

输　　入		输　　出
R	S	Q^{n+1}
0	0	保持
0	1	1
1	0	0
1	1	不定态

例 5.2　已知同步 RS 触发器的输入信号波形如图 5.10 所示，试画出 Q、$\bar{Q}$ 的电压波形。设同步 RS 触发器的初始状态为 $Q=0$。

解： 根据同步 RS 触发器的状态转换表，首先画出在 CP ＝ 1 时，各种组合 R 和 S 对应的输出状态 Q 和 $\bar{Q}$ 的波形，然后以在 CP ＝ 0 时保持前一种状态的方法把 Q、$\bar{Q}$ 波形分别连在一起，可得图 5.10 中 Q、$\bar{Q}$ 的电压波形。

2. 边沿触发方式

电平触发在 CP ＝ 1 期间，只要输入信号状态发生变化，

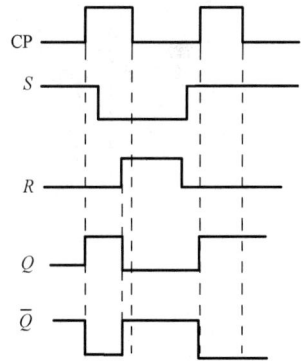

图 5.10　例 5.2 波形图

就会引起触发器输出信号 Q 的状态发生变化。触发器在一个时钟周期内翻转两次或两次以上，将会造成逻辑动作混乱，在很多数字系统中是不允许的。利用只在控制信号的上升沿或下降沿那一时刻翻转的边沿触发器就可以解决这个问题。边沿触发又分为上升沿触发和下降沿触发。

在集成电路内部，通过电路的反馈控制就可以实现边沿触发。常用的电路形式有主从型和维持阻塞型，本节不讨论其电路结构。

想一想：计算机系统中有哪些时钟呢？改变 CPU 的主频会有什么效果呢？

5.3 各种功能的触发器

RS 触发器具有置 1、置 0 和保持的功能。在实际运用中还不能满足实际逻辑电路对使用的灵活性与功能的实用性的要求，因此需要制作具有其他功能的触发器。市面上触发器的类型除 RS 触发器外，还有 JK 触发器、D 触发器、T 触发器和 T′触发器，其中 JK 触发器的功能是最全面的，它除具有置 1、置 0 和保持功能外，还有取反功能。掌握各种触发器的符号及功能是正确使用触发器的基础。

5.3.1 JK 触发器

1. JK 触发器的基本特性

JK 触发器具有置 1、置 0、保持和取反的功能。JK 触发器有上升沿触发和下降沿触发两种触发方式。

下降沿触发的 JK 触发器的逻辑符号如图 5.11 所示，从图中可知 JK 触发器只在脉冲下降沿到来时刻触发，表 5.7 所示为 JK 触发器功能表，其描述输入 J、K 对输出 Q 的控制功能。

图 5.11　下降沿触发的 JK
触发器的逻辑符号

表 5.7　JK 触发器功能表

输　　入			输　　出		说　　明
CP	J	K	Q^{n+1}	$\overline{Q}^{n+1}$	—
⊓⌐	0	0	Q^n	$\overline{Q}^n$	保持
⊓⌐	0	1	0	1	置 0
⊓⌐	1	0	1	0	置 1
⊓⌐	1	1	$\overline{Q}^n$	$\overline{\overline{Q}^n}$	取反

根据表 5.7 可知，当 CP 下降沿到来时，有：

（1）$J=0$，$K=0$。此时，$Q^{n+1}=Q^n$，JK 触发器的输出保持原状态不变。

（2）$J=0$，$K=1$。此时，输出 $Q^{n+1}=0$。$J=0$，$K=1$，称为置 0。

（3）$J=1$，$K=0$。此时，输出 $Q^{n+1}=1$。$J=1$，$K=0$，称为置 1。

（4）$J=1$，$K=1$。此时，$Q^{n+1}=\overline{Q}^n$。每来一个 CP，JK 触发器就翻转一次，即取反。

其余时间 JK 触发器将保持不变。所以，JK 触发器具有保持、置 0、置 1 和取反的功能。

根据表 5.7 可写出其表达式并化简得到 JK 触发器的特征方程为

$$Q^{n+1}=J\overline{Q}^n+\overline{K}Q^n \tag{5-3}$$

因为逻辑符号表示的 JK 触发器是下降沿翻转的触发器，所以式（5-3）对应时刻为 CP 的下降沿。

图 5.12 所示为 JK 触发器的状态转换图，图中圈内是 Q 的状态，箭头的起点对应的圈表示触发器的现态 Q^n，箭头指向的圈表示触发器的次态 Q^{n+1}，箭头旁边的 J、K 表示获得如箭头所示翻转所需的 J、K 取值。"×"表示约束项，取值可以为 1 或 0。

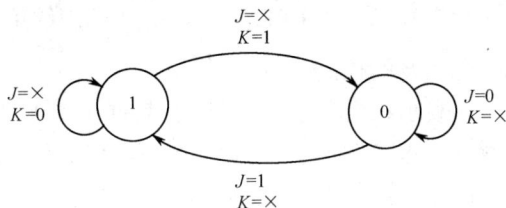

图 5.12　JK 触发器的状态转换图

2. JK 触发器 74LS73A

图 5.13 所示为 JK 触发器 74LS73A 的连接图和功能表。图 5.13（a）所示的连接图表明集成电路内有两个 JK 触发器。图 5.13（b）所示的功能表翻译成中文为 JK 触发器 74LS73A 功能表，如表 5.8 所示，表中用"0"表示低电平，用"1"表示高电平。

	INPUTS			OUTPUTS	
CLR	CLK	J	K	Q	$\bar{Q}$
L	X	X	X	L	H
H	↓	L	L	Q_0	$\bar{Q}_0$
H	↓	H	L	H	L
H	↓	L	H	L	H
H	↓	H	H	Toggle	
H	H	X	X	Q_0	$\bar{Q}_0$

H=HIGH Logic Level（高电平）
L=LOW Logic Level（低电平）
X=Either LOW or HIGH Logic Level（高电平或低电平）
↓=Negative going edge of pulse（下降沿）
Q_0=The output logic level before the indicated input conditions were established.（触发前状态）
Toggle=Each output changes to the complement of its previouts level on each falling edge of the clock pulse.（翻转）

（a）连接图　　　　　　　　　　　　　（b）功能表

图 5.13　JK 触发器 74LS73A 的连接图和功能表

表 5.8　JK 触发器 74LS73A 功能表

输　　入				输　　出	
CLR	CLK	J	K	Q	$\bar{Q}$
0	×	×	×	0	1
1	↓	0	0	Q_0	$\bar{Q}_0$
1	↓	1	0	1	0
1	↓	0	1	0	1
1	↓	1	1	翻转	
1	1	×	×	Q_0	$\bar{Q}_0$

1：逻辑高电平
0：逻辑低电平
×：逻辑高电平或逻辑低电平
↓：数据在脉冲的下降沿时才能使输出翻转
Q_0：数据信号输入前触发器的输出状态。产品逻辑电平在被标明输入条件之前已经建立了
翻转：在 CP 的作用下，触发器的输出状态翻转成与原状态相反

Q 和 $\bar{Q}$ 是输出，相当于 Q^{n+1} 和 $\bar{Q}^{n+1}$。表 5.8 中，Q_0 和 $\bar{Q}_0$ 相当于 Q^n 和 $\bar{Q}^n$。CLR 为清零

端，相当于 R_D。从图 5.13（a）可以看到它通过一个表示逻辑非的小圈后再输入，说明 CLR 是低电平有效端。在一些只有引脚图没有内部连线图的引脚标记中，清零端低电平有效通常会标记为 $\overline{CLR}$。清零端对输入的控制通常具有最高优先等级，因为 $\overline{CLR}=0$，输出 $Q=0$，此时其余输入端状态无效，所以表 5.8 中 CLK、J、K 的状态用约束项符号×表示，即可以为 0 或 1。$\overline{CLR}=1$，Q 受 CLK、J、K 的控制。

74LS73A 功能表中有↓，表示在 CP 为高电平时，数据 J 和 K 输入必须恒定，数据在脉冲的下降沿时才能使输出翻转。这表明该 JK 触发器是下降沿翻转的触发器。

从 74LS73A 功能表可知，该 JK 触发器使用时有一个要求，在 CP 正脉冲期间，数据 J 和 K 输入必须是恒定的，即只能保持 1 或 0，不能跳变，否则可能引起误翻转。这种 JK 触发器在使用时，可采用正脉冲宽度较窄的 CP 来保证电路正常工作。

下降沿翻转的 JK 触发器在一些元器件资料中可直接在 CP 项中用符号⇂或↓表示。

3. JK 触发器的波形分析

例 5.3 设下降沿触发的 JK 触发器的 CP 和 J、K 信号的波形图，如图 5.14 所示，画出输出信号 Q 的波形。设 JK 触发器的初始状态为 1。

解： 根据 JK 触发器的真值表，首先画出在下降沿时，各种组合的 J、K 对应的输出状态 Q 的波形，然后以在 CP 其他时刻保持前一种状态的方法把 Q 的波形连在一起，可以得出图 5.14 中 Q 的波形。

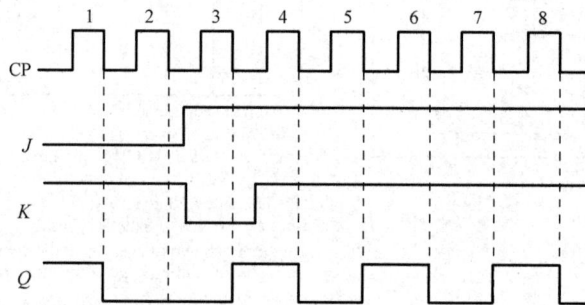

图 5.14　JK 触发器的 CP 和波形图

从图 5.14 中可以看出，在第 4~8 个脉冲作用期间，J、K 均为高电平，每输入一个脉冲，Q 的状态就改变一次。这时 Q 的方波频率是 CP 频率的 1/2，称为二分频。若以 CP 为输入，Q 为输出，则一个 JK 触发器就可以作为二分频电路，两个 JK 触发器就可以作为四分频电路，以此类推。

在画 JK 触发器的工作波形时，应注意区分 JK 触发器的触发翻转发生在 CP 的触发沿是上升沿还是下降沿，例 5.3 是下降沿。

4. JK 触发器连接成计数器

计数器是用来统计输入脉冲数的电路。利用两个 JK 触发器可以连接成四进制加法计数器。图 5.15（a）所示为用 JK 触发器构成的四进制加法计数器的连接图，图 5.15（b）所示为其波形图。设两个 JK 触发器的初始状态为 0。

对 JK 触发器而言，若 CP 和输入信号同时翻转，则输入信号是根据 CP 翻转前的状态对 JK 触发器进行控制得到次态的，具体如图 5.15（b）所示的说明。

（a）连接图

J_2、K_2＝Q_1，根据 Q_1 的波形画 Q_2 的波形

J_2、K_2 与 CP 同时从 1 翻转为 0，这时，根据 CP 下降沿前一瞬间的 J_2、K_2 状态来决定 Q_2

（b）波形图

（c）Q_2Q_1 的状态变化规律

图 5.15　用 JK 触发器构成的四进制加法计数器

从图 5.15（b）中可知，因为 $J_1＝K_1＝1$，所以 Q_1 在每一个输入脉冲的下降沿都翻转一次，其频率是 CP 的一半，称为二分频，而因为 $J_2＝K_2＝Q_1$，所以 Q_2 只能在 Q_1 的下降沿时翻转，其频率是 Q_1 脉冲的一半，对 CP 则进行四分频。同时观察 Q_2 和 Q_1，可发现 Q_2Q_1 遵循以下变化规律：00→01→10→11→00→01→10→11→00→……（箭头表示每来一个脉冲后 Q_2Q_1 的转换结果），即形成在 00、01、10、11 四种状态下循环的二进制递加运算。同时在每一次 $Q_2Q_1＝11$ 时，输出 $Z＝Q_2Q_1＝1$，也是 4 个 CP 对应翻转一次得到一次高电平输出。这种计数器称为四进制加法计数器，Z 为进位信号。

5.3.2　T 触发器和 T′触发器

JK 触发器构成的 T 触发器如图 5.16（a）所示，将 J、K 端连接在一起，称为 T 端，就构成了 T 触发器。图 5.16（b）所示为 T 触发器逻辑符号。

根据 JK 触发器的特征方程 $Q^{n+1}＝J\overline{Q}^n+\overline{K}Q^n$ 得到 T 触发器的特征方程为

$$Q^{n+1}＝T\overline{Q}^n+\overline{T}Q^n＝T\oplus Q^n \tag{5-4}$$

由特征方程得到 T 触发器的状态转换表，如表 5.9 所示。

（a）JK触发器构成的T触发器　　（b）T触发器逻辑符号

图 5.16　T 触发器

表 5.9　T 触发器的状态转换表

T	Q^{n+1}
0	Q^n（保持）
1	$Q^{n+1}=\overline{Q}^n$（取反，计数）

可见，在 CP 信号作用下，根据输入信号 T 情况的不同，T 触发器具有保持和计数的功能。

当 $T=1$（恒为 1）时，就构成 T′触发器，T′触发器的特征方程为

$$Q^{n+1}=\overline{Q}^n \qquad (5-5)$$

可见，T′触发器在把输入信号 T 恒接 1 后，每来一个 CP 脉冲，电路状态翻转一次。

5.3.3　D 触发器

1. D 触发器的基本特性

D 触发器具有置 1、置 0 和保持的功能。

D 触发器的逻辑符号如图 5.17 所示，从图中可知 D 触发器只在脉冲上升沿到来时触发，其功能表如表 5.10 所示。

从表 5.10 中可知如下规则。

当脉冲上升沿到来时，有：

（1）$D=0$，$Q^{n+1}=0$；

（2）$D=1$，$Q^{n+1}=1$。

D 触发器的特征方程为

$$Q^{n+1}=D \qquad (5-6)$$

式（5-6）在脉冲上升沿到来时有效，其余时候 D 触发器的输出 Q 将保持不变。

图 5.17　D 触发器的逻辑符号

表 5.10　D 触发器功能表

输　　入		输　出	说　　明
CP	D	Q^{n+1}	—
↑	0	0	置 0
↑	1	1	置 1

2. D 触发器的波形分析

例 5.4　设上升沿翻转的 D 触发器的 CP 和 D 信号的波形图，如图 5.18 所示，画出输出端 Q 的波形。设 D 触发器的初始状态为 0。

解：根据 D 触发器的状态转换表，首先在 CP 的上升沿对应 D 的状态画出输出信号 Q 的状态，然后以在其他时刻保持前一种状态的方法把 Q 的波形连在一起，可以得出图 5.18 中的 Q 的波形。

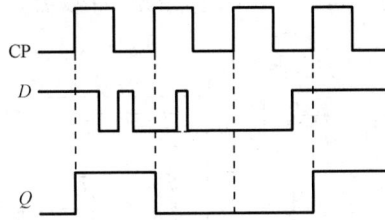

图 5.18　例 5.4 波形图

3. D 触发器 74LS175

图 5.19 所示为 D 触发器 74LS175 的连接图，其功能表如表 5.11 所示。图 5.19 所示的连接图表明集成电路内有四组 D 触发器。

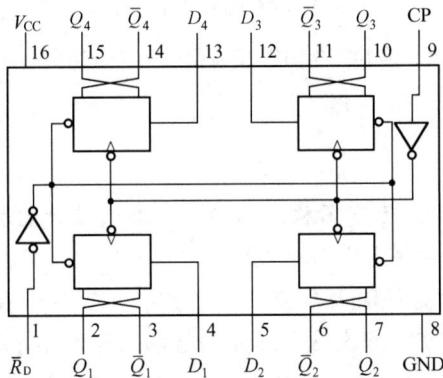

图 5.19　D 触发器 74LS175 的连接图

表 5.11　D 触发器 74LS175 功能表

清　零	脉　冲	输　　　入				输　　　出				说　　明
$\overline{R}_D$	CP	D_1	D_2	D_3	D_4	Q_1	Q_2	Q_3	Q_4	
0	×	×	×	×	×	0	0	0	0	异步置 0
1	↑	d_1	d_2	d_3	d_4	d_1	d_2	d_3	d_4	寄存数码
1	0	×	×	×	×	保持不变				锁存数码

4. D 触发器的应用

（1）构成计数器。图 5.20 所示为利用 2 组 D 触发器构成的四进制减法计数器。

图 5.20（a）所示为四进制减法计数器连接图，从图中可知，因为每组触发器的输出信号 $Q^{n+1}=D=\overline{Q}^n$，所以每来一个 CP 脉冲，D 触发器将翻转一次。因为 2 组触发器所用 CP 脉

冲不同，所以翻转时刻有所不同。Q_1 是每来一个 CP_1 就翻转一次，即对 CP_1 进行二分频。而 $CP_2 = Q_1$，即 Q_2 是根据 Q_1 进行翻转的，对 Q_1 进行二分频。Q_2Q_1 对应输入脉冲 CP_1 按 $00 \rightarrow 11 \rightarrow 10 \rightarrow 01 \rightarrow 00$ 循环递减计数，即实现四进制计数。$Z = Q_2 + Q_1$ 则对应 $Q_2Q_1 = 00$ 时翻转为低电平，其余时刻为高电平，Z 称为借位信号，四进制减法计数器波形图如图 5.20（b）所示。

（a）四进制减法计数器连接图

（b）四进制减法计数器波形图

图 5.20　利用 2 组 D 触发器构成的四进制减法计数器

想一想：比较用 JK 触发器构成的四进制加法计数器和用 D 触发器构成的四进制减法计数器，其连接方法主要差异是什么呢？

（2）构成寄存器。寄存器是用来存放二进制数的元器件。在某一触发时刻把数据存放在寄存器中，只要不再有触发时刻出现，即使信号输入端发生了变化，也不会影响触发器的状态。

图 5.21 所示为 D 触发器构成的 2 位寄存器，设寄存器的初态为 $Q_2Q_1 = 01$，其后输入数据发生变化，在脉冲的上升沿变为 $D_2D_1 = 11$ 时，存储的数据 $Q_2Q_1 = 11$。

（a）连接图

（b）波形图

图 5.21　D 触发器构成的 2 位寄存器

由于外来干扰或者 D 所接前一级信号发生变化，使得 $D_2D_1 \neq 11$，但只要变化不发生在 CP 的上升时刻，Q_2Q_1 将一直不变，保持 11，即记忆保存了 CP 上升沿时输入信号 D 的状态，实现数据存储的功能，称为寄存器。

（3）构成抢答电路。图 5.22 所示为四人参加智力竞赛的抢答电路，电路中的主要元器件是 D 触发器 74LS175，其外引线排列如图 5.19 所示。

图 5.22　四人参加智力竞赛的抢答电路

工作原理如下：

① 抢答前先清零。$Q_1 \sim Q_4$ 均为"0"，相应的 $LED_1 \sim LED_4$ 都不亮；$\overline{Q_1} \sim \overline{Q_4}$ 均为"1"，与非门 G_1 输出为"0"，蜂鸣器不响。同时，G_2 门输出为"1"，将 G_3 门打开，CP 可以经过 G_3 门进入 D 触发器。此时，因为 $S_1 \sim S_4$ 均未按下，$D_1 \sim D_4$ 均为"0"，所以 D 触发器的状态不变。

② 抢答开始。若 S_1 首先被按下，D_1 和 Q_1 均变为"1"，则相应的 LED_1 亮；$\overline{Q_1}$ 变为"0"，G_1 门的输出为"1"，蜂鸣器响。同时，G_2 门输出为"0"，将 G_3 门封闭，CP 便不能经过 G_3 门进入 D 触发器。由于没有 CP，因此再按其他按钮就不起作用了，D 触发器的状态不会改变。

③ 抢答判决完毕。清零，准备下次抢答用。

这一电路在使用时，CP 的频率不能太低，应在 10kHz 以上，即周期在 1/1000s 以下，从而避免在两个上升沿之间的时间间隔过长，多个 D 为 1 可同时输入，在下一个脉冲上升沿到来时已有 2 个以上的 $D=1$，D 触发器输出也有多个为 1 的现象，若这样，则无法判断开关按下的先后顺序。

想一想：在前述 RS 触发器、JK 触发器、T 触发器和 D 触发器中，哪一种触发器的功能最强呢？一个触发器可以表示多少位二进制数呢？

实训 5　基本 RS 触发器的构成，抢答器和二–四分频电路

1. 实训目的

（1）熟悉并掌握基本 RS 触发器的构成、工作原理和功能测试方法。

（2）学会正确使用触发器集成芯片。

2. 实训器材

（1）双踪示波器。
（2）元器件：

74LS00	四组二输入端与非门	1 块
74LS175	4D 触发器	1 块
74LS73A	双 JK 触发器	1 块
74HC4511	七段显示译码器	1 块
WT5101BSD	数码管	1 个

3. 实训内容

（1）基本 RS 触发器功能测试。两个 TTL 与非门首尾相接构成的基本 RS 触发器的电路如图 5.23 所示。

① 试按表 5.12 的顺序加 $\overline{S}_D$、$\overline{R}_D$ 信号，观察并记录触发器的 Q、$\overline{Q}$ 的状态，将结果填入表 5.12 中，并说明在各种输入状态下，触发器执行什么功能。

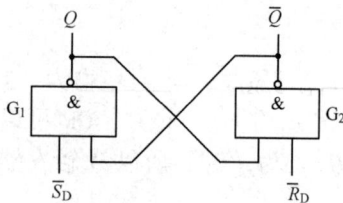

图 5.23

表 5.12 基本 RS 触发器特征表

$\overline{R}_D$	$\overline{S}_D$	Q	$\overline{Q}$	逻辑功能
0	1			
1	1			
1	0			
1	1			

② $\overline{S}_D$ 接低电平，$\overline{R}_D$ 加脉冲。

③ $\overline{S}_D$ 接高电平，$\overline{R}_D$ 加脉冲。

④ 令 $\overline{R}_D = \overline{S}_D$，$\overline{S}_D$ 加脉冲。

记录并观察②、③、④三种情况下，Q、$\overline{Q}$ 的状态。从而总结出基本 RS 触发器的 Q、$\overline{Q}$ 的状态改变和输入信号 $\overline{S}_D$、$\overline{R}_D$ 的关系。

⑤ 当 $\overline{S}_D$、$\overline{R}_D$ 都接低电平时，观察 Q、$\overline{Q}$ 的状态。当 $\overline{S}_D$、$\overline{R}_D$ 同时由低电平跳变为高电平时，注意观察 Q、$\overline{Q}$ 的状态，重复 3~5 次观察 Q、$\overline{Q}$ 的状态是否相同，以正确理解不定态的含义。

（2）四人抢答电路。实训电路如图 5.22 所示，试用不同的时钟频率输入，用手按动按钮抢答，为保证抢答成功，输入 CP 的频率要大于 10kHz。

（3）利用 JK 触发器实现四分频电路。

① 四进制计数器如图 5.24 所示，有两种接法，实现输出脉冲的频率只有输入脉冲频率的 1/4。首先比较两种接法的不同之处，然后画出利用 74LS73A 的实际连接图。注意 CLR 端的连接。认真观察发光二极管和数码管的变化规律。图 5.24 中的 CLK 即 CP，在 74LS73A

引脚图中标为 CLK。如果在实验箱上进行实验，首先可以把 Q_2、Q_1 分别接入译码电路中的 8421 四个输入端的 2 和 1，并使 8、4 输入端的状态为 0，然后通过数码管观察显示的计数结果。此时，不用接图中七段显示译码器 74HC4511 和数码管 WT5101BSD。

② 用示波器检测 Q_2 和 Q_1 的波形，画出波形图，注意翻转时刻。比较两种接法画波形图的依据有何不同。

（a）接法1

（b）接法2

图 5.24　四进制计数器

4. 实训报告

（1）整理实训数据、图表，并对实训结果进行分析讨论。

（2）写出实训内容第 2 点的四人抢答电路的原理分析。

（3）画出实训内容第 3 点的实训电路连接图和波形图。

（4）接单脉冲时，为什么有时按一下单脉冲按键，输出端可能会翻转几次，出现连续计数的现象，而接 1Hz 输入脉冲时没有这种现象呢？

5. 想想做做

利用 JK 触发器或 D 触发器构成八进制计数器，在实现每次八分频的同时输出一个脉冲信号给后续电路。

(1) 触发器由于具有记忆存储作用，可以将各种数字信息存储起来，供信息处理时使用，在数字系统中运用极为广泛。

(2) 触发器的类型，从逻辑功能上区分，有 RS 触发器、D 触发器、JK 触发器、T 触发器和 T′ 触发器。

(3) 触发器的结构往往包含反馈结构，这一结构使得电路的输出不仅与当前的输入信号有关，而且与电路原来的输出状态有关。为表征不同时间段的相互影响，在触发器的分析过程中，通常会用 Q^n 来表示现态，而用 Q^{n+1} 来表示次态。

(4) 当触发器运用于数字电路中时，其工作通常要按一定的时钟频率进行，控制触发器工作频率的脉冲称为时钟脉冲。用时钟脉冲作为控制信号的触发器可以通过时钟脉冲控制触发器的翻转时刻，常见的翻转时刻有 CP = 1 或 CP = 0、上升沿或下降沿四种，翻转时刻可以从触发器逻辑符号中 CP 输入线的表示方法中确定。CP 与触发端的连接如图 5.25 所示。图 5.25 （a）说明在 CP = 1 期间，触发器有可能翻转；图 5.25 （b）说明在 CP = 0 期间，触发器有可能翻转；图 5.25 （c）说明在 CP 由 "0" 变 "1" （上升沿）时，触发器才有可能翻转；图 5.25 （d）说明在 CP 由 "1" 变 "0" （下降沿）时，触发器才有可能翻转。是否翻转由触发输入引脚的状态决定。

(5) 通常通过状态转换表、特征方程、状态转换图和工作波形几种形式，对一个触发器的逻辑功能进行分析。

常用的几种触发器的特征方程如表 5.13 所示。

表 5.13 常用的几种触发器的特征方程

名　称	特　征　方　程
基本 RS 触发器	$Q^{n+1} = \overline{\overline{S}_D + \overline{R}_D Q^n}$ $\overline{R}_D + \overline{S}_D = 1$ （约束条件）
同步 RS 触发器	$Q^{n+1} = S + \overline{R}Q^n$ $R \cdot S = 0$
同步 D 触发器	$Q^{n+1} = D$
JK 触发器	$Q^{n+1} = J\overline{Q}^n + \overline{K}Q^n$
D 触发器	$Q^{n+1} = D$
T 触发器	$Q^{n+1} = T\overline{Q}^n + \overline{T}Q^n = T \oplus Q^n$
T′ 触发器	$Q^{n+1} = \overline{Q}^n$

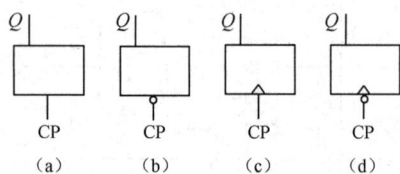

图 5.25 CP 与触发端的连接

习 题 5

5.1 触发器有（ ）个稳态，4 个触发器可以保存（ ）位二进制代码。

5.2 将如图 5.26 所示波形输入到如图 5.2 所示的由与非门构成的基本 RS 触发器中，试画出 Q、$\overline{Q}$ 的波形。

图 5.26 题 5.2 图

5.3 画出如图 5.27（a）所示由或非门组成的基本 RS 触发器的输出信号 Q、$\bar{Q}$ 的波形，输入信号 S_D、R_D 的波形如图 5.27（b）所示。

5.4 同步 RS 触发器与基本 RS 触发器比较有何特点？CP、R、S 的波形如图 5.28 所示，对应画出 Q 的波形（设初始状态 $Q=0$）。

图 5.27 题 5.3 图

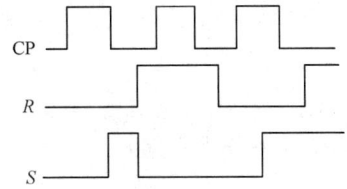

图 5.28 题 5.4 图

5.5 设图 5.29 中各触发器的初始状态均为 0，试画出在 CP 脉冲作用下 Q 的波形。

图 5.29 题 5.5 图

5.6 图 5.30 所示为上升沿触发的带清零信号 $\bar{R}_D$ 和预置数信号 $\bar{S}_D$ 的 D 触发器的输入波形，画出相应输出信号 Q 的波形（设 Q 的初始状态为 0）。

5.7 图 5.31 所示为对应下降沿触发的 JK 触发器的波形图，已知 J、K、CP 的波形，试画出 Q、$\bar{Q}$ 对应的波形（设 Q 的初始状态为 0）。

图 5.30 题 5.6 图

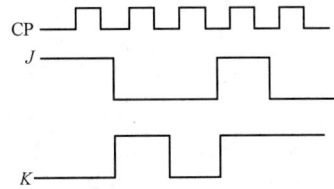

图 5.31 题 5.7 图

5.8 电路如图 5.32 所示，设 Q_1、Q_2 的初始状态均为 0，试画出在 CP 作用下 Q_1 和 Q_2 的波形，要求画出五个脉冲周期。

图 5.32 题 5.8 图

5.9 逻辑电路如图 5.33 (a) 所示，已知 CP 为连续脉冲，在图 5.33 (b) 中画出 Q_1、Q_2 的波形。

（a）   （b）

图 5.33　题 5.9 图

5.10 触发器电路如图 5.34 (a) 所示，试根据图 5.34 (b) 的 CP、A、B 波形，对应画出 Q 的波形，设触发器的初始状态为 0。

（a）   （b）

图 5.34　题 5.10 图

项目6　分析设计时序逻辑电路

利用一定数量的触发器和门电路，能够制作一种称为时序逻辑电路的元器件。这种元器件的功能可以用下例说明：假设用计算器进行3+4的运算，首先把3通过键盘输入，显示屏上将显示3字，然后输入+号，3字通常还是存在的，但是一旦输入4字，显示屏上3字就会消失，但前期输入的3字的信息肯定不能消失，此时可利用"寄存器"把3字的信息保存起来，供加法运算时使用。计数器也是时序逻辑电路，它主要用来统计输入的脉冲数并用二进制数的形式计数，在输出端显示统计结果，如频率计就是对单位时间内输入的脉冲信号进行计数，最后通过前面所学的译码显示电路显示出计数结果。

通过本项目，主要掌握如下知识：

(1) 寄存器的类型。

(2) 移位寄存器的应用。

(3) 常用的计数器类型。

(4) 任意进制计数器的实现。

6.1　概述

在计算机和其他数字系统中广泛应用的时序逻辑电路有寄存器和计数器。寄存器的基本功能是存储用二进制代码表示的数据或信息；计数器的基本功能是统计时钟脉冲的个数，即实现计数功能。

6.1.1　时序逻辑电路的基本特点和结构

时序逻辑电路（简称时序电路）的输出状态不仅取决于当时的输入信号，而且与电路的原来状态有关，因此，时序逻辑电路必须含有存储电路，由它将某一时刻以前的电路状态保存下来。存储电路可以用具有保持功能的元器件组成，也可以用触发器构成。本项目只讨论由触发器构成存储电路的时序逻辑电路。

按照记忆电路中触发器状态变化的时刻是否一致，时序逻辑电路可分为同步时序逻辑电路和异步时序逻辑电路两大类。

在同步时序逻辑电路中，所有的触发器状态都在同一时钟脉冲作用下同时发生变化，项目5中5.3.1节的第4点讲述的用JK触发器构成的四进制加法计数器就是同步时序逻辑电路。在异步时序逻辑电路中，没有统一的时钟脉冲，触发器状态的变化时刻可能并不一致。项目5中5.3.3节的第4点讲述的用D触发器构成的四进制减法计数器就是异步时序逻辑电路。同步时序逻辑电路的工作速度要比异步时序逻辑电路的工作速度快，但电路结构一般比异步时序逻辑电路的电路结构复杂。

由于中、大规模集成电路的普及，用户可以直接使用寄存器和计数器芯片，而不需要用触发器自行搭接时序逻辑电路。为帮助读者明确时序逻辑电路的工作过程，本书介绍同步时序逻辑电路的分析方法。异步时序逻辑电路在使用时，外部特性与同步时序逻辑电路的外部特性基本相同。异步时序逻辑电路的分析方法与同步时序逻辑电路的分析方法的主要区别在于要注意触发器的翻转时刻，其余都基本相同，此处不进行介绍。

想一想：不管是同步时序逻辑电路还是异步时序逻辑电路，对其中任一触发器来讲，其翻转时刻都是由其 CP 所连接的信号决定的，只不过 CP 提供方式有一定的差异。这种说法对不对？

6.1.2 时序逻辑电路的一般分析方法

1. 时序逻辑电路的分析步骤

分析一个时序逻辑电路，就是要找出其逻辑功能。具体来说，就是要找出电路的输出状态在输入变量和时钟脉冲作用下的变化规律。

图 6.1 所示为时序逻辑电路分析的一般步骤。

图 6.1　时序逻辑电路分析的一般步骤

2. 同步时序逻辑电路的分析举例

例 6.1　分析图 6.2 中电路的逻辑功能。

解：观察逻辑图可见，X 是输入量，Z 是输出量，同一 CP 同时作用于两触发器，所以是同步时序逻辑电路，FF_1、FF_2 是记忆元器件，两个与门是组合电路。

（1）写驱动方程。在电路分析时，习惯上把 FF_1 的相应引脚端名称加上下标"1"，如 J 端记作 J_1，以此类推。

图 6.2　例 6.1 逻辑图

$$\begin{cases} J_1 = K_1 = X \\ J_2 = K_2 = XQ_1^n \end{cases} \tag{6-1}$$

（2）求状态方程和输出方程。已知 JK 触发器特征方程 $Q^{n+1} = J\overline{Q^n} + \overline{K}Q^n$，将式（6-1）代入特征方程：

$$\begin{cases} Q_1^{n+1} = X\overline{Q_1^n} + \overline{X}Q_1^n = X \oplus Q_1^n \\ Q_2^{n+1} = XQ_1^n\overline{Q_2^n} + \overline{XQ_1^n}Q_2^n = (XQ_1^n) \oplus Q_2^n \end{cases} \tag{6-2}$$

输出方程为

$$Z = XQ_2^n Q_1^n \tag{6-3}$$

（3）求状态转换表。在时序逻辑电路中，为了体现状态转换的连续性，方便总结电路的功能，在写状态转换表时，不要直接把所有的状态组合直接写出，而是先写第一个输入状态和初态（通常情况下，初态设为0），然后代入特征方程和输出方程计算第一个次态和输出，最后把第一个次态作为第二个现态和输入来计算第二个次态和输出……，直至计算结束或者计算到某一循环状态（与前面已有的状态相同）。如果计算到某一循环状态时，并没用完全部输入组合，这时要把其他输入组合写在循环状态后面作为现输入和现态，并各自计算出其输出的次态和现输出。

由式（6-2）可计算状态转换表的次态，由式（6-3）计算现输出 Z，表6.1所示为例6.1状态转换表。

表6.1　例6.1状态转换表

现输入和现态			次态		现输出	说明
X	Q_2^n	Q_1^n	Q_2^{n+1}	Q_1^{n+1}	Z	
0	0	0	0	0	0	
0	0	1	0	1	0	Q_2Q_1 状态不变
0	1	0	1	0	0	
0	1	1	1	1	0	
1	0	0	0	1	0	
1	0	1	1	0	0	Q_2Q_1 按加1方式递加
1	1	0	1	1	0	
1	1	1	0	0	1	

（4）画状态转换图和时序图。在分析时序逻辑电路时常把状态转换表的内容进一步表示为状态转换图的形式，从而直观地了解促使电路从一种状态转换到另一种状态的输入组合。图6.3所示为例6.1的状态转换图。在状态转换图中以圆圈表示电路的各个状态，以箭头表示状态转换的方向，还在箭头旁注明了状态转换前的输入变量取值和输出值。通常将输入变量取值写在斜线以上，将输出值写在斜线以下。

为便于用实验的方法检查时序逻辑电路的逻辑功能，还可以将状态转换表的内容画成时间波形的形式。在时钟脉冲序列作用下，电路状态、输出状态随时间变化的波形图称为时序图。图6.4所示为例6.1的时序图。

图6.3　例6.1的状态转换图

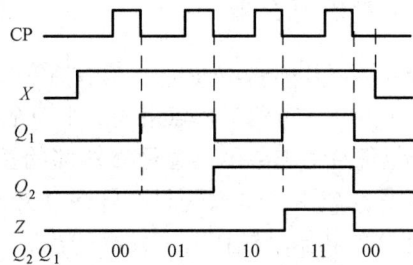

图6.4　例6.1的时序图

（5）逻辑功能说明。图 6.2 中的电路是可控计数器。其逻辑功能：当 $X=1$ 时，它是四进制加法计数器，即经过 4 个时钟脉冲作用后，电路的状态循环一次；同时在 Z 端输出一个进位脉冲，因此，Z 是进位信号。当 $X=0$ 时，计数器停止计数，保持原状态不变。有关计数器的详细内容将在 6.3 节进行介绍。

通过上面的例子对时序逻辑电路的分析方法有了了解。在实际分析过程中，某些步骤视具体情况可省略。当得到状态转换表后，电路的功能就已经分析出来了，而状态转换图和时序图是对电路逻辑功能更简洁和直观的描述。

想一想：

（1）如果要分析的不是用触发器构成的时序逻辑电路，而是用集成电路构成的时序逻辑电路，那么将如何着手分析其功能呢？

（2）对比图 6.2 和图 5.15（a）中四进制加法计数器连接图的连接方法，说明两者的关系。

6.2　寄存器

寄存器（Register）用来暂时存放参与运算的数据和运算结果。

一个触发器只能寄存一位二进制数，要存 n 位数时，就得用 n 个触发器。常用的有 4 位、8 位、16 位寄存器。寄存器是数字仪表和计算机硬件系统中最基本的逻辑器件之一，几乎在所有的数字系统中都要用到它。

从广义上来讲，寄存器属于项目 9 介绍的存储器的范围，它与存储器有两点不同：存储器一般用来存放最后的处理结果，其存放时间可以很长，而寄存器一般用来存放中间处理结果，其存放时间一般都短，只暂存一下；存储器的存放容量很大，一般都是几千字（一个字长为 8 位）以上，而寄存器只能存放一个字或几个字，容量很小。

寄存器存入数码的方式有并行和串行两种。并行方式就是数码各位从各对应位输入端同时输入寄存器中；串行方式就是数码从一个输入端逐位输入寄存器中。

从寄存器取出数码的方式也有并行和串行两种。在并行方式中，被取出的数码在对应的输出端上同时出现；而在串行方式中，被取出的数码在一个输出端逐位出现。

并行方式和串行方式相比较，并行方式的存取速度比串行方式快得多，但所用的数据线数比串行方式用的数据线数多。

寄存器按功能分为数码寄存器、移位寄存器。

6.2.1　数码寄存器

数码寄存器（Digital Register）具有寄存二进制数和清除原有数码的功能。

项目 5 中 5.3.3 节的第 4 点讲述的由 D 触发器构成的 2 位寄存器就属于数码寄存器。

数码寄存器存、取数码信息是受外部的控制"命令"控制的。例如，D 触发器并不是所有时刻都满足 $Q^{n+1}=D$，而是只在脉冲上升沿到来时刻 $Q^{n+1}=D$ 才成立，其他时刻 D 的变化并不改变 Q 的状态。即在时钟脉冲的控制下，在某一时刻，触发器的状态随输入 D 的状态发生变化，将输入的状态暂时存储起来。

数码寄存器的数据代码在存储时同时输入、同时输出，即并行输入、并行输出。

项目 5 用于实现抢答器电路的 4D 触发器 74LS175 就可以实现 4 位数码的寄存，数据只有在 $\overline{R}_D$ 为高电平，即处于无效状态，且脉冲上升沿到来时才能写入数码，其余时候数码锁存，D 的变化无法影响 Q。

6.2.2 移位寄存器

移位寄存器（Shift Register），简称移存器，既能存放数据代码，又能使之进行一定方向的移位。移位就是每来一个移位脉冲（时钟脉冲），各触发器的状态便向右（或向左）移动一位，即所寄存的数码可以在时钟脉冲作用下依次进行移位。

移位寄存器常用于算术逻辑运算或串行—并行转换等，串行与并行的相互转换是移位寄存器最重要的功能，这一功能在数据通信中广泛应用。

在数据传输中，有的需要很多根数据线，而有的需要的数据线很少，这与数据的传输方式有关。在数字电路中，一根数据线在任一时刻都只能表示一位二进制数，需要同时传输多位数据时可以采用多根数据线，这种传输方式称为并行传输。实际上，一根数据线也可以按一定时钟间隔一位一位的顺序传送多位数据，这种传输方式称为串行传输。由此可见，采用并行传输时，数据线需要很多，而采用串行传输时只需要很少量的数据线。这两种传输形式可以利用移位寄存器进行转换。

移位寄存器向高位移一位就相当于乘 2，向低位移一位就相当于除 2，如 $[0100]_B = [4]_D$，向低位移一位变为 $[0010]_B = [2]_D$；相当于除 2；向高位移一位变为 $[1000]_B = [8]_D$，相当于乘 2。

图 6.5 所示为 4 位右移寄存器。电路由 4 个 D 触发器组成，A 为数码串行输入，Y 为数码串行输出，各触发器串行连接，FF_3 为最高位触发器，FF_0 为最低位触发器，移位脉冲为 CP。右移又称为上移，数据传输方向为 $Q_0 Q_1 Q_2 Q_3$。

图 6.5　4 位右移寄存器

设移位寄存器的初始状态为 $Q_3 Q_2 Q_1 Q_0 = 0000$，下面分析其工作原理。

依据 D 触发器工作特点可得：$Q_3^{n+1} = A$，$Q_2^{n+1} = Q_3^n$，$Q_1^{n+1} = Q_2^n$，$Q_0^{n+1} = Q_1^n$。

可见，时钟有效一次，触发器的数据就依次移动一位，即数据传输方向为 $A \to Q_3 \to Q_2 \to Q_1 \to Q_0$。图 6.6 给出了各触发器输出信号的波形图，若时钟有效一次，则从串行输入信号 A 输入一位有效数据（时钟上升沿时的取值）。4 个时钟之后，从 A 依次输入了 4 位二进制数 "1→0→1→1"，并行输出信号 $Q_3 Q_2 Q_1 Q_0$ 输出数据 "1101"，可见，原来 A 端一位一位输入的数据，将转换成并行数据从 $Q_3 Q_2 Q_1 Q_0$ 输出，也就是把串行数据转换成并行数据。同样，若在 4 个触发器中先存入 4 位二进制数，在输入时钟的作用下，将在 Y 端串行输出相应的数据，即实现并行—串行的转换。

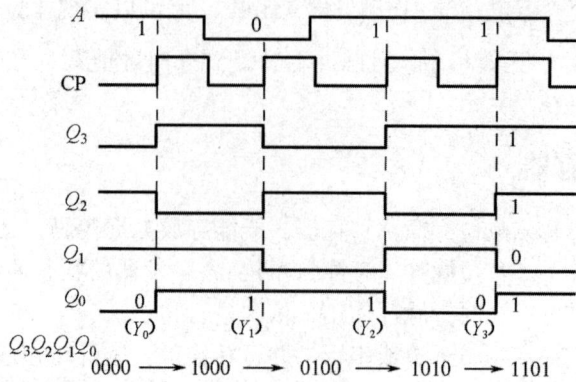

注：Y_0、Y_1、Y_2、Y_3 分别表示第 0、1、2、3 个时钟串行输出的有效数据

图 6.6　移位寄存器工作原理

从图 6.4 中可以看出，随着时钟脉冲的输入，输入数码依次向右移位。

改变寄存器的电路结构可实现代码的左移寄存功能。

从实用的角度出发，移位寄存器大都设计成带移位控制端的双向移位寄存器，即在移位控制信号的作用下，电路既可以实现右移，也可以实现左移。

目前已有多种中规模集成移位寄存器，常用的有 4 位和 8 位两种。而且对数码寄存的方式也相当灵活，可以是串行输入/串行输出、并行输入/并行输出、串行输入/并行输出、并行输入/串行输出。74LS194 是功能较强的 4 位双向移位通用寄存器。图 6.7 所示为 74LS194 外引脚示意图。D_3、D_2、D_1、D_0 是并行移位输入，Q_3、Q_2、Q_1、Q_0 是并行输出，Q_3 和 Q_0 也分别是左移输出和右移输出。SR_{IN} 是右移输入端，SL_{IN} 是左移输入端。R_D 是异步置 0 信号，$R_D=0$，各触发器都置 0；正常工作时，R_D 应处于 1 态。S_1、S_0 是两个工作模式控制信号，控制 S_1、S_0 的组合取值，可以完成 4 种功能，4 位双向移位寄存器 74LS194 的功能表如表 6.2 所示。

图 6.7　74LS194 外引脚示意图

表 6.2　4 位双向移位寄存器 74LS194 的功能表

输　入										输　出				说　明
清零	控制		时钟	串行输入		并行输入								
R_D	S_1	S_0	CP	SL_{IN}	SR_{IN}	D_0	D_1	D_2	D_3	Q_0	Q_1	Q_2	Q_3	
0	×	×	×	×	×	×	×	×	×	0	0	0	0	异步置 0
1	×	×	0	×	×	×	×	×	×	Q_0	Q_1	Q_2	Q_3	保持

输入										输出				说明
清零	控制		时钟	串行输入		并行输入								
R_D	S_1	S_0	CP	SL_{IN}	SR_{IN}	D_0	D_1	D_2	D_3	Q_0	Q_1	Q_2	Q_3	
1	1	1	↑	×	×	d_0	d_1	d_2	d_3	d_0	d_1	d_2	d_3	并行输入 SR、SL 输入均无效
1	0	1	↑	×	1	×	×	×	×	1	Q_0^n	Q_1^n	Q_2^n	右移
1	0	1	↑	×	0	×	×	×	×	0	Q_0^n	Q_1^n	Q_2^n	右移
1	1	0	↑	1	×	×	×	×	×	Q_1^n	Q_2^n	Q_3^n	1	左移
1	1	0	↑	0	×	×	×	×	×	Q_1^n	Q_2^n	Q_3^n	0	左移
1	0	0	×	×	×	×	×	×	×	Q_0^n	Q_1^n	Q_2^n	Q_3^n	保持

与 74LS194 引脚功能相同的 CMOS 门电路还有 74HC194、40194 等元器件，可同步并行移位寄存，也可串行左移、右移，常用作总线寄存、串行—并行转换，总线编组通用寄存，或用作一般通用的寄存器。

在图 6.8 中，相同的串行数据波形，具体代表的数据到底是"表示 1 位数据"还是"表示 2 位或者 4 位数据"，即每位数据所占的时间是由读取数据的时钟决定的。设一个时钟脉冲读取一个数据，则表示数据 1 和表示数据 2 对应位时钟 1 和位时钟 2。

图 6.8 数据串行传送波形与位时钟

想一想：

（1）如果要输入二进制数的位数多于移位寄存器的位数，那么在脉冲的作用下，数码如何移动呢？会出现什么现象呢？

（2）在允许使用门电路的情况下，能否利用 74LS194 实现八进制计数器呢？若能，则画出连接图。

6.3 计数器

计数器是完成统计输入脉冲个数的电路。计数器不仅可以用来计数，而且常用来进行数字系统的定时、分频、产生序列信号和执行数字运算等。

数字钟是计数器的典型应用实例。图 6.9 所示为逻辑电路构成的数字钟，从结构框图 [见图 6.9（b）] 中可知，数字钟采用了大量的计数器。采用单片机也可以制作数字钟，如图 6.10 所示。这两种数字钟的体积都较大。在生活中查看时间，常用的是如图 6.11 所示的较为精致的电子表，电子表也是数字钟。数字钟由于采用的元器件集成度不同，在外观上存在较大的差异，但不同形状的数字钟工作原理是相似的。其工作原理是由晶振产生一个频率稳定的脉冲信号，分频为 1Hz 脉冲波，对这一脉冲进行计数，并进行秒→分→时进位，最后译码显示。它的工作原理可参照如图 6.9（b）所示的结构框图进行分析。

（a）实物图

（b）结构框图

图 6.9　逻辑电路构成的数字钟

图 6.10　单片机制作的数字钟

（a）外观图　　　　　　　　　　　　（b）内部结构

图 6.11　某一型号电子表的外观图和内部结构

计数器是对输入脉冲个数进行计数的电路，其计数值输出形式通常是二进制数或 8421BCD 编码。

计数器是数字系统中应用较广泛的一种具有记忆功能的时序逻辑电路，除计数功能外，还可以进行定时、分频、产生时序控制信号等。

计数器的分类：

（1）根据构成计数器的触发器个数来分，有 n 个触发器称为 n 位二进制计数器。

（2）按计数器中触发器触发时刻，可分为同步计数器和异步计数器。

（3）按计数过程中每输入一个计数脉冲是"加 1"还是"减 1"的计数方式，可分为加法计数器、减法计数器和可逆计数器。

（4）按模数（计数器中一个循环的独立状态个数）可分为 2^n 进制计数器、非 2^n 进制计数器，其中十进制计数器是最常用的非 2^n 进制计数器。

市面上有很多计数器集成电路可供选用，表 6.3 所示为常用的计数器集成电路芯片，具体请参照集成电路手册。

表 6.3　常用的计数器集成电路芯片

型号	集成电路系列	功能简述
74LS160	TTL	可预置 BCD 异步清除计数器

型号	集成电路系列	功能简述
74LS161	TTL	可预置 4 位二进制异步清除计数器
74LS162	TTL	可预置 BCD 同步清除计数器
74LS163	TTL	可预置 4 位二进制同步清除计数器
74LS190	TTL	BCD 同步加/减计数器
74LS191	TTL	二进制同步可逆计数器
74LS192	TTL	可预置 BCD 双时钟可逆计数器
74LS193	TTL	可预置 4 位二进制双时钟可逆计数器
74LS290	TTL	二/五分频十进制计数器
74LS293	TTL	二/八分频 4 位二进制计数器
CD4017	CMOS	十进制计数/分配器
CD4020	CMOS	14 级二进制串行计数/分频器
CD4024	CMOS	7 级二进制串行计数/分频器
CD4040	CMOS	12 级二进制串行计数/分频器
CD4060	CMOS	14 级二进制串行计数/分频器
CD40102	CMOS	8 位可预置同步 BCD 减法计数器
CD40103	CMOS	8 位可预置同步二进制减法计数器
CD40160	CMOS	可预置 BCD 加法计数器
CD40161	CMOS	可预置 4 位二进制加法计数器
CD40162	CMOS	BCD 加法计数器
CD40163	CMOS	4 位二进制同步计数器
CD40192	CMOS	可预置 BCD 加/减计数器（双时钟）
CD40193	CMOS	可预置 4 位二进制加/减计数器

6.3.1 2^n 进制计数器

2^n 进制计数器：采用 n 个触发器，计数进制 $M=2^n$。项目 5 介绍了采用 2 组 JK 触发器构成的四进制计数器。

161 是中规模集成同步二进制计数器，161 是可预置、可保持同步的 4 位二进制加法计数器。161 有 TTL 系列中的 54/74161、54/74LS161 和 54/74F161，以及 CMOS 系列中的 54/74HC161、54/74HCT161 等。图 6.12 所示为 161 外引脚图。161 电路除具有二进制加法计数功能外，还具有同步置数、数据保持和异步清零等附加功能。图 6.12 中 $\overline{L}_D$ 为同步置数控制信号，D_0、D_1、D_2、D_3 为数据输入信号，RCO 为进位输出端，$\overline{R}_D$ 为异步置零（复位）信号，EP 和 ET 为工作状态控制端。

图 6.12 161 外引脚图

表 6.4 所示为同步 4 位二进制加法计数器 161 功能表，由表可知，161 具有以下功能。

（1）异步清零。当 $\overline{R}_D=0$ 时，不管其他输入信号的状态如何，有无时钟脉冲，计数器输出都将被直接清零（$Q_3Q_2Q_1Q_0 = 0000$），称为异步清零。

（2）同步置数。当$\overline{R}_D = 1$、$\overline{L}_D = 0$时，在输入时钟脉冲上升沿的作用下，并行输入端的数据$d_3d_2d_1d_0$被置入计数器的输出端，即$Q_3Q_2Q_1Q_0 = d_3d_2d_1d_0$。因为这个操作要与时钟脉冲上升沿同步，所以称为同步置数。

（3）加法计数。当$\overline{R}_D = \overline{L}_D = EP = ET = 1$时，在CP端输入计数脉冲，计数器进行二进制加法计数。

（4）数据保持。当$\overline{R}_D = \overline{L}_D = 1$，且$EP \cdot ET = 0$时，计数器保持原来的状态不变。这时，若$EP = 0$、$ET = 1$，则进位输出信号RCO保持不变；若$ET = 0$，则不管EP状态如何，进位输出信号RCO都为低电平。

表6.4　同步4位二进制加法计数器161功能表

清零	预置	使能		时钟	预置数据输入				输出				工作模式
$\overline{R}_D$	$\overline{L}_D$	EP	ET	CP	D_3	D_2	D_1	D_0	Q_3	Q_2	Q_1	Q_0	
0	×	×	×	×	×	×	×	×	0	0	0	0	异步清零
1	0	×	×	↑	d_3	d_2	d_1	d_0	d_3	d_2	d_1	d_0	同步置数
1	1	0	×	×	×	×	×	×	保持				数据保持
1	1	×	0	×	×	×	×	×	保持				数据保持
1	1	1	1	↑	×	×	×	×	计数				加法计数

注：分辨置零信号$\overline{R}_D$和置数控制信号$\overline{L}_D$是同步还是异步，可以从功能表CP的取值判断。若对应CP用约束项符号×表示，则为异步；若用时钟脉冲或时钟脉冲边沿表示，则为同步。异步触发的优先等级最高，同步触发需要时钟脉冲配合。

异步2^n进制计数器与同步2^n进制计数器相比，具有以下特点。

（1）外部计数脉冲CP只作用于首级。

（2）各级触发器的翻转时间是有先后次序的，先是首级，接着次级，……，故称为异步计数器。使用时注意翻转时刻。

想一想：试查找异步4位二进制加法计数器74LS93的芯片资料，与161进行比较，从使用者的角度，分析同步计数器和异步计数器的外部连接是否存在很大差异？它们的引脚类型是否有差别呢？

6.3.2　二-十进制计数器

二-十进制计数器用4位二进制数来代表1位十进制数，即其输出结果是BCD码，通常简称为十进制计数器。

二-十进制计数器是非2^n进制计数器最典型的应用。二-十进制计数器是在2^n进制计数器的基础上演变而来的。

二-十进制的编码（BCD码）方式有多种，最常用的8421BCD码是取4位二进制编码中的16个状态的前10个状态0000~1001来表示十进制数和0~9十个数码的。也就是当计数器计数到第9个脉冲后，若再来一个脉冲，则计数器的状态必须由1001变到0000，完成一个循环变化。二-十进制（8421BCD）加法计数器的状态图如图 6.13 所示。由于 4 个触发器的输出端有 16 种组合，取出其中 10 种状态组合后，剩余的 6 种为无效状态。十进制计数器在设计时通常使这 6 种状态经一定数量的脉冲后能够转换到 10 种有效状态中的任何一种，即具有自启动功能。

图 6.13　二-十进制（8421BCD）加法计数器的状态图

图 6.14　同步可逆十进制计数器 192 外引脚图

目前，十进制计数器集成电路品种很多，功能完善，价格也较便宜，因此实际应用中一般不再采用由 JK 触发器自行设计的十进制计数器，普遍应用中规模集成计数器。

1. 同步二-十进制计数器

图 6.14 所示为同步可逆十进制计数器 192 外引脚图。192 是可预置的双时钟 8421BCD 码十进制加/减（可逆）计数器（既能执行递加，又能执行递减的计数器）。192 在 TTL 系列中有 54/74192、54/74LS192、54/74F192，以及 CMOS 系列中的 54/74HC192、54/74HCT192 等。表 6.5 所示为同步可逆十进制计数器 192 的功能表。

（1）异步清零。当清零复位信号 $R_D = 1$ 时，计数器清 0，计数器中各触发器输出 Q_3、Q_2、Q_1、Q_0 都为 0。

表 6.5　同步可逆十进制计数器 192 的功能表

加法时钟 CP_U	减法时钟 CP_D	允许预置 $\bar{L}_D$	复位 R_D	动　作
↑	1	1	0	加 1 计数
↓	1	1	0	不计数
1	↑	1	0	减 1 计数
1	↓	1	0	不计数
×	×	0	0	异步置数 $Q = D$
×	×	×	1	异步清零 $Q = 0$

（2）异步置数。当 $R_D = 0$ 时，允许预置信号 $\bar{L}_D = 0$，功能为置数，即将输入 D_3、D_2、D_1、D_0 送到对应的触发器输出端，使 $Q_3Q_2Q_1Q_0 = D_3D_2D_1D_0$。

（3）计数。当 $R_D = 0$，$\bar{L}_D = 1$ 时，完成计数功能。当 $CP_D = 1$、CP_U 上升沿到来时，按 8421BCD 码进行加法计数；当 $CP_U = 1$、CP_D 上升沿到来时，按 8421BCD 码进行减法计数。$\overline{RO}$、$\overline{CO}$ 分别为进位、借位信号，低电平有效。

同步十进制加/减（可逆）计数器有单时钟和双时钟（加、减计数脉冲分别由不同端输入）两种结构形式，并各有定型的集成电路产品出售，如单时钟类型的有 74LS190、

74LS168、CC4510 等。

2. 异步二–十进制加法计数器

图 6.15 所示为异步十进制加法计数器，是异步二–十进制加法计数器的一种，可以看成由独立的一位二进制计数器和一位五进制计数器构成。图 6.15 中 JK 端不接外输入表示 $J = K = 1$，在触发器脉冲作用下起 "取反" 功能。若计数脉冲从 CP_A 输入，Q_0 输出，则为二进制计数器。若计数脉冲从 CP_B 输入，$Q_3 Q_2 Q_1$ 输出，则为五进制计数器。原因是当 $Q_3 Q_2 Q_1$ 按 000 →001→010→011→100 变化后，再来脉冲将出现 $Q_3 Q_2 Q_1 = 101$，在 $Q_3 Q_2 Q_1$ 翻转为 101 的瞬间，由于 $Q_3 = 1$、$Q_1 = 1$，将会使与非门 G 输出为 0，而 G 的输出又接至 FF_3 及 FF_1 的 R 端，使得 Q_3 及 Q_1 立即置 0。其结果是 $Q_3 Q_2 Q_1 = 101$ 的状态一经出现（第 6 个计数脉冲 CP 的下降沿作用后），就立即自行复位为 "000"（这一方法称为反馈归零法），101 的状态不可能稳定存在，不是一种有效状态，即 100 后可看成状态转换为 000，这时就构成了五进制计数器。

图 6.15 异步十进制加法计数器

若把 CP_A 接计数脉冲，Q_0 和 CP_B 相连，当脉冲到来时，计数器的输出信号 $Q_3 Q_2 Q_1 Q_0$ 则将按 0000→0001→0010→0011→0100→0101→0110→0111→1000→1001→0000 的顺序翻转，即构成异步十进制计数器。

74LS290 是异步十进制计数器，其引脚如图 6.16 所示，内部结构如图 6.15 所示，由 1 个二进制计数器和 1 个五进制计数器组成。若计数脉冲由 CP_A 端输入，输出由 Q_0 引出，则得到二进制计数器；若计数脉冲由 CP_B 端输入，输出由 $Q_3 \sim Q_1$ 引出，则得到五进制计数器；若将 Q_0 与 CP_B 相连，计数脉冲由 CP_A 输入，输出由 $Q_3 \sim Q_0$ 引出，则得到 8421BCD 码十进制计数器，因此又称此电路为二–五–十进制计数器。

从表 6.6 可知，当复位 $R_{0(2)} = R_{0(1)} = 1$，且置位输入 $R_{9(2)} \cdot R_{9(1)} = 0$ 时，74LS290 的输出被直接置 0；只要置位输入 $R_{9(2)} = R_{9(1)} = 1$，74LS290 的输出被直接置 9，即 $Q_3 Q_2 Q_1 Q_0 = 1001$；只有同时满足 $R_{0(2)} \cdot R_{0(1)} = 0$ 和 $R_{9(2)} \cdot R_{9(1)} = 0$，才能在计数脉冲（下降沿）作用下实现二–五–十进制计数。

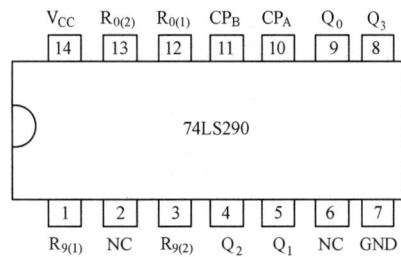

图 6.16 异步十进制计数器 74LS290 引脚

表 6.6 74LS290 功能表

复位输入		置位输入		时　钟	输　出			
$R_{0(1)}$	$R_{0(2)}$	$R_{9(1)}$	$R_{9(2)}$	CP	Q_3	Q_2	Q_1	Q_0
1	1	0	×	×	0	0	0	0
1	1	×	0	×	0	0	0	0
×	×	1	1	×	1	0	0	1
0	×	0	×	⌐	加法计数			
0	×	×	0	⌐				
×	0	0	×	⌐				
×	0	×	0	⌐				

74LS290 当复位输入有效时，输出 Q 全部为 0，当置位输入无效时，输出 $Q_3Q_2Q_1Q_0 =$ 1001。输入的优先顺序：首先为置位输入，其次为复位输入，最后为计数脉冲输入。

想一想：

（1）在 74LS290 中，为什么二进制计数输出作为五进制计数脉冲输入后，会成为十进制，而不是七进制呢？试一试用时序波形图进行说明。

（2）在图 6.15 中，3 位二进制数构成五进制计数器的设计思想给了你什么启迪？若需要 3 位二进制数构成七进制计数器，则应如何实现呢？

6.3.3　N 进制计数器

N 进制计数器是指 N 种状态为一个计数循环周期的计数器。

尽管计数器的品种很多，但也不可能任一进制的计数器都有与其对应的集成电路。在需要用到它们时，只能用现有的成品计数器外加适当的电路连接而成。

用现有的 M 进制集成计数器构成 N 进制计数器时，若 $M>N$，则只需要一片 M 进制计数器，利用把输出端状态反馈回清零端或预置数端来打断原循环规律的方法实现；若 $M<N$，则要用多片 M 进制计数器串接起来使用，也称为级联扩展；若需要的进制数 N 大于 M 又不是 M 的倍数，则先利用级联取得高进制数后再利用反馈强制形成 N 进制计数器。

1. 反馈法实现 N 进制计数器

例 6.2　用 74161 构成八进制计数器。

解：74161 有 16 个状态，八进制有 8 个状态，因此属于 $M>N$ 的情况。

必须设法跳过 $M-N=16-8=8$ 个状态。通常用两种方法实现，即反馈清零法和反馈置数法。

（1）反馈清零法。反馈清零法适用于有清零输入端的集成计数器。74161 有异步清零功能，在其计数过程中，不管它的输出处于哪一个状态，只要在异步清零输入端加一低电平，使 $\overline{R}_D=0$，74161 的输出会立即从那个状态回到 0000 状态。当清零信号（$\overline{R}_D=0$）消失后，74161 又从 0000 状态开始重新计数。

图 6.17（a）所示为八进制计数器的逻辑电路图，就是借助 74161 的异步清零功能实现的。图 6.17（b）所示为八进制计数器的主循环状态图。由图 6.17 可知，74161 从 0000 状态开始计数，当输入第八个 CP（上升沿）时，输出 $Q_3Q_2Q_1Q_0=1000$，通过与非门译码后，反馈给 $\overline{R}_D$ 一个清零信号，立即使 $Q_3Q_2Q_1Q_0$ 返回 0000 状态，$\overline{R}_D$ 的清零信号也随着消失，74161 重新从 0000 状态开始新的计数周期。1000 只是在刹那间出现，不能算作一种有效状态，因此，在主循环状态图中用虚线表示。这样就跳过了 1000~1111 共 8 个状态，获得了八进制计数器。

（a）八进制计数器的逻辑电路图

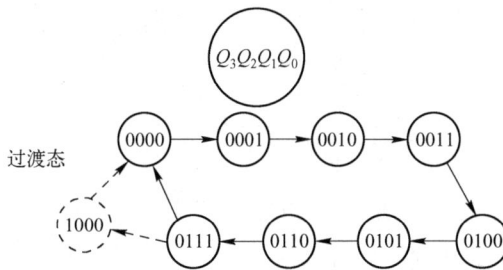

（b）八进制计数器的主循环状态图

图 6.17　用反馈清零法将 74161 接成八进制计数器

（2）反馈置数法。反馈置数法适用于具有预置数功能的集成计数器，可方便实现非零起始的计数循环。

对于具有同步预置数功能的计数器而言，在其计数过程中，可以将它输出的任何一个状态通过译码，产生一个预置数控制信号反馈至预置数控制端。因为 74161 是同步置数，等下一个时钟脉冲作用后，计数器才会把预置数 D_3、D_2、D_1、D_0 的状态置入输出端，所以同步置数没有过渡态。当预置数控制信号消失后，计数器就从被置入的状态开始重新计数。

借助同步预置数功能，采用反馈置数法，用 74161 构成从 0011 到 1010 的八进制计数器的逻辑电路图，如图 6.18（a）所示。其中图 6.18（a）的接法是当输出 $Q_3Q_2Q_1Q_0=1010$ 时，经与非门产生预置数控制信号 0，反馈至 $\overline{L}_D$，在下一个时钟脉冲的上升沿到达时置入 0011 状态。图 6.18（b）所示为主循环状态图，其中 0100~1010 这 7 个状态是 74161 进行加 1 计数实现的。从 1010 跳变到 0011 是由反馈（同步）置数得到的。由此可以推知，反馈置数操作可在 74161 计数循环状态（0000~1111）中的任何一个状态下进行。例如，可将 $Q_3Q_2Q_1Q_0=1111$ 状态的信号加到 $\overline{L}_D$，把预置数输入信号设为 1000 状态，计数值则为 1000~

1111 状态。

若不想先从 $Q_3Q_2Q_1Q_0=0000$ 开始计数，到 1010 后再置数到 0011，则可加入一个 2 输入与门，使外加一置数脉冲和与非门的输出结果相与后输入 $\overline{L}_D$，随时可以把数据 0011 输入 $Q_3Q_2Q_1Q_0$ 中。

若想直接从 0011 开始计数，不经 0000、0001、0010 三种状态，则可在 $\overline{L}_D$ 前加一个 2 输入与门逻辑电路，图 6.18（c）所示为加置数脉冲的电路图。

注意：利用异步清零端或异步置数端，电路的翻转是一触即发型，电路变化过程需要存在过渡态去形成触发信号强制清零或置数。利用同步清零端或同步置数端，由于所有电路变化都要在时钟脉冲配合下进行，可先利用最后一种状态去形成触发信号在下一个时钟脉冲到来时再强制清零或置数，不需要过渡态。

（a）逻辑电路图　　　　　　　　　　　　　（b）主循环状态图

（c）加置数脉冲的电路图

图 6.18　用反馈置数法将 74161 接成八进制计数器

想一想：

（1）用反馈置数法和反馈清零法在实现何种计数循环时比较有优势呢？如果 4 位二进制计数器想实现从 0011~1001 计数，最好选用哪一种方法呢？

（2）当用手机听歌时，可进行选曲和循环播放的原理可能是什么？

2. 任意进制计数器的设计

例 6.3　用 74LS161 构成 8421BCD 码表示的二十四进制计数器。

解：因为 $M=16$、$N=24$，需要采用两片 74LS161 来实现。单片 74LS161 为十六进制的，所以首先要把个位 74LS161 连接成 8421BCD 码，即十进制计数器，这时需要利用同步预置数端把个位 74LS161 连接成十进制计数器。由于 74LS161 是同步置数的，用与非门 G_1 输入端连接 Q_3、Q_0 的输出，G_1 的输出端连接到预置数信号 L_D。当计数到 $Q_3Q_2Q_1Q_0=1001$ 时，

$L_D = 0$。同时，把 Q_3、Q_0 分别与 74LS161 的控制端 ET 和 EP 连接。在个位 $Q_3Q_2Q_1Q_0 = 1001$ 时，EP = ET = 1。在下一个脉冲到来时，个位 $Q_3Q_2Q_1Q_0$ 翻转为 0000，即形成十进制的。$Q_3Q_2Q_1Q_0$ 从 1001 翻转到 0000 是脉冲下降沿到来后翻转的，十位的 74LS161 在此脉冲下降沿来的那一刹那，由于 Q_3、Q_0 未翻转，$Q_3 = Q_0 = $ EP = ET 仍为 1，可进行一次计数。翻转后若 $Q_3 = Q_0 = 0$，则 EP、ET 为 0，在低位重新进行十进制循环后十位才能计数一次。

利用 74LS161 异步清零端可连接成二十四进制计数器。当计数器的个位和十位计数循环从 $[0]_D$ 到 $[23]_D$ 时，再来一个脉冲将翻转到 $[24]_D$，即使高位的 Q_1 和低位的 Q_2 为 1，这时与非门 G_2 输出为 0，与门 G_3 输出一定也为 0，使计数器立即返回到 0000 0000 状态。状态 $[0010\ 0100]_{8421BCD} = [24]_D$ 仅在刹那间出现，这样，就构成了二十四进制计数器。其逻辑电路如图 6.19 所示，图中清零脉冲输入端在启动或需要复位时保证计数器状态全为 0，在电路正常计数时为高电平。

图 6.19 74LS161 构成二十四进制计数器的逻辑电路

例 6.4 用 74LS290 构成 8421BCD 码表示的二十四进制计数器。

解：因为 $M = 10$、$N = 24$，首先需要两片 74LS290 级联构成一百进制计数器，然后利用反馈法来实现二十四进制计数器。级联是把个位 74LS290 的 Q_3 充当进位使用，当个位的 $Q_3Q_2Q_1Q_0$ 从 0000 计数到 0111 时，Q_3 一直为 0，当计数到 1000 时，Q_3 翻转为 1，但此时 Q_3 为上升沿跳变，十位 74LS290 仍无计数脉冲输入，直到 $Q_3Q_2Q_1Q_0$ 从 1000 计数到 0000 的一刹那，Q_3 从 1 翻转为 0，形成下降沿，充当进位脉冲，十位 74LS290 进行一次计数。在此基础上，借助 74LS290 的异步清零功能，用反馈清零法将个位的 Q_2 和十位的 Q_1 分别接至两芯片的 $R_{0(1)}$，在第 24 个计数脉冲作用后，计数器输出为 0010 0100 状态，十位的 Q_1 与个位的 Q_2 同时为 1，使计数器立即返回到 0000 0000 状态。0010 0100 状态仅在刹那间出现。这样就构成了从 0000 0000 到 0010 0011 的二十四进制计数器，其逻辑电路如图 6.20 所示。

二十四进制计数器是数字电子钟中必不可少的组成部分，用来累计小时数。将如图 6.20 所示电路与 BCD 七段显示译码器 7448 及共阴极七段数字显示器 BS201 连接起来，如图 6.21 所示，就组成了数字电子钟的时间计数、译码及显示电路。

图 6.20　74LS290 构成二十四进制计数器的逻辑电路

图 6.21　数字电子钟的时间计数、译码及显示电路

计数、译码、显示三个逻辑功能电路常常结合在一起使用，几乎在所有的仪器、仪表、数字系统中均会用到。除了可以使用上面介绍的芯片，还可以选用逻辑功能相当的其他芯片，设计相当灵活。

想一想：总结采用具有不同控制端的计数芯片构成任意进制计数器的特点。

6.3.4　计数器应用举例

计数器能对时钟信号进行计数，将这一基本功能进行扩展，还常用来自动控制机械操作的时序；用于测量脉冲信号的频率；在通信雷达系统中用来测量时间；在计算机中用以进行时序控制，使计算机按顺序一条一条执行指令等。

1. 测量脉冲信号的频率

图 6.22 所示为测量脉冲频率的原理框图。将待测脉冲频率信号 u_X 和取样脉冲 A 同时送

到与门，在 $t_1 \sim t_2$ 期间，若取样脉冲为高电平（$A=1$），则与门的输出 $F = 1 \cdot u_X = u_X$，待测脉冲频率信号通过与门进入计数器计数，计数器的结果就是在 $t_1 \sim t_2$ 期间待测脉冲频率信号 u_X 的脉冲个数 N，由此可求得待测脉冲频率信号 u_X 的频率 f 为

$$f = N/(t_2 - t_1)$$

例如，若待测脉冲频率为 3690Hz，而 $t_2 - t_1 = 1$s，则计数器的计数结果为 3690；在 0.1s 内为 369；在 0.01s 内为 36.9，即 36 或 37。计数结果经译码驱动显示元器件即可显示待测脉冲信号 u_X 的频率，图 6.23 所示为测量脉冲频率原理示意图。显然，每次测量计数器都应从 0 开始计数，所以在每次测量前计数器都必须清 0。

图 6.22　测量脉冲频率的原理框图

图 6.23　测量脉冲频率原理示意图

这种测量方法的精度主要取决于取样脉冲时间间隔 $t_1 \sim t_2$ 的精度。解决的办法是用一频率稳定的晶体振荡器来产生标准脉冲，分频得到取样脉冲，获得标准取样脉冲的方法如图 6.24 所示。

图 6.24　获得标准取样脉冲的方法

2. 多次分频计数电路的运用

在图 6.24 中，从 100kHz 中获得 1s 的脉冲要经五级十进制计数器。若选用同步十进制计数器 74LS192，则需要五片。市面上现有多位二进制计数器，可以构成多级进制和高进制分频数，其输出端构成的加 1 二进制数可作为连续的地址码供一些场合使用。12 位的计数器 4040 有 $Q_0 \sim Q_{11}$ 输出端，其进制数分别为 2^0，2^1，2^2，$\cdots$，2^{11}，输出信号 $Q_{11}Q_{10}Q_9Q_8Q_7$ $Q_6Q_5Q_4Q_3Q_2Q_1Q_0$ 在计数脉冲的控制下，可实现二进制递加数从 000000000000 → 000000000001→000000000010→$\cdots$→111111111111→000000000000 的循环。图 6.25 所示为 4040 引脚图。

输	入	功能
$\overline{CP}$	CR	
↑	L	保持
↓	L	计数
×	H	所有输出为 L

引出端功能符号

$\overline{CP}$ 时钟输入端

CR 清除端

$Q_0 \sim Q_{11}$ 计数脉冲输出端

V_{DD} 正电源

V_{SS} 地

图 6.25 4040 引脚图

3. 脉冲分配器

脉冲分配器是数字系统中定时部件的组成部分，它在时钟脉冲作用下，顺序地使每个输出端输出节拍脉冲，用以协调系统各部分的工作。

图 6.26（a）所示为由计数器 74LS161 和译码器 74LS138 组成的脉冲分配器。74LS161 构成模 8 计数器，输出状态 $Q_2 Q_1 Q_0$ 在 000~111 循环变化，从而在译码器 $\overline{Y}_0 \sim \overline{Y}_7$ 分别得到如图 6.26（b）所示的脉冲序列。

（a）计数器74LS161和译码器74LS138组成的脉冲分配器

（b）脉冲序列

图 6.26 计数器构成脉冲分配器

4. 数字测速系统

图 6.27 所示为测量电动机转速的数字测速系统示意图及其工作波形，测量的结果以

十进制数字显示出来。

电路工作原理：电动机每转一周，光线透过圆盘上的小孔照射光电元器件一次，光电元器件每秒发出的信号个数反映电动机的转速。光电信号较弱，必须放大，放大后的脉冲不能直接用来测量，还要经过整形电路整形以得到宽度和幅度一定的矩形脉冲。

（a）示意图

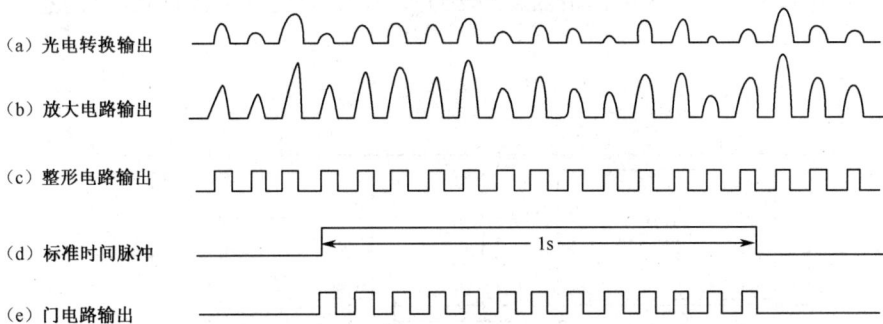

（b）工作波形

图 6.27　测量电动机转速的数字测速系统示意图及其工作波形

为了测量转速，还要有个时间标准，如以秒（s）为单位，把 1s 内的脉冲个数记录下来，就得出电动机每秒的转速。这个标准时间由采样脉冲整形电路产生，它是一个宽度为 1s 的矩形脉冲，让它去控制门电路，把"门"打开 1s。在这段时间内，来自整形电路的脉冲可以经过门电路进入计数器，由二–十进制显示译码器显示出十进制数，这就是电动机的转速数。

想一想：举例说明计数器的应用。

6.3.5　寄存器和计数器的综合应用

寄存器和计数器结合在一起，可以实现各种定时控制电路。汽车尾灯控制电路是其中一种运用。

汽车在夜间行驶过程中，其尾灯的变化规律如下：在正常行驶时，车后 6 只尾灯全部点亮；当左转弯时，左边 3 只尾灯依次从右向左循环闪动，右边 3 只尾灯熄灭；当右转弯时，右边 3 只尾灯依次从左向右循环闪动，左边 3 只尾灯熄灭；当车辆停车时，6 只尾灯一明一暗同时闪动。图 6.28 所示为汽车尾灯控制电路。下面分析其工作原理。其中 L、R 状态表示汽车的行驶状态，其值由用户通过控制器设置。

（1）计数器 74192 的工作过程。图 6.28 所示的是采用置数法设计的模 3 计数器。从图 6.29 可以看出，每来 3 个时钟脉冲，Q_1、Q_0 输出一个 1，使 $\overline{L}_D=0$，Q_1、Q_0 又从 00 开始计数，即 Q_1、Q_0 的变化规律是 001001001，其周期长度为 $P=3$ 的序列信号。这一信号将作为移位寄存器 74194 的串行输入。

（2）当汽车正常行驶时，$L=0$、$R=0$，数据选择器 74138 的输出 $\overline{Y}_0=0$，$\overline{Y}_1=\overline{Y}_2=1$，两移位寄存器 74194 的 $S_1S_0=11$，进行置数操作，因为 G_2 输出为 1，且取用的并行数据输入端均为 1，所以以移位寄存器 74194（Ⅰ）的 $Q_BQ_CQ_D$ 与 74194（Ⅱ）的 $Q_AQ_BQ_C$ 均为 111，故 6 只尾灯全亮。

（3）当汽车左转弯时，$L=0$、$R=1$，这时数据选择器 74138 的输出 $\overline{Y}_1=0$，$\overline{Y}_0=\overline{Y}_2=1$，移位寄存器 74194（Ⅱ）的异步清零信号 $\overline{R}_D=0$，其 $Q_AQ_BQ_C=000$，右边 3 只尾灯 R_1、R_2 和 R_3 全部熄灭；而移位寄存器 74194（Ⅰ）的 $S_1S_0=10$，将进行左移操作，其左移串行输入信号 D_{SL} 的数码来自计数器 74192 的 Q_0 的 "001001001…" 序列信号，故 $Q_DQ_CQ_B$ 的变化规律为 100→010→001→100→…（假设初始状态为 100），所以当汽车左转时其尾灯亮将这样变化：$L_1 \to L_2 \to L_3 \to L_1 \to \cdots$。

图 6.28　汽车尾灯控制电路

（4）当汽车右转弯时，$L=1$、$R=0$，这时数据选择器 74138 的输出 $\overline{Y}_2=0$，$\overline{Y}_0=\overline{Y}_1=1$，移位寄存器 74194（Ⅰ）的异步清零信号 $\overline{R}_D=0$，其 $Q_BQ_CQ_D=000$，左边 3 只尾灯 L_1、L_2 和 L_3 全部熄灭；而移位寄存器 74194（Ⅱ）的 $S_1S_0=01$，将进行右移操作，其右移串行输入端 D_{SR} 的数码也来自异步计数器 74192 的 Q_1 的 "001001001…" 序列信号，故 $Q_AQ_BQ_C$ 的变化规律为 100→010→001→100→…（假设初始状态为 100），所以当汽车右转时其尾灯亮将这样变化：$R_1 \to R_2 \to R_3 \to R_1 \to \cdots$。

（5）当汽车暂停时，$L=1$、$R=1$，这时数据选择器 74138 的输出 $\overline{Y}_0=\overline{Y}_1=\overline{Y}_2=1$，两移位寄存器的 $S_1S_0=11$，置数操作，其并行数据输入信号 74194（Ⅰ）的 B、C、D 和 74194（Ⅱ）的

A、B、C 的数值完全由计数器 74192 的 Q_0 来确定。当 $Q_0 = 0$ 时，这 6 个输入信号全为 1，在时钟脉冲作用下，6 只尾灯同时点亮；而当 $Q_0 = 1$ 时，6 个并行输入信号全为 0，在时钟脉冲作用下，6 只尾灯同时熄火。由于 Q_0 波形是随 CP 以两个连续 0 和一个 1 交替变化的（见图 6.29），因此，6 只尾灯随 CP 以两个周期亮、一个周期暗的方式闪烁。

图 6.29　74192 的工作波形

实训 6　移位寄存器的运用，七进制计数器，六十进制计数器

1. 实训目的

（1）熟悉集成计数器逻辑功能和各控制端作用。

（2）掌握计数器使用方法。

2. 实训器材

双踪示波器		1 个
74LS194	移位寄存器	1 块
74LS160/161	十进制/十六进制同步计数器	2 块
74LS00	四组二输入端与非门	1 块
74LS20	两组四输入端与非门	1 块

3. 实训内容

（1）任意进制计数器设计方法。采用脉冲反馈法（也称为复位法或置位法），采用 74LS161 组成模 7 计数器和模 12 计数器。当实现十六进制以上的计数器时可将多片 74LS161 级联使用。

① 画出连线电路图。

② 按图 6.30 接线，并将输出端 $Q_3 Q_2 Q_1 Q_0$ 接到译码显示电路的相应输入端，连接时注意输入、输出之间高低位的对应关系。首先用单脉冲作为输入脉冲验证设计是否正确，然后用 1 Hz 脉冲信号输入，通过数码管观察计数结果。

③ 记录上述实训内容波形。

（2）计数器级联。分别用 2 片 74LS161 计数器级联成二十四进制计数器和六十进制计数器。步骤如上。

4. 实训报告

（1）整理实训内容和各实训数据。

（2）画出实训内容第 1、2 项所使用的电路图及工作波形。

（3）说明每一个实训电路的工作原理。

（4）画出用 74LS290 替代 74LS161 构成六十进制计数器的电路图，并分析其工作原理。

5. 想想做做

（1）设计一个秒计数器，参考电路图如图 6.30 所示。

图 6.30　秒计数器的电路图

（2）设计一个篮球比赛计时器，设计要求如下。

① 篮球比赛上下半场各 20 分钟，要求能随时暂停，启动后继续计时，一场比赛结束后应可清零重新开始比赛。

② 计时器由分、秒计数器完成，秒计数器为模 60 计数器，分计数器应能计数至 40 分钟。

③ 分、秒显示用数码管，应配用相应译码器。

④ 用按钮开关控制计时器的启动/暂停。

⑤ 当半场、全场到时，有音响自动提示，用按钮开关可关断声音。

本项目学习指导

（1）时序逻辑电路是数字电路系统中重要的组成部分，从逻辑功能上来讲，时序逻辑电路种类很多，但其共同特点和一般的分析方法、描述方法是基本相同的。

（2）时序逻辑电路区别于组合逻辑电路的基本特点：在功能上，时序逻辑电路的输出不仅取决于当时的输入信号，而且与电路的原来状态有关；在结构上，时序逻辑电路一般总含有记忆功能的存储电路——触发器。

（3）时序逻辑电路通常可分为两大类：同步时序逻辑电路与异步时序逻辑电路。常见的时序逻辑电路有寄存器、计数器等。

（4）寄存器用来存放二进制代码，按其功能可分为数码寄存器和移位寄存器。数码寄存器电路简单，只用来存放数码，具有接收数码、保持并清除原有数码等功能。一个多位数码寄存器可看成多个触发器的并行使用。移位寄存器是一个同步时序电路，具有存放数码功能和移位数码的功能，即在 CP 作用下，能将其存放的数码依次左移或右移。按存放数码的输入/输出方式不同，移位寄存器有四种工作方式：串行入/串行出、串行入/并行出、并行入/串行出、并行入/并行出。

（5）计数器的基本功能是可以对输入计数脉冲进行加法或减法计数，也可以用于分频、定时、运算和自控等。二进制计数器是构成各种计数器的基础，应重点掌握；十进制计数器应用广泛，学习时应侧重理解 8421BCD 码计数器。

（6）常用集成时序逻辑器件寄存器和计数器的产品有很多，要正确使用和广泛应用这些器件，必须要学会借助有关器件手册和技术资料，弄清楚所用器件的逻辑功能、外接引脚功能及逻辑关系。要了解和记住一些常用信号名和作用，以便使用。对于一些多功能的芯片，使用时一定要根据使用要求注意正确连接，否则就达不到使用要求。

习 题 6

6.1 时序逻辑电路有哪两大类电路？两者区别何在？

6.2 时序逻辑电路和组合逻辑电路的主要区别是什么？

6.3 以二进制代码形式来存放数据或指令的元器件叫什么？

6.4 常用的时序逻辑电路有哪些呢？

6.5 图 6.31 所示为数码寄存器，若上升沿原来状态 $Q_2Q_1Q_0=101$，现输入数码 $D_2D_1D_0=011$，则当 CP 上升沿到来后，$Q_2Q_1Q_0$ 等于多少？

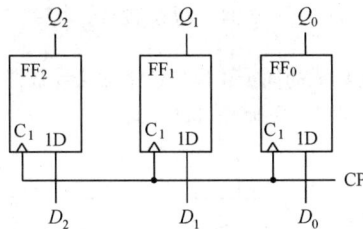

图 6.31　题 6.5 图

6.6 图 6.32 所示的数码寄存器的初始状态 $Q_3Q_2Q_1Q_0=0000$，串行右移输入信号 D_{SR} 输入的数据为 1101，试列出在连续 4 个时钟脉冲作用下，寄存器的状态转换表。要经多少个时钟脉冲，1101 才能依次从 Y 全部输出呢？

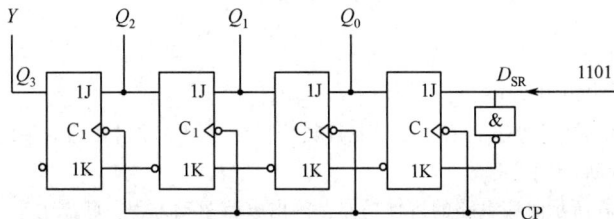

图 6.32　题 6.6 图

6.7 图 6.33（a）所示的移位寄存器初始状态为 1111，对应如图 6.33（b）所示的 CP，画出 Q_3、Q_2、Q_1、Q_0 的波形。试问，当第 2 个 CP 到来后，寄存器存放的数码是什么？

图 6.33 题 6.7 图

6.8 数码寄存器和移位寄存器有什么区别？

6.9 什么是并行输入、串行输入、并行输出和串行输出？

6.10 计数器的基本功能是什么？

6.11 利用计数器可对什么信号进行分频？若输入脉冲信号频率是 10MHz，那么对其进行 5 分频后的频率为多少呢？

6.12 试分析如图 6.34（a）、（b）所示电路的逻辑功能。要求分别写出有关方程，画出状态转换表、状态转换图，并用文字简述其逻辑功能。

图 6.34 题 6.12 图

6.13 图 6.35 所示为用 74LS161 构成的同步 4 位二进制加法计数器，试在图上加上合适的连接线，把它改成 1 位 8421BCD 码十进制加法计数器，并画出其状态转换图。

图 6.35 题 6.13 图

6.14 利用 74161 设计六十进制计数器。

6.15 分别利用 74LS290 和 74LS192 设计八十八进制计数器。

6.16 某电视图像系统中需要五百一十二进制计数器，如何用本项目介绍的集成计数器来构成呢？

6.17 画出一种数字钟的电路框图。

6.18 分析如图 6.36 所示时序电路的逻辑功能，写出电路驱动方程、状态方程，并画出状态转换图。

图 6.36 题 6.18 图

6.19 用示波器观察到某计数器的三个触发器的输出信号 Q_0、Q_1、Q_2 如图 6.37 所示的波形，求出该计数器的模数（进制），并画出状态转换图。

图 6.37 题 6.19 图

项目 7　产生和变换脉冲波形

在数字电路或系统中，传递信息主要是通过"0"和"1"来实现的。这些"0"和"1"信息，一般都用矩形脉冲来表示。通常用矩形脉冲的高电平表示"1"，低电平表示"0"。在传送过程中，由于元器件或外部干扰，这些信号可能会产生失真或变形，数字信号最大的优点就是可以对它们进行整形，恢复其信息。数字电路工作常常需要各种脉冲波形，如时钟脉冲、控制过程中的定时信号等。这些脉冲波形的获得通常采用两种方法：一种是用脉冲信号产生器直接产生脉冲信号；另一种是对已有的信号进行变换，使之满足系统的要求，即脉冲波形的变换。

通过本项目，主要掌握如下知识：

(1) 多谐振荡器、单稳态电路和施密特触发器的工作原理。

(2) 能够运用 555 电路设计多谐振荡器、单稳态电路和施密特触发器。

7.1　概述

1. 常见脉冲信号波形

脉冲信号的波形各种各样，几种常见的脉冲信号波形如图 7.1 所示，由图可见，脉冲信号都是瞬间突变的，是一种持续时间极短的电压（或电流）。广义上讲，不具有连续正弦波形状的信号都可以称为脉冲信号，简称脉冲。

矩形波　　　　锯齿波　　　　钟形波

尖峰波　　　　梯形波　　　　阶梯波

图 7.1　几种常见的脉冲信号波形

2. 常用的脉冲信号参数

实际应用中常运用一些物理量来描述脉冲信号的特征，这些物理量称为脉冲信号参数。最典型的脉冲信号为矩形脉冲。下面以实际矩形脉冲电压波形为例，描述矩形脉冲特性的主要参数，如图 7.2 所示。

脉冲幅度 V_m——脉冲电压的最大变化幅度，用来表示脉冲信号强弱的参数。

上升时间 t_r（又称脉冲前沿）——脉冲波从 $0.1V_m$ 上升到 $0.9V_m$ 所需的时间。

下降时间 t_f（又称脉冲后沿）——脉冲波从 $0.9V_m$ 下降到 $0.1V_m$ 所需要的时间。

图 7.2　描述矩形脉冲特性的主要参数

脉冲宽度 t_W（简称脉宽）——从脉冲前沿的 $0.5V_m$ 处起，到后沿的 $0.5V_m$ 处止的一段时间。

脉冲周期 T——在周期性重复的脉冲序列中，两个相邻脉冲之间的时间间隔，有时也用频率 $f=1/T$ 表示单位时间内脉冲重复的次数。

占空比 q——脉冲宽度与脉冲周期的比值，即 $q=t_W/T$。当 $q=0.5$ 时为方波。

通常脉冲波的频率可通过数字频率计（或示波器测周期）测定。脉冲波的幅度、脉宽、上升时间和下降时间等可通过示波器读出。

想一想：如果脉冲波形上升沿时间过长，那么当作为时钟脉冲使用时，是否会存在问题？

7.2　集成 555 定时器

555 定时器是一种多用途的单片中规模集成电路，该电路使用灵活、方便，只需要外接少量的阻容元器件就可以构成单稳态电路、多谐振荡器和施密特触发器。因而，在波形的产生与变换、测量与控制、家用电器和电子玩具等领域中都得到了广泛的应用。

目前，生产的定时器有双极型和 CMOS 两种类型，其型号分别有 NE555 和 C7555 等。通常，双极型产品型号最后的三位数码都是 555，CMOS 产品型号的最后四位数码都是 7555，它们的结构、工作原理及外部引脚排列基本相同，以下统一简称为 "555"。

一般双极型定时器具有较大的驱动能力，而 CMOS 定时器具有低功耗、输入阻抗高等优点。555 定时器工作的电源电压很宽，并可承受较大的负载电流。双极型定时器电源电压变化范围为 5~16V，最大负载电流可达 200mA；CMOS 定时器电源电压变化范围为 3~18V，最大负载电流在 4mA 以下。

1. 555 定时器的电路结构

图 7.3 所示为 555 定时器的电气原理图和电路符号。从图 7.3（a）可知 555 定时器内部结构由以下部分构成。

（1）由三个阻值为 5kΩ 的电阻组成的分压器，其作用如下。

当 v_c 悬空或外接一抗干扰电容时，电压比较器 C_1 同相输入端电压为 $\frac{2}{3}V_{CC}$，电压比较器 C_2 反相输入端电压为 $\frac{1}{3}V_{CC}$。

当 v_C 外接一电源 V_S 时，电压比较器 C_1 同相输入端电压为 V_S，电压比较器 C_2 反相输入端电压为 $\frac{1}{2}V_S$。

（2）两个电压比较器 C_1 和 C_2。

$V_+>V_-$，输出 u_O 为正电压，看成高电平"1"输出。

$V_+<V_-$，输出 u_O 为负电压，看成低电平"0"输出。

（3）基本 RS 触发器，控制输出电平。

（4）放电三极管 VT 及缓冲器 G。

（a）电气原理图　　　　（b）电路符号

图 7.3　555 定时器的电气原理图和电路符号

2. 555 定时器的功能表

555 定时器的功能表如表 7.1 所示，在此表中，认为 V_C 不外接电源，该点电压为 $\frac{2}{3}V_{CC}$，TH、$\overline{TR}$ 是触发器的电平触发端，两触发点的触发电平不同。当 $V_{TH}>\frac{2}{3}V_{CC}$ 时，有效触发置 0；当 $V_{\overline{TR}}<\frac{1}{3}V_{CC}$ 时，有效触发置 1；当两个触发端均无效时，保持；当两个触发端均有效时，$\overline{TR}$ 优先，输出为 1。其功能可以总结为两输入触发点，类似非门功能，低电平优先触发。当输出高电平时，导电管截止。当然，与两电平触发端相比，复位信号的优先等级是最高的。

表 7.1　555 定时器的功能表

复位信号$\overline{R}_D$（4）脚	高电平触发端 TH（6）脚	低电平触发端$\overline{TR}$（2）脚	输出端（3）脚	三极管 VT
0	×	×	0	导通
1	$>\frac{2}{3}V_{CC}$	$>\frac{1}{3}V_{CC}$	0	导通
1	$<\frac{2}{3}V_{CC}$	$>\frac{1}{3}V_{CC}$	不变	不变
1	$<\frac{2}{3}V_{CC}$	$<\frac{1}{3}V_{CC}$	1	截止
1	$>\frac{2}{3}V_{CC}$	$<\frac{1}{3}V_{CC}$	1	截止

7.3 施密特触发器

施密特触发器：具有回差电压特性，能将边沿变化缓慢的电压波形整形为边沿陡峭的矩形脉冲。

施密特触发器是一种特殊的双稳态电路。它要依赖外加触发信号来维持两个稳定状态，电路从一个稳定状态转换到另一个稳定状态依靠外加信号电位的高低来触发，一旦外加触发信号降到一定电平以下，电路就立即恢复到初始的稳定状态，没有记忆功能。

施密特触发器可以用分立元器件、运算放大器或电压比较器构成；也可以用门电路构成，门电路构成的施密特触发器如图 7.4 所示。因为用 555 定时器构成的施密特触发器很简单，其工作原理也简明，所以在实际生活中得以广泛应用。

（a）电路图　　　　　　（b）工作波形

图 7.4　门电路构成的施密特触发器

7.3.1　用 555 定时器构成的施密特触发器

1. 电路结构和工作原理

把 $\overline{\text{TR}}$ 与 TH 的连接端作为电路信号的输入端，即可构成施密特触发器，其电路图如图 7.5（a）所示。

设输入端加入一个已知幅度大于 $\dfrac{2}{3}V_{cc}$ 的三角波，工作波形如图 7.5（b）所示，现分析电路的工作过程。

（a）电路图　　　　　　（b）工作波形

图 7.5　555 定时器构成的施密特触发器

（1）当输入 $u_I < \dfrac{1}{3}V_{CC}$ 时，即 $V_{\overline{TR}} = V_{TH} < \dfrac{1}{3}V_{CC}$，触发器置 1（$Q=1$），而 $\overline{Q}=0$ 使电路输出为高电平（$u_O=1$），处于第一稳定状态。

（2）当输入上升到 $u_I \geqslant \dfrac{2}{3}V_{CC}$ 时，即 $V_{\overline{TR}} = V_{TH} \geqslant \dfrac{2}{3}V_{CC}$，触发器置 0（$Q=0$），输出为低电平（$u_O=0$），处于第二稳定状态。

（3）当输入 u_I 由最高值下降到 $u_I \leqslant \dfrac{1}{3}V_{CC}$（$t_4$ 时刻）时，触发器置 1，电路输出 u_O 为高电平，即又回到第一稳定状态。如此循环，得到如图 7.5（b）所示的工作波形。

2. 电压滞回特性和主要静态参数

电压滞回特性：由以上分析可知，施密特触发器能把三角波转换成矩形脉冲。当输入 u_I 上升到 $V_{T+} = \dfrac{2}{3}V_{CC}$ 时，输出 u_O 由高电平转为低电平；当输入 u_I 下降到 $V_{T-} = \dfrac{1}{3}V_{CC}$ 时，输出 u_O 由低电平返回到高电平，通常把 V_{T+} 称为施密特触发器的上限阈值电压，把 V_{T-} 称为下限阈值电压，将 V_{T+} 与 V_{T-} 之差称为回差电压 ΔV_T，即 $\Delta V_T = V_{T+} - V_{T-}$。这种上限阈值电压 V_{T+} 与下限阈值电压 V_{T-} 不相等的现象称为回差现象。回差是施密特触发器固有的特性，称为回差特性。这一特性使其电压传输特性曲线出现一个回线，施密特触发器的电路符号和电压传输特性如图 7.6 所示。

显然，回差特性意味着输入电压在回差电压 ΔV_T 范围内变化对输出没有影响，因此可以防止输入端的噪声电压引起的误脉冲输出。回差越大，电路的抗干扰能力越强，但回差过大，触发灵敏度将变低。

（a）电路符号　　　　　　（b）电压传输特性

图 7.6　施密特触发器的电路符号和电压传输特性

主要静态参数如下。

（1）上限阈值电压 V_{T+} —— u_I 在上升过程中，输出电压 u_O 由高电平 V_{OH} 跳变到低电平 V_{OL} 时，所对应的输入电压值，$V_{T+} = \dfrac{2}{3}V_{CC}$。

（2）下限阈值电压 V_{T-} —— u_I 在下降过程中，输出电压 u_O 由低电平 V_{OL} 跳变到高电平 V_{OH} 时，所对应的输入电压值，$V_{T-} = \dfrac{1}{3}V_{CC}$。

（3）回差电压 ΔV_T。回差电压又叫滞回电压，定义为

$$\Delta V_{\mathrm{T}} = V_{\mathrm{T}+} - V_{\mathrm{T}-} = \frac{1}{3} V_{\mathrm{CC}}$$

若在电压控制端 V_{C}（5 脚）外加电压 V_{S}，则将有 $V_{\mathrm{T}+} = V_{\mathrm{S}}$、$V_{\mathrm{T}-} = V_{\mathrm{S}}/2$、$\Delta V_{\mathrm{T}} = V_{\mathrm{S}}/2$，而且当改变 V_{S} 时，它们的值也随之改变。

7.3.2　集成施密特触发器

施密特触发器可以由 555 定时器构成，也可以用分立元器件和集成门电路组成。因为这种电路应用十分广泛，所以市场上有专门的集成电路产品出售，称之为施密特触发门电路。集成施密特触发器性能的一致性好，触发阈值稳定，使用方便。

图 7.7 所示为 CMOS 集成施密特触发器 CC40106（六反相器）外引线功能图，表 7.2 所示为其主要静态参数。

用施密特触发器构成的反相器即使输入信号变化缓慢，电路仍然能够输出很好的矩形波且带负载能力较强。

表 7.2　集成施密特触发器 CC40106 的主要静态参数　　　　（单位：V）

电源电压 V_{DD}	$V_{\mathrm{T}+}$最小值	$V_{\mathrm{T}+}$最大值	$V_{\mathrm{T}-}$最小值	$V_{\mathrm{T}-}$最大值	ΔV_{T}最小值	ΔV_{T}最大值
5	2.2	3.6	0.9	2.8	0.3	1.6
10	4.6	7.1	2.5	5.2	1.2	3.4
15	7.8	10.8	4	7.4	1.6	5

想一想：

（1）用施密特触发器实现的反相器与 TTL 非门适用范围有何不同？

（2）施密特触发器如果输入电压从高电平跳变为低电平，那么电路是否能保持原来的状态？其稳态的维持是否需要输入电平的保持来实现呢？

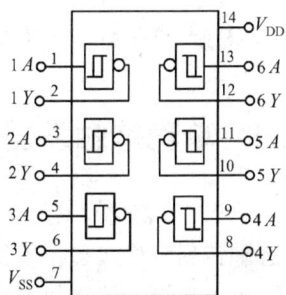

图 7.7　CMOS 集成施密特触发器 CC40106 外引线功能图

7.3.3　施密特触发器应用举例

1. 用于接口电路和整形电路

利用触发器在电压控制下会发生翻转的特点，可进行电平的转换，给后级电路输出电平适合的脉冲信号。

（1）将缓慢变化的输入信号转换成符合 TTL 系统要求的脉冲波形，具有整形作用的 TTL 系统接口如图 7.8（a）所示。

（2）也可以把不规则的输入信号整形为矩形脉冲，脉冲整形电路的输入、输出波形如图 7.8（b）所示。

2. 用于鉴别脉冲幅度

将幅值大于 $V_{\mathrm{T}+}$ 的脉冲选出，用施密特触发器鉴别脉冲幅度如图 7.9 所示。

(a) 具有整形作用的TTL系统接口   (b) 脉冲整形电路的输入、输出波形

图 7.8　施密特触发器的电平转换作用

图 7.9　用施密特触发器鉴别脉冲幅度

想一想：能否举例说明施密特触发器在其他电路中的应用呢？

7.4　单稳态触发器

单稳态触发器：有一个稳定状态和一个暂稳状态。在外来触发脉冲作用下，能够由稳定状态翻转到暂稳状态；暂稳状态维持一段时间后，将自动返回到稳定状态。

单稳态触发器在数字系统和装置中一般用于定时（产生一定宽度的脉冲）、整形（把不规则的波形转换成等宽、等幅的脉冲）及延时（将输入信号延迟一定的时间之后输出）等。

单稳态触发器可用普通门电路构成，门电路构成的常用单稳态触发器如图 7.10 所示。图 7.10（a）所示为微分型单稳态触发器，图 7.10（b）所示为积分型单稳态触发器。也有专用的集成单稳态触发器，而使用 555 定时器构成的单稳态触发器，其显著特点是暂态状态时间可调范围大，若采用性能良好的定时电容 C，则其暂态状态时间可长达数分钟甚至十几分钟，因此常用于延时时间较长的场合。

(a) 微分型单稳态触发器   (b) 积分型单稳态触发器

图 7.10　门电路构成的常用单稳态触发器

7.4.1 用 555 定时器构成的单稳态触发器

1. 电路结构和工作原理

图 7.11 所示为采用 555 定时器构成的单稳态触发器，图中 R、C 为外接定时元器件，C_1 为旁路电容。为防止干扰 V_C，输入触发信号加在 $\overline{TR}$ 端。其工作过程如下。

(a) 电路图   (b) 工作波形

图 7.11　采用 555 定时器构成的单稳态触发器

（1）稳态。当接通 V_{CC} 后，V_{CC} 通过电阻 R 向电容 C 充电，当电容 C 电压上升到 $u_C = V_{TH} \geq \frac{2}{3} V_{CC}$ 时，输出端 u_O 为低电平，且晶体管 VT 导通，定时电容 C 通过晶体管 VT 放电，使 $u_C = 0$（$V_{TH} = 0$），电路输出 OUT 端为低电平，即 $u_O = 0$，电路处于稳态。

（2）暂稳态。当 $\overline{TR}$ 端输入信号 u_1 负脉冲到来，且幅度低于 $\frac{1}{3} V_{CC}$（$V_{TR} < \frac{1}{3} V_{CC}$）时，电路输出 OUT 端为高电平，555 定时器内部晶体管 VT 截止，定时电容 C 开始充电，电路处于暂稳态。电容 C 的充电回路为 $V_{CC} \rightarrow R \rightarrow C \rightarrow$ 地。充电时间常数 $\tau = RC$。当充电电压 u_C 上升到 $\geq \frac{2}{3} V_{CC}$ 时，输出信号 u_O 为低电平，晶体管 VT 导通，电容 C 通过晶体管 VT 迅速放电，电路结束暂稳态，而且自动返回到触发前的稳态。电路输出从高电平跳变为低电平，完成了一次单稳态触发的全过程。一直维持至下一个负脉冲到来，其工作波形如图 7.11（b）所示。

2. 主要参数估算

（1）输出脉冲宽度 t_W。输出脉冲宽度 t_W 就是暂稳态维持时间，也就是定时电容的充电时间。由如图 7.11（b）所示电容 C 电压 u_C 的工作波形不难看出，$u_C(0^+) \approx 0\text{V}$，$u_C(\infty) = V_{CC}$，实际上升到最高电压 $u_C(t_W) = \frac{2}{3} V_{CC}$，代入 RC 过渡过程计算公式，可得：

$$t_W = \tau_1 \ln \frac{u_C(\infty) - u_C(0^+)}{u_C(\infty) - u_C(t_W)} = \tau_1 \ln \frac{V_{CC} - 0}{V_{CC} - \frac{2}{3} V_{CC}} = \tau_1 \ln 3 = 1.1RC$$

上式说明，单稳态触发器输出脉冲宽度 t_W 仅决定于定时元器件 R、C 的取值，与输入触发信号和电源电压无关，调节 R、C 的取值，即可方便调节 t_W。

（2）恢复时间 t_{re}。一般取 $t_{re} = (3 \sim 5)\tau$，即认为经过 3~5 倍的时间常数，电容 C 就放电完毕。

（3）最高工作频率 f_{max}。若输入触发信号 u_I 是周期为 T 的连续脉冲，则为保证单稳态触发器能够正常工作，应满足下列条件：

$$T > (t_W + t_{re})$$

u_I 周期的最小值 T_{min} 应为 $t_W + t_{re}$，即

$$T_{min} = t_W + t_{re}$$

因此，单稳态触发器的最高工作频率应为

$$f_{max} = \frac{1}{T_{min}} = \frac{1}{t_W + t_{re}}$$

需要指出的是，在图 7.11 中，输入触发信号 u_I 的脉冲宽度（低电平的保持时间）必须小于电路输出 u_0 的脉冲宽度（暂稳态维持时间 t_W），否则电路将不能正常工作。因为当单稳态触发器被触发翻转到暂稳态后，如果 u_I 的低电平一直保持不变，那么 555 定时器的输出端将一直保持高电平不变。

解决这一问题的一个简单方法，就是在电路的输入端加一个 RC 微分电路，即当 u_I 为宽脉冲时，让 u_I 经 RC 微分电路之后再接到 $\overline{TR}$ 端。不过 RC 微分电路的电阻应接到 V_{CC}，以保证在 u_I 下降沿未到来时，$\overline{TR}$ 端为高电平。

想一想：

（1）单稳态电路的工作过程和在生活中接触到的不倒翁的原理是否有相通之处呢？

（2）自动楼梯灯在有人上楼梯时会自动点亮，过一段时间后自动关闭。这是不是单稳态控制的电路呢？若是，则触发信号是什么呢？

7.4.2 集成单稳态触发器

1. TTL 集成单稳态触发器 74121 的逻辑功能和使用方法

图 7.12 所示为 TTL 集成单稳态触发器 74121 的逻辑符号和工作波形。该元器件是在普通微分型单稳态触发器的基础上附加以输入控制电路和输出缓冲电路而形成的。它有两种触发方式：下降沿触发和上升沿触发。A_1 和 A_2 是两个下降沿有效的触发信号输入端，B 是上升沿有效的触发信号输入端。

(a) 逻辑符号　　　　(b) 工作波形

图 7.12　TTL 集成单稳态触发器 74121 的逻辑符号和工作波形

u_O 和 $\bar{u}_O$ 是两个状态互补的输出端。R_{ext}、C_{ext} 是外接定时电阻和电容的连接端，外接定时电阻（阻值可在 $1.4\sim40k\Omega$ 选择）应一端接 V_{CC}（引脚 14），另一端接引脚 11。外接定时电容（一般在 $10pF\sim10\mu F$ 选择）一端接引脚 10，另一端接引脚 11 即可。若 C_{ext} 是电解电容，则其正极接引脚 10，负极接引脚 11。74121 内部已经设置了一个 $2k\Omega$ 的定时电阻，R_{int}（引脚 9）是其引出端，使用时只需要将引脚 9 与引脚 14 连接起来即可，不用时则应让引脚 9 悬空。

表 7.3 所示为集成单稳态触发器 74121 的功能表，表中 1 表示高电平，0 表示低电平。

表 7.3　集成单稳态触发器 74121 的功能表

输　　入			输　　出		
A_1	A_2	B	u_O	$\bar{u}_O$	工作特性
0	×	1	0	1	保持稳态
×	0	1	0	1	
×	×	0	0	1	
1	1	×	0	1	
1	↓	1	⊓	⊔	下降沿触发
↓	1	1	⊓	⊔	
↓	↓	1	⊓	⊔	
0	×	↑	⊓	⊔	上升沿触发
×	0	↑	⊓	⊔	

图 7.13 所示为集成单稳态触发器 74121 的外部元器件连接方法，图 7.13（a）所示为使用外接定时电阻 R_{ext} 且电路为下降沿触发时的连接方式，图 7.13（b）所示为使用内部电阻 R_{int} 且电路为上升沿触发时的连接方式。

（a）使用外接电阻 R_{ext}（下降沿触发）　　（b）使用内部电阻 R_{int}（上升沿触发）

图 7.13　集成单稳态触发器 74121 的外部元器件连接方法

2. 主要参数

（1）输出脉冲宽度 t_W：

$$t_W = RC \cdot \ln 2 \approx 0.7RC$$

使用外接定时电阻：　　　　　　　$t_W \approx 0.7R_{ext}C$

使用内部电阻：　　　　　　　　　$t_W \approx 0.7R_{int}C$

（2）输入触发脉冲最小周期 T_{min}：

$$T_{min} = t_W + t_{re}$$

式中，t_{re} 是恢复时间。

（3）周期性输入触发脉冲占空比 q：

$$q = t_W / T$$

式中，T 是输入触发脉冲的重复周期；t_W 是单稳态触发器的输出脉冲宽度。

最大占空比为

$$q_{max} = t_W / T_{min} = \frac{t_W}{t_W + t_{re}}$$

74121 的最大占空比用 q_{max} 表示，当 $R = 2k\Omega$ 时为 67%，当 $R = 40k\Omega$ 时可达 90%。不难理解，若 $R = 2k\Omega$ 且输入触发脉冲重复周期 $T = 1.5\mu s$，则恢复时间 $t_{re} = 0.5\mu s$，这是 74121 恢复到稳态所必需的时间。如果占空比超过最大允许值，那么电路虽然仍可能被触发，但 t_W 将不稳定，也就是说 74121 不能正常工作，这也是使用 74121 时应该注意的一个问题。

3. 关于集成单稳态触发器的重复触发问题

集成单稳态有不可重复触发型和可重复触发型两种。不可重复触发型的单稳态一旦被触发进入暂稳态以后，加入触发脉冲不会影响电路的工作过程，必须在暂稳态结束以后，它才能接受下一个触发脉冲而转入下一个暂稳态，如图 7.14（a）所示。而可重复触发型的单稳态在电路被触发而进入暂稳态以后，如果再次加入触发脉冲，电路将重新被触发，使输出脉冲继续维持一个 t_W 宽度，如图 7.14（b）所示。

74121、74221、74LS221 都是不可重复触发型的单稳态触发器。属于可重复触发型的单稳态触发器有 74122、74LS122、74123、74LS123 等。

图 7.14　不可重复触发型与可重复触发型单稳态触发器的工作波形

（a）　不可重复触发型　　（b）　可重复触发型

图 7.15　单稳态触发器用于脉冲的延时与定时选通

有些集成单稳态触发器上还设有复位端（如 74221、74122、74123 等）。通过复位端加入低电平信号能立即终止暂稳态过程，使输出端返回低电平。

7.4.3 单稳态触发器应用举例

1. 延时与定时

（1）延时。在图 7.15 中，u'_O 的下降沿比 u_I 的下降沿滞后了时间 t_W，即延迟了时间 t_W。单稳态触发器的这种延时作用常被应用于时序控制。

（2）定时。在图 7.15 中，单稳态触发器的输出电压 u'_O，用作与门的输入定时控制信号，当 u'_O 为高电平时，与门打开，$u_O = u_F$，当 u'_O 为低电平时，与门关闭，u_O 为低电平。显然，与门打开的时间是恒定不变的，就是单稳态触发器输出脉冲 u'_O 的宽度 t_W。

2. 整形

单稳态触发器能够把不规则的输入信号 u_I 整形成为幅度和宽度都相同的标准矩形脉冲 u_O。u_O 的幅度取决于单稳态电路输出的高、低电平，宽度 t_W 取决于暂稳态时间。图 7.16 所示为单稳态触发器用于波形整形的一个简单例子。

图 7.16　单稳态触发器用于波形整形的一个简单例子

3. 触摸、声控双功能延时灯

图 7.17 所示为触摸、声控双功能延时灯电路。电路由电容降压整流电路、声控放大器、555 定时器和控制器组成，其具有声控和触摸控制灯亮的双功能。

555 定时器和 VT_1、R_3、R_2、C_4 组成单稳态定时电路，定时时间 $t_W = 1.1 R_2 C_4$，图示参数的定时（灯亮）时间约为 1 分钟。当击掌声传至压电陶瓷片（HTD）时，HTD 将声音信号转换成电信号，经 VT_2、VT_1 放大，触发 555 定时器，使 555 定时器输出端（3 脚）输出高电平，触发导通晶闸管 SCR，灯亮；同样，若触摸金属片 A，人体感应电信号经 R_4、R_5 加至 VT_1 基极，使 VT_1 导通，触发 555 定时器，达到上述效果。

图 7.17　触摸、声控双功能延时灯电路

7.5 多谐振荡器

多谐振荡器：用来产生矩形波（或方波）的电路，又称为脉冲发生器。

多谐振荡器是一种无稳态电路，它有两个暂时稳定的状态，又称为暂稳态。只要接通电源，不需要外加触发信号，多谐振荡器便能自动输出一定频率和脉宽的矩形脉冲。因为矩形脉冲波含有丰富的多次谐波，所以习惯上又把矩形波振荡器称为多谐振荡器。

多谐振荡器与其他振荡器相似，电路含有放大电路和正反馈电路两个部分。所以它可以用三极管分立元器件构成；可以用普通的运算放大器构成；也可以利用门电路工作在转折区的放大和反相作用，在电路中形成正反馈的特点，用集成门电路来构成多谐振荡器。用 RC 作为定时元器件构成的门电路多谐振荡器，如图 7.18 所示，在对频率的稳定度要求不高的场合常用到。其中，图 7.18（a）所示为典型的门电路多谐振荡器，图 7.18（b）所示为常用的门电路多谐振荡器，图 7.18（c）所示为施密特触发器构成的多谐振荡器。

（a）典型的门电路多谐振荡器　　（b）常用的门电路多谐振荡器　　（c）施密特触发器构成的多谐振荡器

图 7.18　用门电路构成的多谐振荡器

7.5.1　用 555 定时器构成的多谐振荡器

1. 电路组成及工作原理

用 555 定时器来构成多谐振荡器是 555 定时器典型的工作模式之一。如图 7.19（a）所示的电路是 555 定时器常用的多谐振荡器的电路图，图中 R_1、R_2、C 为外接定时元器件。与 555 单稳态触发器相比不同的是，外触发端 $\overline{TR}$ 与 TH 连接在一起，取电容电压为信号，RC 回路接入一个电阻 R_2。接通电源后不需要外加触发信号，在输出端能得到矩形波。下面对照 555 定时器的逻辑状态表简要分析电路的工作原理。

（1）第一暂稳态。当合上电源瞬间，电容 C 来不及充电时，$u_C = 0$，即 $V_{TR} = V_{TH}$ 都小于 $\frac{1}{3}V_{CC}$，输出端 OUT 为高电平，$u_O = 1$。此时晶体管 VT 截止，定时电容 C 被充电，充电回路为 $V_{CC} \rightarrow R_1 \rightarrow R_2 \rightarrow C \rightarrow$ 地，充电时间常数 $\tau_1 = (R_1 + R_2)C$。u_C 按指数规律上升，电路处于第一暂稳态。

图 7.19　555 定时器构成的多谐振荡器

（2）第二暂稳态。当 u_C 逐渐上升到 $\frac{2}{3}V_{CC}$ 时，即 $V_{\overline{TR}} = V_{TH} = \frac{2}{3}V_{CC}$，输出端 OUT 为低电平，第一暂稳态结束。此时与 7 脚 DIS 相连接，集成电路内部的晶体管 VT 导通（具体参见图 7.3），电容 C 放电，放电回路为 $u_C \rightarrow R_2 \rightarrow VT \rightarrow$ 地，放电时间常数为 $\tau_2 = R_2 C$。u_C 按指数规律下降，在 u_C 未下降到 $\frac{1}{3}V_{CC}$ 前，输出不变，电路处于第二暂稳态。

当 u_C 下降到 $u_C < \frac{1}{3}V_{CC}$ 时，即 $V_{\overline{TR}} = V_{TH} < \frac{1}{3}V_{CC}$，输出端 OUT 为高电平，第二暂稳态结束，因为此时晶体管 VT 截止。电容又开始充电……，其后重复上述过程，这样在输出端可得到连续的矩形波。

2. 振荡频率的估算

（1）电容充电时间 T_1。当电容充电时，时间常数 $\tau_1 = (R_1 + R_2)C$，起始值 $u_C(0^+) = \frac{1}{3}V_{CC}$，结束值 $u_C(\infty) = V_{CC}$，转换值 $u_C(T_1) = \frac{2}{3}V_{CC}$，代入 RC 过渡过程计算公式进行计算：

$$T_1 = \tau_1 \ln \frac{u_C(\infty) - u_C(0^+)}{u_C(\infty) - u_C(T_1)} = \tau_1 \ln \frac{V_{CC} - \frac{1}{3}V_{CC}}{V_{CC} - \frac{2}{3}V_{CC}}$$

$$= \tau_1 \ln 2 = 0.7(R_1 + R_2)C$$

（2）电容放电时间 T_2。当电容放电时，时间常数 $\tau_2 = R_2 C$，起始值 $u_C(0^+) = \frac{2}{3}V_{CC}$，结束值 $u_C(\infty) = 0$，转换值 $u_C(T_2) = \frac{1}{3}V_{CC}$，代入 RC 过渡过程计算公式进行计算：

$$T_2 = 0.7 R_2 C$$

（3）电路振荡周期 T：

$$T = T_1 + T_2 = 0.7(R_1 + 2R_2)C$$

（4）电路振荡频率 f：

$$f = \frac{1}{T} \approx \frac{1.43}{(R_1 + 2R_2)C}$$

（5）输出波形占空比 q：

$$q = \frac{T_1}{T} = \frac{0.7(R_1 + R_2)C}{0.7(R_1 + 2R_2)C} = \frac{R_1 + R_2}{R_1 + 2R_2}$$

即脉冲宽度与脉冲周期之比，称为占空比。

想一想：多谐振荡器的工作需要外来脉冲触发吗？电路能自动翻转主要是由于电路中加入了什么元器件呢？

3. 占空比可调的多谐振荡器电路

在图 7.19 中，因为电容 C 的充电时间常数 $\tau_1 = (R_1 + R_2)C$，放电时间常数 $\tau_2 = R_2 C$，所以 T_1 总大于 T_2，u_0 的波形不仅不可能对称，而且占空比 q 不易调节。利用半导体二极管的单向导电特性，把电容 C 的充电和放电回路隔离开来，加上一个电位器，便可构成占空比可调的多谐振荡器，如图 7.20 所示。

图 7.20　占空比可调的多谐振荡器

由于半导体二极管的引导作用，电容 C 的充电时间常数 $\tau_1 = R_1 C$，放电时间常数 $\tau_2 = R_2 C$。通过与上面相同的分析计算过程可得：

$$T_1 = 0.7 R_1 C$$

$$T_2 = 0.7 R_2 C$$

占空比为

$$q = \frac{T_1}{T} = \frac{T_1}{T_1 + T_2} = \frac{0.7 R_1 C}{0.7 R_1 C + 0.7 R_2 C} = \frac{R_1}{R_1 + R_2}$$

只要改变电位器滑动端的位置，就可以方便调节占空比 q，当 $R_1=R_2$ 时，$q=0.5$，u_O 就成为对称的矩形波。

7.5.2 多谐振荡器应用举例

1. 简易温控报警器

图 7.21 所示为利用多谐振荡器构成的简易温控报警电路，利用 555 定时器构成可控音频振荡电路，用扬声器发声报警，可用于火警或热水温度报警，电路简单，调试方便。

图 7.21 利用多谐振荡器构成的简易温控报警电路

图 7.21 中的晶体管 VT 可选用锗管 3AX31、3AX81 或 3AG 类，也可选用 3DU 型光电三极管。3AX31 等锗管在常温下，集电极和发射极之间的穿透电流 I_{CEO} 一般为 $10\sim50\mu A$，且随温度升高而增大较快。当温度低于设定温度值时，晶体管 VT 的穿透电流 I_{CEO} 较小，555定时器复位信号 $\overline{R}_D$（4 脚）的电压较低，电路工作在复位状态，多谐振荡器停止振荡，扬声器不发声。当温度升高到设定温度值时，晶体管 VT 的穿透电流 I_{CEO} 较大，555 定时器复位信号 $\overline{R}_D$ 的电压升高到解除复位状态的电位，多谐振荡器开始振荡，扬声器发出报警声。

需要指出的是，不同的晶体管，其 I_{CEO} 值相差较大，故需要改变 R_3 的阻值来调节温控点。方法是先把测温元器件 VT 置于要求报警的温度下，调节 R_3 使电路刚发出报警声。报警的音调取决于多谐振荡器的振荡频率，由元器件 R_2、R_1 和 C 决定，改变这些元器件的值，可改变音调，但要求 R_2 的阻值大于 $1k\Omega$。

2. 步进脉冲产生电路

步进脉冲产生电路（见图 7.22）用 555 定时器电路构成多谐振荡器，利用跳线 J_1 连接不同的电容产生不同频率的脉冲信号输出，从而实现步进调节。

想一想：步进脉冲产生电路的输出脉冲频率有多少种？分别是多少呢？

(a) 原理图

(b) 实物图

图 7.22 步进脉冲产生电路

实训 7 555 定时器应用

1. 实训目的

(1) 掌握 555 定时器的结构和工作原理，学会对此芯片的正确使用。

(2) 学会分析和测试用 555 定时器构成的多谐振荡器、单稳态触发器、施密特触发器等典型电路。

2. 实训器材

(1) 双踪示波器。

(2) 数字电路实验箱。

(3) 元器件。

NE556（或 LM556、5G556 等）双时基电路	1 块（或 2 块 NE555）
二极管 1N4148	2 只
电位器　22kΩ、1 kΩ	2 只
电阻、电容	若干
扬声器	1 只
KD-150 系列音乐集成块	1 块
小型无锁按键开关	
9013 NPN 型三极管，要求 $\beta \geqslant 100$	

3. 实训内容

(1) 555 定时器构成的多谐振荡器，其电路如图 7.23 所示。

① 按图接线。图 7.23 中元器件的参数如下：

$R_1 = 15\text{k}\Omega$，$R_2 = 5.1\text{k}\Omega$，$C_1 = 0.33\mu\text{F}$，$C_2 = 0.047\mu\text{F}$

② 用示波器或指示灯观察并测量 OUT 端波形的频率，并与理论估算值比较，算出频率

的相对误差值。

③ 若将电阻改为 $R_1 = 15\text{k}\Omega$，$R_2 = 10\text{k}\Omega$，电容 C_1 的值不变，那么上述的数据有何变化呢？

④ 根据上述电路的原理，充电回路的支路是 $R_1 \rightarrow R_2 \rightarrow C_1$，放电回路的支路是 $R_2 \rightarrow C_1$，将电路稍微进行修改，增加一只电位器 R_W 和两只引导二极管，构成如图7.24所示的占空比可调的多谐振荡器电路。

其占空比 q 为

$$q = \frac{R_1}{R_1 + R_2}$$

图7.23 多谐振荡器电路

改变 R_W 的位置，可调节 q 值。

合理选择元器件参数（电位器选用22kΩ），使电路的占空比 $q = 0.2$，且正脉冲宽度为0.2ms。

调试电路，测出所用元器件的数值，估算电路的误差。

（2）555定时器构成的单稳态触发器电路如图7.25所示。

图7.24 占空比可调的多谐振荡器电路

图7.25 555定时器构成的单稳态触发器电路

① 按图7.25接线，当图中 $R = 10\text{k}\Omega$，$C_1 = 6200\text{pF}$，u_I 是频率约为10kHz的方波时，用双踪示波器观察OUT端相对于 u_I 的波形，并测出输出脉冲的宽度 t_W。

② 调节 u_I 的频率，分析并记录观察到的OUT端波形的变化。

③ 若想使 $t_W = 10\mu\text{s}$，则应怎样调整电路？测出此时各有关的参数值。

（3）应用电路。

① 图7.26所示为用双时基芯片556的两个时基电路构成的低频对高频调制的救护车警铃电路。

a. 参考实训内容确定图7.26中未定元器件的参数。

b. 按图7.26接线，注意先不接扬声器。

c. 用示波器观察输出波形并记录。

d. 接上扬声器，调整参数直到声响效果令人满意为止。

图 7.26 用双时基芯片 556 的两个时基电路构成的低频对高频调制的救护车警铃电路

② 图 7.27 所示为用 555 定时器构成的音乐传花游戏机电路。这种电路在按动键后，会产生音乐声，经过一段时间后，音乐声停止，且音乐声保持时间可调，可取代击鼓来进行传花游戏。

a. 555 定时器的 3 脚先不与音乐集成块的 V_{DD} 相连，接通电源，观察 LED 发不发光。

b. 按一下 SB 键，随即松开，观察 LED 的发光现象。若电路安装焊接正常，则当按下 SB 键时，LED 发光，经过一段时间后，自动熄灭。否则，应检查电路是否存在安装焊接错误。

图 7.27 用 555 定时器构成的音乐传花游戏机电路

c. 长时间按 SB 键不放，观察 LED 的发光现象，想想原因。断开电源，把 555 定时器的 3 脚与音乐集成块的 V_{DD} 相连。

d. 接通电源，按一下 SB 键，正常时应见到 LED 发光，同时扬声器发出音乐声，经过一段时间后，LED 不再发光，扬声器不再发声。

调节 R_W 的位置，观察 LED 发光和扬声器发声的现象有何变化，想想原因。

（4）555 定时器使用说明。556 定时器的电源电压范围较宽，可在 +5 ~ +16V 范围内使用（若为 CMOS 的 555 芯片则电压范围为 +3 ~ +18V）。

电路的输出有缓冲器，因而有较强的带负载能力，双极性定时器最大的灌电流和拉电流都在 200mA 左右，因而可直接推动 TTL 电路或 CMOS 电路，包括能直接推动蜂鸣器等元器件。本实训所使用的电源电压 $V_{CC} = +5V$。

4. 实训报告

（1）按实训内容各步骤的要求整理实训数据。

（2）画出实训内容（1）和（2）中的相应波形。

（3）画出实训内容（3）中最终调试满意的电路图并标出各元器件的参数。

（4）总结 555 定时器基本电路及使用方法。

（5）在音乐传花游戏机中长时间按 SB 键不放时，会出现什么情况？为什么呢？

5. 想想做做

（1）触摸自熄电路。在普通台灯上增加少量电子元器件，可使台灯具有触摸自熄功能。使用时，只要用手摸一下台灯上的金属装饰件，台灯就能自动燃亮，几分钟后，它又自动熄灭。

触摸自熄电路可参考图 7.17。为了保证使用者的绝对安全，R_4、R_5 采用了高阻值电阻器，最好用 RJ-1/4W 型金属膜电阻器，R_1、R_2、R_3 可用普通 RTS-1/8W 碳膜电阻器，其他元器件的选择可参考图 7.17。

（2）简易电子琴电路。用 555 定时器电路设计一个简易电子琴电路，当按不同键时，会对应产生音乐中 1，2，3，4，5，6，7 的音调。

本项目学习指导

（1）本项目学习的重点是双稳态电路、单稳态电路、多谐振荡器和施密特电路的特点。重点介绍了 555 定时器的应用。本项目的难点是对多谐振荡器的工作原理、施密特触发器的回差特性的理解及对常用脉冲电路输出波形的分析。

（2）施密特触发器和单稳态触发器是最常用的两种脉冲整形电路。因为施密特触发器输出的高、低电平依赖输入信号的电平而改变，所以其输出脉冲的宽度由输入信号决定。由于它的回差特性和输出电平转换过程中的正反馈作用，所以输出波形的边沿陡峭。单稳态触发器输出信号主要参数是脉宽，其脉宽完全由电路参数决定，与输入信号无关。输入信号只起触发作用。因此，单稳态触发器可用于产生固定宽度的脉冲信号。

（3）多谐振荡器是一种常用的自激脉冲振荡电路。它没有稳态，只有两个暂稳态。不需要外加输入信号，只要接通电源，就能自动产生矩形脉冲，其主要参数是重复周期。它主要用于脉冲信号源和电子自动开关等。

（4）555 定时器应用广泛，使用方便，除了构成单稳态电路、多谐振荡器和施密特电路，还可以接成其他各种应用电路。使用时应注意：CMOS 555/556 型在绝大多数场合可直接代替双极型 555/556 型使用，且多数参数得以改善。但 CMOS 型的驱动电流较双极型的要小，替换时必须注意查阅有关元器件手册。

习 题 7

7.1 判断题（正确的在括号内打√，否则打×）

（1）单稳态触发器，外加信号触发后能保持一段暂稳态，所以这种电路具有记忆功能，即将触发信号保持一段时间。（　　）

（2）自激多谐振荡器与单稳态触发器、施密特触发器的一个明显不同之处是多谐振荡器没有输入触发信号，所以其没有输入端，只有输出端，其输出信号是一个标准的正弦信号。（　　）

（3）限幅器与施密特触发器都可以用来鉴别脉冲幅度，但限幅器只是简单地削掉不需要的部分，保留所需要的波形；施密特触发器还能把保留的波形进行整形，输出边沿陡峭的矩形脉冲。（　　）

（4）触发器、多谐振荡器不能产生方波。（　　）

7.2 555 定时器具有哪些应用特点？

7.3 用集成电路 74121 产生脉宽为 3ms 的脉冲信号，如令 $R = 2\text{k}\Omega$（内部电阻），试问外接电容 C_{ext} 应取何值？

7.4 单稳态触发器对触发脉冲有无要求？如果触发脉冲宽度大于单稳态触发器输出脉宽，那么试问电路会产生什么现象？应如何解决？

7.5 施密特触发器的主要用途是什么？其工作特点如何？它具有怎样的传输特性？

7.6 图 7.28 所示为由 555 定时器接成的单稳态触发器电路，试估算按下 SB 键后的输出脉冲 u_0 的宽度。

7.7 在如图 7.29（a）所示施密特触发器 G 上加输入信号 u_1，其波形如图 7.29（b）所示。试对应输入信号 u_1 画出输出信号 u_0 的波形。

图 7.28　题 7.6 图　　　　　　　　　　　图 7.29　题 7.7 图

7.8 要实现如图 7.30 所示的 $u_{O1} \rightarrow u_{O2} \rightarrow u_{O3}$ 的波形变换功能，在对应的方框内应采用何种电路？

7.9 已知如图 7.5 所示的 555 定时器构成的施密特触发器，电源电压 $V_{\text{CC}} = 12\text{V}$，求：

（1）电路的 V_{T+}、V_{T-} 和 ΔV_T 各为多少？

（2）如果输入电压波形如图 7.31 所示，则试画出输出 u_0 的波形。

（3）若电压端接至 +6V，则电路的 V_{T+}、V_{T-} 和 ΔV_T 各为多少？

图 7.30　题 7.8 图　　　　　　　　　　　图 7.31　题 7.9 图

7.10 由 555 定时器构成的单稳态电路，已知 $R = 3.9\text{k}\Omega$，$C = 1\mu\text{F}$，估算脉宽 t_W 的数值。

7.11 由 555 定时器构成的多谐振荡器电路图如图 7.19 所示。已知 $V_{\text{CC}} = 15\text{V}$，$R_1 = R_2 = 5\text{k}\Omega$，$C = C_1 = 0.01\mu\text{F}$，计算多谐振荡器的振荡周期 T。

项目 8　转换数字信号和模拟信号

人们在生活中接触到的信号通常是模拟信号，如声音、图像等。在电子与信息技术和计算机控制系统处理时，声音、图像等信号通过检测电路获得的是模拟电信号（如通过麦克风把声音信号变成的电信号，摄像机把图像信号变成的电信号），这些模拟电信号可以是直接的电量（如电压、电流等），也可以是来自传感器的非电量（如位移、压力、流量等）间接转换成的电量。而现代信息处理系统在分析和处理信息时往往运用数字处理技术（如计算机、激光音像设备、数字手机等），这就要求信息是数字信号。数字信号是指以二进制数为基础表示的量，在时间和幅度上都是离散的。为此，必须把检测到的模拟信号转换成相应的数字信号，实现这一功能的电路就是模/数（A/D）转换器（简称 ADC）。另外，经数字电路或计算机系统分析处理后的结果还必须变成模拟电信号，才能利用一些模拟信号驱动的终端元器件（如扬声器、显像管）转化成人们所熟悉的具体、形象的信号（如声音、图像等）。实现把数字信号转换成模拟信号的电路称为数/模（D/A）转换器（简称 DAC）。图 8.1 所示为手机对图像的处理，DVD 碟片的摄录和播放就是一个典型的内含 A/D 转换器和 D/A 转换器的例子。录像机拍摄到的信号和电视机播放的信号都是模拟信号，而在存储数据的光盘上所存储的是数字信号。因此必须进行数/模转换和模/数转换。

（a）要拍的场景　　　　（b）手机进行信号处理　　　　（c）手机屏幕显示

图 8.1　手机对图像的处理

通过本项目，应该掌握如下知识：

（1）A/D 转换和 D/A 转换的工作原理。

（2）倒 T 形电阻网络 D/A 转换器的工作原理。

（3）逐次逼近型的 A/D 转换器的工作原理。

（4）A/D 转换和 D/A 转换的主要参数。

（5）常用 D/A 转换器的使用方法。

8.1 概述

模/数转换器（简称 A/D 转换器）：将模拟信号转换成数字信号的电路。

数/模转换器（简称 D/A 转换器）：将数字信号转换成模拟信号的电路。

A/D 转换器和 D/A 转换器已经成为计算机系统中不可缺少的接口电路。图 8.2 所示为利用 D/A 转换和 A/D 转换的数字系统。

图 8.2　利用 D/A 转换和 A/D 转换的数字系统

想一想：有哪些电子产品内需要 A/D 转换器和 D/A 转换器呢？

8.2　数/模（D/A）转换器

8.2.1　D/A 转换器的基本原理

把二进制数表示数字量的大小转换成相应模拟量的大小。

二进制数是用"0"和"1"代码按数位组合起来表示数字量大小的，是有权码，每位代码都有一定的权值。为了将数字量转换成模拟量，首先将每 1 位的代码按其权的大小转换成相应的模拟量，然后将这些模拟量相加，即可得到与数字量成正比的总模拟量，从而实现了 D/A 转换，这就是构成 D/A 转换器的基本思路，如 $[1010]_B$ 和 $[0101]_B$，$[1010]_B = [10]_D$，$[0101]_B = [5]_D$，前者比后者大一倍。经 D/A 转换后，当输入 $[1010]_B$ 时输出的模拟量比当输入 $[0101]_B$ 时输出的模拟量大一倍。

图 8.3 所示为 D/A 转换器的输入、输出关系框图，$D_0 \sim D_{n-1}$ 是输入的 n 位二进制数，u_O 是与输入的二进制数成比例的输出电压。

图 8.4 所示为输入 3 位二进制数时 D/A 转换器的转换特性，它具体而形象地反映了 D/A 转换器的基本功能。D 表示输入的数码。

图 8.3　D/A 转换器的
输入、输出关系框图

图 8.4　输入 3 位二进制数时 D/A
转换器的转换特性

常用的 D/A 转换器有电阻网络 D/A 转换器、1 位（bit）D/A 转换器。

8.2.2 电阻网络 D/A 转换器

图 8.5 所示为电阻网络 D/A 转换器的基本结构框图。先输入数字信号控制电阻网络，产生与该位的权值成正比的电流或电压。再通过求和放大器将所得电流或电压相加，即得到转换后的模拟电压输出。

图 8.5　电阻网络 D/A 转换器的基本结构框图

1. 倒 T 形电阻网络 D/A 转换器

下面介绍一种常见的倒 T 形电阻网络 D/A 转换器，其结构如图 8.6 所示。$S_0 \sim S_3$ 为模拟开关，由阻值为 R 和 $2R$ 的两种电阻构成的电阻解码网络呈倒 T 形，运算放大器 A 构成求和电路。S_i 由输入数码 D_i 控制。

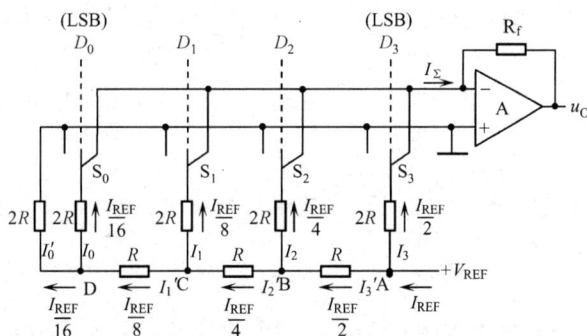

图 8.6　倒 T 形电阻网络 D/A 转换器结构

当 $D_i = 1$ 时，S_i 接运算放大器反相输入端（虚地），I_Σ 流入求和电路。

当 $D_i = 0$ 时，S_i 将阻值为 $2R$ 的电阻接地。

无论模拟开关 S_i 处于何种位置，与 S_i 相连的阻值为 $2R$ 的电阻均等效接"地"（地或虚地）。这样流经阻值为 $2R$ 电阻的电流与开关位置无关，为确定值。A、B、C、D 任何一节点对地等效电阻的阻值都为 R（从左到右并联简化），如图 8.7 所示。

图 8.7　节点对地等效电阻

而从 A、B、C、D 点处向右看，两端网络等效电阻的阻值都是 $2R$，可知：

$$I_3 = I_3' = \frac{1}{2} I_{REF} = \frac{1}{2^1} I_{REF}$$

$$I_2 = I_2' = \frac{1}{2} I_3' = \frac{1}{4} I_{REF} = \frac{1}{2^2} I_{REF}$$

$$I_1 = I_1' = \frac{1}{2} I_2' = \frac{1}{8} I_{REF} = \frac{1}{2^3} I_{REF}$$

$$I_0 = I_0' = \frac{1}{2} I_1' = \frac{1}{16} I_{REF} = \frac{1}{2^4} I_{REF}$$

因为 A、B、C、D 任何一点对地等效电阻的阻值都为 R，所以，$I_{REF} = V_{REF}/R$。用 S_3、S_2、S_1、S_0 表示开关的状态。开关 S 的状态是由输入二进制数来决定的，即 $S_3 S_2 S_1 S_0 = D_3 D_2 D_1 D_0$。当 $D = S = 1$ 时，开关接运算放大器反相端；当 $D = S = 0$ 时，开关接地。流入运算放大器反相端的总电流 I_Σ 为

$$I_\Sigma = I_3 + I_2 + I_1 + I_0 = \frac{V_{REF}}{R} \left(\frac{1}{2^1} D_3 + \frac{1}{2^2} D_2 + \frac{1}{2^3} D_1 + \frac{1}{2^4} D_0 \right)$$

运算放大器的输出电压为

$$u_O = -R_f I_\Sigma = -\frac{R_f V_{REF}}{2^4 R} (D_3 \times 2^3 + D_2 \times 2^2 + D_1 \times 2^1 + D_0 \times 2^0) \tag{8-1}$$

若将 $D_3 D_2 D_1 D_0 = 1010$ 输入，则输出电压为 $-\dfrac{R_f V_{REF}}{2^4 R} \times 10$；若将 $D_3 D_2 D_1 D_0 = 0101$ 输入，则输出电压为 $-\dfrac{R_f V_{REF}}{2^4 R} \times 5$。可见，输入 1010 时的输出电压的幅度是输入 0101 时输出电压幅度的 2 倍。

将数码推广到 n 位的情况，可得出输入数字量与输出模拟量之间的一般表达式：

$$u_O = -R_f I_{REF} = -\frac{V_{REF} R_f}{2^n R} (D_{n-1} \times 2^{n-1} + D_{n-2} \times 2^{n-2} + D_{n-3} \times 2^{n-3} + \cdots + D_0 \times 2^0) \tag{8-2}$$

式中，括号内是 n 位二进制数的十进制数值，可用 N_B 表示。若使式中 $R_f = R$，则式（8-2）可以改写为

$$u_O = -\frac{V_{REF}}{2^n} N_B \tag{8-3}$$

2. D/A 转换器的输出方式

D/A 转换器按输出方式可以分为数字-电流型和数字-电压型，在 D/A 转换器手册中分别标为 I 和 U。常用的 D/A 转换器大部分都是数字-电流型转换器，如实际应用时需要将电流转换成电压，就必须按如图 8.5 所示的基本结构框图外接运算放大器。

D/A 转换器有两种电压极性输出。根据式（8-3）可知，当输入 4 位二进制数时，输出电压范围为（0~-15/16）V_{REF}，这种输出方法称为单极性输出。当输入带有符号位的数字信号时，输出电压范围可以在正负电压间变化，如-10~+10V，这种输出方式称为双极性输出。

3. D/A 转换器的主要参数

选用 D/A 转换器的关键是考虑参数能满足使用要求，最主要考虑的参数是转换精度和

转换速度。

（1）转换精度。

D/A 转换器的转换精度通常用分辨率和转换误差来描述。

① 分辨率。D/A 转换器模拟输出电压可能被分离等级数。输入数字量位数越多，输出电压可分离的等级越多，即分辨率越高。所以分辨率是指对应于一个最低二进制数有效位（LSB）的模拟量的值。在实际应用中，往往用输入数字量的位数表示 D/A 转换器的分辨率。此外，D/A 转换器的分辨率也可以用能分辨的最小输出电压（此时输入的数字代码只有最低有效位为 1，其余各位都是 0）与最大输出电压（此时输入的数字代码各有效位全为 1）之比给出。n 位 D/A 转换器的分辨率可表示为 $\dfrac{1}{2^n-1}$，它表示 D/A 转换器在理论上可以达到的精度。

② 转换误差。转换误差的来源有很多，转换器中各元器件参数值的误差、基准电源不够稳定和受运算放大器的零漂的影响等。

D/A 转换器的绝对误差（或绝对精度）是指在输入端加入最大数字量（全 1）时，D/A 转换器的理论值与实际值之差。该误差值应低于 $V_{\text{LSB}}/2$，即表示输出电压的误差低于输入为 00…01 时输出电压的一半。

例如，一个 8 位的 D/A 转换器，对应最大数字量 $[11111111]_B = [FF]_H$ 的模拟理论输出值为 $\dfrac{255}{256}V_{\text{REF}}$，$\dfrac{1}{2}V_{\text{LSB}} = \dfrac{1}{512}V_{\text{REF}}$，所以实际值不应超过 $\left(\dfrac{255}{256} \pm \dfrac{1}{512}\right)V_{\text{REF}}$。

在选择元器件考虑转换精度时，习惯上就是考虑选择 D/A 转换器的输入二进制数的位数。若要求分辨率为 1%，则选用 D/A 转换器最少的位数为 7 位，因为 $\dfrac{1}{2^7-1} > 1\%$；实际选用 D/A 转换器最少的位数为 8 位，因为常用的 D/A 转换器为 8 位、10 位、12 位、16 位、24 位等。

（2）转换速度。

① 建立时间（t_{set}）。在输入数字量变化时，输出电压变化到相应稳定电压值所需时间。一般用 D/A 转换器输入的数字量 N_B 从全 0 变为全 1 时，输出电压达到规定的误差范围（$\pm V_{\text{LSB}}/2$）所需的时间来表示。D/A 转换器的建立时间较快，单片集成 D/A 转换器建立时间最短可达 0.1μs。

② 转换速率（SR）。大信号工作状态下模拟电压的变化率。选择元器件考虑转换速率的因素主要由输出信号的最高频率决定。

（3）温度系数。

在输入不变的情况下，输出模拟电压随温度变化产生的变化量，称为温度系数。一般用满刻度输出条件下温度每升高 1℃，输出电压变化的百分数作为温度系数。这一参数在要求有高稳定度输出时考虑，如利用 D/A 转换器产生高精度的参考信号源时就必须考虑，而在一般要求的情况下不用考虑。

4. 集成电阻网络 D/A 转换器的应用

D/A 转换器在实际电路中应用很广，它不仅常作为接口电路用于微机控制系统，而且可利用其电路结构特征和输入、输出电量之间的关系构成数控电流源、电压源、数字式可编程增益控制电路和波形产生电路等。

集成电阻网络 D/A 转换器有串行输入和并行输入两种形式。串行输入的 D/A 转换器数字量输入端仅有一条引线，数字量从高位到低位逐次输入，通过内置移位寄存器再转换成并行信号进行处理，它的工作速度相对较慢，但信号线很少，接口方便，适用于远距离数据传输，芯片有 12 位的 AD7543 等。本节以并行 8 位电流型 D/A 转换器 DAC0832 为例讨论集成 D/A 转换器的应用。

DAC0832 带有两个输入数据缓冲寄存器，是一种单电源（+5～+15V）的 CMOS 型元器件。其参考电压 V_{REF} 可在-9～+9V 内选择，转换速度约为 1μs。

DAC0832 的功能和外引线示意图如图 8.8 所示。由于 DAC0832 包含了数据寄存器，可以方便被连接到总线中。当该芯片未被选中时，即使输入线所连的总线数据发生变化，也不会影响输出结果。

（1）直通工作方式。如果同时使两个寄存器的控制器的控制信号都接有效电平，那么元器件就呈直通状态，相当于无数据寄存器的 D/A 转换器。输入端数据一旦发生变化，输出模拟量就随着发生变化。

图 8.8　DAC0832 的功能和外引线示意图

（2）单缓冲工作方式。当只需要一级缓冲的情况时，可以把$\overline{XFER}$ 和$\overline{WR_2}$ 引脚直接接地，使 DAC 寄存器呈直通状态即可。还可以同步控制两个寄存器作为一级缓冲使用，如把 ILE 直接接高电平（5V 电源），把$\overline{WR_1}$ 和$\overline{WR_2}$ 相连再接微处理器的$\overline{WR}$ 控制信号，把$\overline{XFER}$ 与$\overline{CS}$ 相连再接某个地址译码器的输出端（线选时就直接接某一根地址线）。

（3）双缓冲工作方式。当 ILE=1，$\overline{CS}=\overline{WR_1}=0$ 时，输入寄存器的输出与输入的 8 位数据一致；当 ILE=0 或$\overline{CS}$、$\overline{WR_1}$ 两个信号由 0 变为 1 时，输入的 8 位数据就被锁存。

当$\overline{XFER}=\overline{WR_2}=0$ 时，DAC 寄存器的输出跟踪输入缓冲寄存器输出的数据；当这两个信号中至少有一个信号由 0 变为 1 时，DAC 寄存器输出端的数据就被锁存。

因为第一级和第二级缓冲器分别要满足三个和两个信号电平要求才能锁存数据，所以偶然的输入干扰信号一般不会影响数据寄存的正确性，非常可靠。

DAC0832 可实现单极性电压输出和双极性电压输出。

图 8.9 所示为 DAC0832 单极性电压输出电路图，根据数字量转换，得到的输出电流

I_{OUT1} 通过运算放大器的反馈电阻 R_{FB} 流向放大器的输出端，其输出电压为 $-I_{OUT1}R_{FB}$。

图 8.9　DAC0832 单极性电压输出电路图

图 8.10 所示为 DAC0832 双极性电压输出电路图，其输出电压为

$$u_{OUT} = V_{REF}(N_B - 128)/128$$

式中，N_B 是 D/A 转换器锁存器锁存的二进制数。

图 8.10　DAC0832 双极性电压输出电路图

图 8.11 所示为 DAC0832 的应用电路。在该电路中，所有控制脚满足有效工作条件，DAC0832 工作于直通状态。$D_0 \sim D_7$ 是其数字信号输入端。数字信号输入以后，在 DAC0832 内形成输入数字信号对应的十进制数字大小成正比的电流，此电流经反馈电阻从 9 脚输出，经运算放大器 1/4 LM324 进行一级放大后，从 b 点输出模拟电压。

图 8.11 中，若利用 8 位可逆计数器作为数字信号输入的信号源，在计数器加到全"1"时，用加/减控制电路复位使计数器进入减法计数状态，而当减到全"0"时，加/减控制电路置位，使计数器再次处于加法计数状态，如此周而复始，从输出端即可得到三角波。

图 8.11　DAC0832 的应用电路

想一想：若要求输出电压的最大值为 10V，能分辨的最小电压为 10mV，则最少应选用多少位的 D/A 转换器？

8.2.3　1位D/A（数/模）转换器

1位D/A转换器：把数字量的大小转换成不同脉冲宽度或不同脉冲频率的一种转换器。

1位D/A转换器电路简单、失真小、内置数字滤波器，以及可以提高输出模拟信号的信噪比等，所以在音频D/A转换器中应用得非常多。其在D/A转换器手册中通常以Δ–Σ进行标记。

利用PWM（脉冲宽度调制）的1位D/A转换器的转换波形图如图8.12所示。PWM的作用是把输入数字信号转换成频率固定，但脉宽与输入数据大小成正比的脉冲串，即用脉宽来代表数据的大小。再通过低通积分滤波器取出与其脉宽成正比的平均直流成分，得到模拟信号。它们之间的关系：输入数字信号的大小决定脉宽的宽窄，而脉宽的宽窄又决定输出模拟信号的幅度，最终实现D/A转换器的功能。

图 8.12　1位D/A转换器的转换波形图

常见的1位D/A转换器芯片有16/20位的PCM1710U、16位的SM5875BM、20位的AK4320等。这类芯片的数据（DATA）大多以串行的方式输入，但与串行输入的电阻网络D/A转换器的工作原理不同。

8.3　模/数（A/D）转换器

8.3.1　A/D转换器的基本原理

1. A/D转换原理

A/D转换步骤分为采样、保持、量化和编码，如图8.13所示。

图 8.13　A/D转换步骤

（1）采样和保持。采样的作用是把在时间上连续的输入模拟信号 u_I 转换成在时间上断续的信号，输出脉冲波的包络仍反映输入信号幅度的大小。为了能准确地反映输入信号的信息，根据采样定理，采样信号的频率 f_s 和输入模拟信号的最高频率 f_{imax} 之间必须满足下述条件：

$$f_s \geqslant 2f_{imax} \tag{8-4}$$

式（8-4）通常被称为奈奎斯特采样定理。

因为每次把采样电压转换成相应的数字量都需要一定的时间，所以在每次采样以后，必须把采样电压保持一段时间。可见，进行A/D转换时所用的输入电压，实际上是每次采样结束时的 u_I 值。采样保持后的波形如图8.14（b）所示。

（2）量化和编码。数字信号不仅在时间上是离散的，而且在数值上的变化也不是连续的。这就是说，任何一个数字量的大小，都是以某个最小数量单位的整数倍来表示的。因此，在用数字量表示采样电压时，也必须把它化成这个最小数量单位的整数倍，这个转化过程就称为量化。所规定的最小数量单位称为量化单位，用 S 表示。如图 8.14（b）所示的采样保持后的波形中与横轴平行的两线之间表示一个最小量单位，用 S 表示，量化结果如图 8.14（c）量化后波形中的粗线所示。数字信号最低有效的 1 所对应模拟量的大小就等于 S，在图 8.14 中 $S = 1\text{mV}$。

因为模拟电压是连续的，所以就不一定能被 S 整除，因而不可避免引入误差，通常将其称为量化误差。量化误差是进行 A/D 转换必然存在的误差。从图 8.14 可知，量化后的波形与输入波形形状并不相同，但还是能够反映输入信号的变化规律。

编码是把量化的数值用二进制代码表示，编码结果如图 8.14（d）所示，用 3 位二进制代码表示一位量化后的数值，把编码后的二进制代码输出就得到 A/D 转换的输出信号。

对同一正弦波而言，若 S 越小，则误差越小，编码时所需二进制代码的位数就越多，对元器件性能要求也越高。

（a）采样脉冲　　（b）采样保持后的波形
（c）量化后波形　　（d）编码结果

图 8.14　A/D 转换的信号处理过程

2. A/D 转换器的主要参数

选用 A/D 转换器的关键是考虑参数能满足使用要求，与选用 D/A 转换器相似，最主要需要考虑的参数是分辨率和转换速率。

（1）分辨率。A/D 转换器的分辨率是以输出数字量的位数来表示的，位数越多，量化单位越小，要求输入信号的分辨率就越高。

（2）转换速率。A/D 转换器的转换速率可以用转换时间表示。转换时间指从接收到转换控制信号开始，到得到稳定的数字信号输出所经历的时间。

例 8.1　某信号采集系统要求用一片 A/D 转换集成芯片在 1s（秒）内通过信号选择器对 20 个热电偶的输出电压分时轮流进行 A/D 转换。已知热电偶输出电压范围为 $0 \sim 0.025\text{V}$（对应于 $0 \sim 400\,°\!C$ 的温度范围），需要分辨的温度为 $0.1\,°\!C$，试问应选择多少位的 A/D 转换器呢？其转换时间为多少？

解：对于 0~400℃ 的温度范围，信号电压范围为 0~0.025V，分辨的温度为 0.1℃，这相当于 $\frac{0.1}{400}=\frac{1}{4000}$ 的分辨率。12 位 A/D 转换器的分辨率为 $\frac{1}{2^{12}}=\frac{1}{4096}$，所以必须选用 12 位的 A/D 转换器。

系统的采样速率为每秒 20 次，采样时间为 50ms。由于采样时间长，基本上所有类型的 A/D 转换器都可以达到。

想一想：要求把音频信号转换成数字信号，设音频的频率范围为 0~22kHz，则应要求 A/D 转换器最低转换速率是多少？A/D 转换器转换位数与音频的信噪比有没有关系呢？

3. A/D 转换器的分类、特点及应用

A/D 转换器大致可以分成并行比较型、逐次逼近型和积分型，各自特点及应用如表 8.1 所示。在实际应用中，应从系统数据总的位数、精度要求、输入模拟信号的范围及输入信号极性等方面综合考虑 A/D 转换器的选用。

表 8.1　A/D 转换器的分类、特点及应用

分　类	特　点	应　用
并行比较型	速度最快，但设备成本较高，精度也不易做高	数字通信技术和高速数据采集技术
逐次逼近型	工作速度中等，精度也较高，成本较低	中高速数据采集系统、在线自动检测系统、动态测控系统
积分型	精度可以做得很高，有滤波作用，抗干扰性能很强，速度很慢	数字仪表（数字万用表、高精度电压表）和低速数据采集系统

8.3.2　逐次逼近型 A/D 转换器

1. 逐次逼近型 A/D 转换器原理

逐次逼近型 A/D 转换器的原理类似于一架平衡天平。它用一系列的基本电压（如同天平所用的砝码）同要转换的电压（如同重物）进行比较，逐位（如同从大到小一个个地加砝码）确定转换成的各位数是 1 还是 0（如同根据天平的平衡情况确认砝码拿走→视为"0"，留在托盘→视为"1"）。转换所得数据就是 A/D 转换的结果（如同所加砝码同重物重量相等时，砝码重量就是重物重量）。

图 8.15 所示为逐次逼近型 A/D 转换器的原理框图。假设它是 3 位 A/D 转换器，工作步骤概括如下。

图 8.15　逐次逼近型 A/D 转换器的原理框图

（1）清零。当出现启动脉冲时，顺序脉冲发生器、逐次逼近型寄存器全部清零，故 D/A 转换器输出也为零。

（2）触发转换过程。首先第一时钟脉冲到达时，顺序脉冲发生器最高位置 1，D/A 转换器输入为 100，输出电压 u_A 为其满刻度的一半，它与输入电压进行比较，若 $u_A < u_1$，则逐次逼近型寄存器把高位的 1 锁存（保留），否则不锁存（为 0）。然后顺序脉冲发生器把次高位置 1，此时输出为 110，它所转换的电压再与输入电压进行比较，若 $u_A < u_1$，则逐次逼近型寄存器将第 2 位 1 锁存，否则不锁存，上述过程重复进行。

（3）等待转换过程的结束。当顺序脉冲发生器全部为 1 时，再来一个右移脉冲就作为 A/D 转换结束信号 EOC，逐次逼近型寄存器的锁存结果就是 A/D 转换的结果。若 A/D 转换位数为 N，则转换时间为 $N+1$ 个时钟脉冲。

（4）读取数字信号结果。把逐次逼近型寄存器的锁存结果输出，就得到 A/D 转换后的数据量。

下面以表格进行说明。假设该 A/D 转换器所用 D/A 转换最大输出电压为 1.0V，设输入电压为 0.625V。3 位数码从左到右排列分别为高位、次高位、低位，代码位置对应的电压值如表 8.2 所示。

表 8.2　代码位置对应的电压值

二进制代码 "1" 所在位置	高　位	次　高　位	低　位
对应电压值/V	0.5	0.25	0.125

逐次逼近过程分析如表 8.3 所示。

表 8.3　逐次逼近过程分析

顺　序	顺序脉冲发生器数码	逐次逼近型寄存器数码	u_A/V	与输入电压比较结果/V	比较后逐次逼近型寄存器锁存结果
启动脉冲	000	000			
时钟脉冲 1	100	100	0.5	0.625>0.5	100
时钟脉冲 2	110	110	0.75	0.625<0.75	100
时钟脉冲 3	111	101	0.625	0.625=0.625	101
时钟脉冲 4	输出 EOC				输出锁存结果 101

从表 8.3 中可知，当 0.625V 电压输入该 D/A 转换器时，相应输出的数字信号从最高位到最低位排列是 101。

2. 集成 A/D 转换器的应用

A/D 转换器的数字量有串行输出和并行输出两种。串行输出的 A/D 转换器的引线非常简单，如带多路开关 2 通道 8 位 A/D 转换器只有 8 根外引线，很方便与微机控制的串行总线（如 I^2C 总线）相连，但速度较慢；并行输出的 A/D 转换器外引线比较多，但速度快，应用也很广泛。下面以 ADC0804 为例介绍 A/D 转换器及其应用。

（1）ADC0804 引脚及使用说明。ADC0804 是 CMOS 集成工艺制成的逐次逼近型 A/D 转换器芯片，其引脚图如图 8.16 所示。分辨率为 8 位，转换时间为 100μs，输入电压范围为 0~5V，当增加某些外部电路后，输入模拟电压可为 ±5V。该芯片内有输出数据锁存器，当与计算机连接时，转换电路的输出可以直接连接到 CPU 的数据总线上，不需要附加逻辑接口电路，

图 8.16 ADC0804 引脚图

其转换结果是否输出可由计算机输出控制。

ADC0804 引脚名称及意义如下。

V_{IN+}、V_{IN-}：ADC0804 的两模拟信号输入端，用以接收单极性、双极性和差模输入信号。

$D_7 \sim D_0$：A/D 转换器数据输出端，该输出端具有三态特性，能与微机总线连接。

AGND：模拟信号地。

DGND：数字信号地。

CLKIN：外电路提供时钟脉冲输入端。

CLKR：内部时钟发生器外接电阻端，与 CLKIN 端配合，可由芯片自身产生时钟脉冲，其频率为 $\dfrac{1}{1.1RC}$。

$\overline{CS}$：片选信号输入端，低电平有效，一旦 $\overline{CS}$ 有效，就表明 A/D 转换器被选中，可启动工作。

$\overline{WR}$：写信号输入端，接收微机系统或其他数字系统控制芯片的启动信号，低电平有效，当 $\overline{CS}$、$\overline{WR}$ 同时为低电平时，启动转换。

$\overline{RD}$：读信号输入端，低电平有效，当 $\overline{CS}$、$\overline{RD}$ 同时为低电平时，可读取转换输出数据。

$\overline{INTR}$：转换结束输出信号端，低电平有效。输出低电平表示本次转换已经完成。该信号常作为向微机系统发出的中断请求信号。

在使用 ADC0804 各引脚时应注意以下几点。

① 转换时序。ADC0804 控制信号的时序图如图 8.17 所示，由图可知，各控制信号时序关系：当 $\overline{CS}$ 与 $\overline{WR}$ 同为低电平时，A/D 转换器被启动，且在 $\overline{WR}$ 上升沿后 100μs A/D 转换完成，转换结果存入数据锁存器，同时 $\overline{INTR}$ 自动变为低电平，表示本次转换结束。若 $\overline{CS}$、$\overline{RD}$ 同时为低电平，则数据锁存器三态门打开，数据信号送出，而在 $\overline{RD}$ 高电平到来后三态门处于高阻态。

图 8.17 ADC0804 控制信号的时序图

② 零点和满刻度调节。ADC0804 的零点不需要调节。当满刻度调节时，先给输入端加

入电压 V_{IN+}，使满刻度所对应的电压值为

$$V_{IN+} = V_{max} - 1.5 \left[\frac{V_{max} - V_{min}}{256} \right]$$

式中，V_{max} 是输入电压的最大值；V_{min} 是输入电压的最小值。

当输入电压 V_{IN+} 值合适时，调整 $V_{REF}/2$ 端电压值使输出码为 $[11111110]_B$ 或 $[11111111]_B$。

③ 参考电压的调节。在使用 A/D 转换器时，为保证其转换精度，要求输入电压满量程使用。若输入电压动态范围较小，则可以调节参考电压 V_{REF}，以保证在小信号输入时 ADC0804 芯片 8 位的转换精度。

④ 接地。A/D 转换、D/A 转换电路中要特别注意地线的正确连接，否则干扰将会很严重，以致影响转换结果的准确性。A/D 和 D/A 芯片采用独立的模拟地（AGND）和数字地（DGND）引脚。在线路设计中，首先将所有元器件的模拟地和数字地分别相连，然后将模拟地与数字地仅在一点上连接。地线的正确连接方法如图 8.18 所示。

图 8.18　地线的正确连接方法

（2）ADC0804 的典型应用。在现代过程控制及各种智能仪器和仪表中，为采集被控（被测）对象数据以达到由计算机进行实时检测、控制的目的，常用微处理器和 A/D 转换器组成数据采集系统。单通道微机化数据采集系统示意图如图 8.19 所示。

图 8.19　单通道微机化数据采集系统示意图

系统由微处理器、存储器和 A/D 转换器组成，它们之间通过数据总线（DBUS）和控制总线（CBUS）连接，系统信号采用总线传送方式。

现以程序查询方式为例，说明 ADC0804 在数据采集系统中的应用。在采集数据时，首先微处理器执行一条传送指令，在指令执行过程中，微处理器在控制总线的同时产生 $\overline{CS}$、

$\overline{\text{WR}}$ 低电平信号，启动 A/D 转换器工作，ADC0804 经 100μs 后将输入模拟信号转换成数字信号存于输出锁存器，在$\overline{\text{INTR}}$ 端产生低电平表示转换结束，并通知微处理器取数。当微处理器通过总线查询到$\overline{\text{INTR}}$ 端为低电平时，立即执行输入指令，以产生$\overline{\text{CS}}$、 $\overline{\text{RD}}$ 低电平信号到 ADC0804 的相应引脚，将数据取出并存入存储器中。在整个数据采集过程中，由微处理器有序地执行若干指令完成。

想一想：ADC0804 的引脚可以分为哪几类？在使用时要特别注意的是哪些引脚？

（3）串行 A/D 转换器 ADC0832 的应用。ADC0832 是一种串行的 A/D 转换器，在使用时，配合微处理器使用。由微处理器控制其是否进行 A/D 转换。图 8.20 所示为串行 A/D 转换器 ADC0832 的应用，由单片机 AT89S51 输出电平去控制 ADC0832 的片选端 $\overline{\text{CS}}$ 电平，当 $\overline{\text{CS}}$ 为低电平时，通过 D_1 端输入通道功能选择数据信号，选择是对通道 CH_0，还是对通道 CH_1 进行 D/A 转换，转换得到的数据从 D_0 输出。因为 D_0 和 D_1 在通信时不是同时工作的，它们与单片机的接口是双向传输的，所以两者可并联在一根数据线上，分时工作。CPU 还从 CLK 端发送时钟信号到 ADC0832。

图 8.20　串行 A/D 转换器 ADC0832 的应用

实训 8 D/A、A/D 转换

1. 实训目的

（1）进一步理解 D/A、A/D 转换的原理、转换的方式及各自的特点。

（2）了解 D/A、A/D 转换集成芯片的结构、功能测试及应用。

2. 实训器材

（1）仪器：示波器。

（2）数字电路实验箱。

（3）材料：

DAC0832	8 位　D/A 转换器	1 块
ADC0809	8 位　逐次逼近型 A/D 转换器	1 块
LM324	通用运算放大器	1 块
74LS74	双 D 触发器	1 块
74LS02	四组二输端或非门	1 块
电阻 10kΩ		1 个
按钮开关		1 个

3. 实训内容

（1）D/A 转换器实训。当 1/4 LM324 工作时，V_{CC} 接 $+12V$，GND 接 $-12V$。DAC0832 的实训接线图如图 8.21 所示，按图接好线，检查电路准确无误后接通电源。表 8.4 所示为 DAC0832 的输入端 $D_0 \sim D_7$ 输入的信号，首先在 DAC0832 的输入端 $D_0 \sim D_7$ 利用电平输出器输入相应的数字信号，分别用电压表测量各输入情况下对应的模拟输出电压 u_O，并将测试结果填入表 8.4，然后将输出电压按序号标在如图 8.22 所示的 D/A 转换器测试波形图中。

图 8.21 DAC0832 的实训接线图

图 8.22 D/A 转换器测试波形图

表 8.4　DAC0832 的输入端 $D_0 \sim D_7$ 输入的信号

序　号	数 字 输 入								模拟电压输出/V
	D_7	D_6	D_5	D_4	D_3	D_2	D_1	D_0	u_O
1	0	0	0	0	0	0	0	0	
2	0	0	0	0	0	0	0	1	
3	0	0	0	0	0	0	1	1	
4	0	0	0	0	0	1	1	1	
5	0	0	0	0	1	1	1	1	
6	0	0	0	1	1	1	1	1	
7	0	0	1	1	1	1	1	1	
8	0	1	1	1	1	1	1	1	

（2）A/D 转换器实训。ADC0809 的实训接线图如图 8.23 所示。ADC0809 有 8 路输入通道，根据输入的 A、B、C 地址，就可以选择任意通道输入。其引脚与 ADC0804 基本相同，主要差异：A、B、C——地址信号；ALE——锁存信号，给该端加正脉冲，锁存 A、B、C 的地址；STA——转换开始启动端，正脉冲启动；OE——在数据输出允许时，该端有一正脉冲输入，可读出转换结果。

ADC0809 的读取方法有两种：一种是用延时方法，在启动转换开始后，延时 150μs 左右（以 CLK 的频率取 640kHz 为例），再读取 $D_0 \sim D_7$ 的数据；另一种是检测 ADC0809 在转换结束时 EOC 端产生的脉冲信号，当检测到该信号为高电平时读取 $D_0 \sim D_7$ 的数据。本实训采用延时输出。

将 ADC0809 的输出端 $D_0 \sim D_7$ 连接发光二极管。确保电路接线正确后接通电源。在电路中，只要按动一下开关 S，相当于给 STA 一个正脉冲，就可以启动 ADC0809。由于实验箱不能提供 640kHz 的连续脉冲，所以实训提供 100kHz 的连续脉冲取代。因为实训所需转换速度要求不高，所以实训能正常进行。

图 8.23　ADC0809 的实训接线图

A/D 转换器输入/输出表如表 8.5 所示，按表 8.5 中模拟电压输入中的 u_1 数值输入 IN₀ 中，观察发光二极管的发光情况，将结果记录在表 8.5 中。每次转换电压应该按一下开关

S，重新启动 ADC0809 工作。

表 8.5 A/D 转换器输入/输出表

数字输出								模拟电压输入/V
D_7	D_6	D_5	D_4	D_3	D_2	D_1	D_0	u_1
								0
								0.5
								1
								2
								2.5
								3.5
								4
								4.5
								5

另外，把输入电压加到 IN_1，观察发光二极管的发光情况，说明出现这种情况的原因。

4. 实训报告

（1）画出与实训有关的波形和表格。

（2）说明 ADC0809 和 DAC0832 的作用。

（3）在 A/D 转换实训中，按图 8.23 的接法，把待转换电压从 IN_1 输入，会出现什么现象呢？为什么？

5. 想想做做

用音乐集成电路输出的音乐信号作为 ADC0809 的输入信号，在 ADC0809 的 8 个数据输出端接发光二极管，同时输入到 DAC0832 的数据输入端，DAC0832 加电压放大器后其输出端接扬声器，其余控制端满足各自的工作条件。DAC0832 的取样脉冲可由振荡分频集成电路 CD4060 产生，不同的分频输出不同采样频率的脉冲。观察指示灯的变化和扬声器输出声音的变化。特别注意采样脉冲改变时音质的变化。

本项目学习指导

（1）把数字信号转换成模拟信号的电路称为数/模（D/A）转换。它的主要参数有转换精度和转换速度。

（2）D/A 转换器有电阻网络 D/A 转换器和 1 位 D/A 转换器。电阻网络 D/A 转换器是把输入数据量转换成与之相对应数值大小成正比的电压或电流输出。本项目介绍的倒 T 形电阻网络 D/A 转换器只需要两种阻值的电阻，易于集成化，应用较广。1 位 D/A 转换器则是把输入数据量的大小转换成脉宽的宽窄，通过低通滤波器取出与脉宽成正比的平均直流成分，得到模拟信号。本项目在 D/A 转换过程以 DAC0832 为例，讲述了 D/A 转换器的使用，在使用 D/A 转换器时，利用控制线可使芯片按要求进行工作。

（3）把模拟信号转换成数字信号的电路称为模/数（A/D）转换。它的主要参数有分辨率和转换速率。A/D 转换器的转换步骤为采样、保持、量化、编码。在采样时，采样信号的频率 f_S 和输入模拟信号的最高频率 f_{imax} 之间的关系是 $f_S \geqslant 2f_{imax}$。A/D 转换器主要有并行比较型、逐次逼近型和积分型。本项目主要讲述了逐次逼近型的工作原理及其芯片 ADC0804 的应用。

习 题 8

8.1 说出 A/D 转换和 D/A 转换的概念。

8.2 实现 A/D 转换要经过哪些过程呢?

8.3 图 8.6 中,若 $V_{REF} = -10V$,$R_f = R$,当输入数字量 $D_3D_2D_1D_0$ 分别为 1100 和 0110 时,则求输出电压 u_0 的值。

8.4 有一个 8 位倒 T 形电阻网络 D/A 转换器,若输入 $D_7 \sim D_0$ 为 00010100,输出电压为 $-1V$,则问当输入为 00101000 时,输出电压应为多少?

8.5 有一个 8 位 D/A 转换器,要求输出电压为 0~10V,问当输入为 00000001 时,输出电压应为多少?

8.6 有一个 D/A 转换器满刻度电压为 20V,需要在其输出端分辨出 0.1mV 的电压,问至少需要多少位二进制数呢?

8.7 参考图 8.8,当使用 DAC0832 进行 D/A 转换时,在希望直通(输入数字量直接得到模拟转换)的情况下,其控制线应如何相接呢?

8.8 1 位 D/A 转换器主要应用在哪一方面?简述其工作原理。

8.9 A/D 转换的步骤如何?在进行采样时,采样信号的频率 f_S 和输入模拟信号的最高频率 f_{imax} 之间应满足什么条件?

8.10 在进行 A/D 转换时,为什么说量化误差是无法消除的呢?而减小量化误差可以采用什么方法?

8.11 A/D 转换器有几类?各有什么特点呢?适用于什么场合?

8.12 有一个 8 位二进制 D/A 转换器,$V_{REF} = 10V$。为保证 V_{REF} 偏离标准值所引起的误差小于 $\frac{1}{2} V_{LSB}$,问允许 V_{REF} 的最大变化量是多少? V_{REF} 的相对稳定度应为多少?

项目 9   应用大规模集成电路

数字信息在运算或处理过程中，通常需要较长时间存储。正是因为有了存储器，计算机才有了对信息的记忆功能。存储器的种类很多，前面介绍的寄存器是一种保存少量数值的存储器，本项目主要介绍存储量比较大的存储器，如数字光盘、计算机的硬盘、计算机的内存条、U盘、智能卡等。数字光盘可以存储信息，计算机的硬盘可以存储数字信息，计算机的内存条、U盘、智能卡等也可以存储信息。本项目主要讨论半导体存储器。半导体存储器以其品种多、容量大、速度快、耗电省、体积小、操作方便、维护容易等优点，在数字设备中得到广泛应用。目前，数码相机、计算机的内存、显示存储器、智能家电控制系统等普遍采用了大容量的半导体存储器。

通过本项目，可以掌握的知识如下：

(1) 半导体存储器的类型。

(2) RAM 和 ROM 的特点。

(3) 掌握 RAM 和 ROM 的运用方法。

9.1   半导体存储器概述

半导体存储器：一种能存储大量二值数据的半导体元器件。

在电子计算机及其他数字系统的工作过程中，需要对大量的数据进行存储，这时会用到半导体存储器。

9.1.1   半导体存储器的分类

半导体存储器从存、取功能上可以分为只读存储器（Read Only Memory，ROM）和随机存储器（Random Access Memory，RAM）两大类。两者最大的区别是，一旦存储器失去电源，RAM 中所有数据会丢失而 ROM 不会。例如，电视机中保存频道信息的存储器是 ROM，所以只要预先调谐好频道，以后不用每次开机都重新调谐；计算机的内存是 RAM，如果在修改文件时没有及时把修改过的文件保存到硬盘中，一旦忽然断电，那么对文件所做的修改都将消失。

从输入/输出方式来分，可以分成串行和并行的方式。串行方式常常配合 I^2C 串行总线（使用两线：时钟线 SCL 和数据线 SDA，其中时钟线用于产生时钟节拍信号，数据线用于读/写数据）和三串行总线（片选线 CS、时钟线 SK、串行数据线 DI/DO）的形式使用。串行存储器的外接线非常少，如配合 I^2C 串行总线使用的存储器 24LC×× 系列的引线总共只有8根，但它的传输速度较慢。并行存储器的传输速度快，但数据线和地址线较多，外接线比较复杂。下面以并行存储器为例进行介绍。

9.1.2 存储器的主要指标

存储器对数据的存储能力类似于学生公寓供学生住宿的能力。学生公寓有多间房间，每间房间有不同的房号，每间房间住着一定数量的学生。存储器内分成很多存储单元，每一个存储单元都有固定的地址，并存储固定数量的数据。存储器的主要指标如下。

1. 存储器容量

存储器容量是反映存储器存储能力的指标，它是存储器中存储二进制位数的总数。

存储器的基本存储单位相当于一个触发器，只能存储 1 位（bit）二进制数。在计算机系统中，由多个 1 位的基本存储单位构成的存储单元组，称为存储单元（又称为字单元）。为了识别各个存储单元，每一存储单元都有一个固定的地址与之对应，称为存储单元的地址。存储器容量就是地址总数和每一地址单元所存储位数（字长）的乘积。设存储器有 n 根地址线，有 m 根数据输出线，则根据其共有 2^n 种不同的地址，每一地址单元存储 m 位二进制数，可计算出其最大容量为

$$容量 = 2^n \times m(位)$$

通常把 8 位二进制数称为 1 个字节（Byte）。由于存储器中存储单元的数目很大，习惯上将 $2^{10} = 1024$ 个存储单元称为 1KB，$2^{20} = 1024KB = 1MB$，$2^{30} = 1024MB = 1GB$。

例如，并行存储器有 11 根地址线、8 根数据线（8 位输出），它的容量就是 $2^{11} \times 8 = 2KB \times 8 = 16KB$，习惯上还记作 2K×8 位。对应的地址范围用二进制数表示为 00000000000B ~ 11111111111B，用十六进制数表示为 000H ~ 7FFH。

2. 存取时间

存取时间是反映存储器性能的一个重要指标。存取时间是指存储器从接收到寻址信号到读/写数据为止的时间。存储器的读过程通常要比写过程快。存取时间的快慢对应于存储器工作速度的快慢。通常存储器的工作速度都是以纳秒（10^{-9}s）数量级工作的。

想一想：在安装计算机时购买内存条（内存条是存储器的一种），除了要考虑容量大小，还要考虑什么？

9.2 存储器的结构和工作原理

9.2.1 存储器的结构

存储器的电路结构框图如图 9.1 所示。存储器的电路结构包含存储矩阵、地址译码器、存储器读/写控制和输出缓冲器。

地址译码器的作用是把 n 根地址线译码成 2^n 条字线输出，根据地址去选择相应的存储单元，读出其所存储的数据。存储矩阵的作用是存放大量的数据存储矩阵，若每个地址单元中存放 m 位二进制数，则其存储量为 $2^n \times m$，m 也是输入/输出数据线（又称为 I/O 口或位线）的数量。

图 9.1 存储器的电路结构框图

存储器读/写控制首先利用片选输入端 $\overline{\text{CS}}$（有些芯片标 $\overline{\text{CE}}$）来确定芯片是被选中处于正常工作，还是未被选中工作。当未被选中时，输入/输出端处于高阻态。

因为有些存储器是可读可写的，所以数据线可以实现双向传送。但存储器工作于读状态还是写状态，则由读/写控制端控制。读/写控制端 $R/\overline{W}$（有些芯片标 $\overline{\text{WE}}$ 或编程控制端 $\overline{\text{PGM}}$；有些存储器只能读出数据不能写入数据，则没有写控制端）决定该存储器处于写入数据还是读出数据的工作状态，即数据的传输方向。

输出缓冲器通常由三态门或 OC 门组成，所以利用输出允许端 $\overline{\text{OE}}$ 控制其数据是否可以从存储器输出。此处 $\overline{\text{OE}}$ 表示低电平有效，在正常读/写数据时，该端应为有效电平。

存储器的外引线有以下几类：地址线、数据线、控制线和电源线。不同型号存储器的控制线的名称略有差异，但功能基本一致。在相同的数据线条件下，存储量越大的存储器，其地址线的数量会相应增加。

9.2.2 存储器的工作原理

以一个 $2^2 \times 4$ 的存储器为例进行说明。它有两根地址线 A_1、A_0，四根数据线 $D_3 \sim D_0$，其模拟结构如图 9.2 和图 9.3 所示。两根地址线有四种地址组合，假设对应输出的数据表如表 9.1 所示。

图 9.2 $2^2 \times 4$ 存储器的模拟结构一

地址单元	存储的数据
单元0	0000
单元1	0001
单元2	1110
单元3	1110

图 9.3 $2^2 \times 4$ 存储器的模拟结构二

不同的 A_1、A_0 组合就选中不同的数据单元。若 $A_1A_0 = 10$，则选中数据单元 2，输出单元 2 存储的数据 $D_3D_2D_1D_0 = 1110$。

不同种类的存储器工作原理是一样的，只不过保存二进制数据的存储单元结构不同。

表 9.1　$2^2 \times 4$ 存储器的数据表

地　　址		数　　据			
A_1	A_0	D_3	D_2	D_1	D_0
0	0	0	0	0	0
0	1	0	0	0	1
1	0	1	1	1	0
1	1	1	1	1	0

9.2.3　存储器的工作时序

为保证存储器准确无误地工作，加到存储器上的地址、数据和控制信号必须遵守几个时间边界条件。

控制端参见图 9.1，图 9.4 所示为存储器读操作时序图。读出操作过程如下。

（1）把拟读出存储矩阵内的单元信息所在地址加到存储器的地址输入端。

（2）加入有效的片选输入端 $\overline{\text{CS}}$。

（3）在 R/$\overline{\text{W}}$ 线上加高电平，经过一段延时后，所选择单元的数据出现在 I/O 端，此时数据线上的数据为有效读出数据。

（4）让片选输入端 $\overline{\text{CS}}$ 无效，I/O 端呈高阻态，本次读出过程结束。

由于地址缓冲器、译码器及输入/输出电路存在延时，在地址信号加到存储器上之后，必须等待一段时间 t_{AA}，数据才能稳定地传输到数据输出端，这段时间称为地址存取时间。如果在 ROM 的地址输入端已经有稳定地址的条件下，加入片选输入端 $\overline{\text{CS}}$，从片选输入端 $\overline{\text{CS}}$ 有效到数据稳定输出，这段时间间隔记为 t_{ACS}。显然在进行存储器读操作时，只有在地址和片选输入端 $\overline{\text{CS}}$ 加入，且分别等待 t_{AA} 和 t_{ACS} 以后，被读单元的内容才能稳定地出现在数据输出端，这两个条件必须同时满足。图 9.4 中 t_{RC} 为读周期，它表示该芯片连续进行两次读操作所需的时间间隔。

图 9.4　存储器读操作时序图

存储器写操作时序图如图 9.5 所示。写操作过程如下。

（1）将欲写入单元的地址加到存储器的地址输入端。

（2）在片选输入端 $\overline{\text{CS}}$ 上加有效电平，使存储器选通。

（3）将待写入的数据加到数据输入端。

（4）在 R/$\overline{\text{W}}$ 线上加入低电平，进入写工作状态。

（5）使片选输入端 $\overline{\text{CS}}$ 无效，数据输入线回到高阻态。

图 9.5　存储器写操作时序图

由于地址改变时，新地址的稳定需要经过一段时间，如果在这段时间内加入写控制信号（R/$\overline{\text{W}}$ 变低），就可能将数据错误地写入其他单元。为防止这种情况出现，在写控制信号有效前，地址必须稳定一段时间 t_{AS}，这段时间称为地址建立时间。同时，在写信号失效后，地址信号至少还要维持一段写恢复时间 t_{WR}。为了保证速度最慢的存储器芯片的写入，写信号有效时间不得小于写脉冲宽度 t_{WP}。此外，对于写入的数据，应在写信号 t_{DW} 时间内保持稳定，且在写信号失效后继续保持 t_{DH} 时间。在时序图中还给出了写周期 t_{WC}，它反映了连续进行两次写操作所需要的最小时间间隔。

想一想：

（1）存储器的地址与该地址对应单元所保存的数据的关系，地址是不是很像指针呢？

（2）在 C 语言中，指针就是这里描述的地址。程序是如何找到相应的存储单元的？

（3）如果存储器的片选输入端 $\overline{\text{CS}}$ 一直为有效电平，那么存储器能否正常工作呢？

9.3　只读存储器

只读存储器（ROM）是在断电以后数据不会丢失的半导体存储器。

早期研制的只读存储器在正常工作状态下只能从中读取数据，不能快速地随时修改或重新写入数据。现在一些新型的只读存储器，可以随时修改和写入数据，但速度相对随机存储器（RAM）较慢。只读存储器主要适用于存储那些相对固定数据的场合。

9.3.1　常用 ROM 介绍

早期的 ROM 一般需要由专用装置写入数据，后期设计的一些存储器也可以在线编写数据，如数码相机记忆卡所用的闪速存储器。按照数据写入方式特点不同，ROM 可分为以下几种。

1. 掩膜只读存储器（掩膜 ROM）

掩膜只读存储器也称为固定存储器，其存储的数据在芯片生产时已经确定，一经成品用户无法更改其存储内容。

掩膜只读存储器通常用于大批量生产的固定数据存储器，如智能洗衣机的工作流程控制的程序、电视机微处理器的程序等。生产厂商在研制成功后，把其工作程序固化，由集成电路生产厂商生产，批量大，成本特别低廉。

图 9.6 所示为 $2^2 \times 4$ 位 NMOS 掩膜只读存储器的结构图，它采用 NMOS 管作为存储单元，其对应的数据表如表 9.1 所示。两条地址线 A_1、A_0 对应的四条译码输出线（$W_0 \sim W_3$）称为字线，可以选取四个字单元中的一个。存储矩阵由四条字线和四条位线（$Y_3 \sim Y_0$）组成。图 9.6 说明了当 $A_1 A_0 = 01$ 时输出的结果。假如 $A_1 A_0 = 01$，则选中 W_1 字线，此时 $W_1 = 1$，$W_0 = W_2 = W_3 = 0$，T_{10} 导通，$Y_0 = 0$，Y_1、Y_2、Y_3 由于交叉处无 MOS 管，为 1，经非门输出后，$D_3 = 0$、$D_2 = 0$、$D_1 = 0$、$D_0 = 1$，从以上分析可知，存储单元以有无 MOS 管来分别表示存储数据 "1" 和存储数据 "0"，即存储矩阵的结构决定了输出的结果。

图 9.6　$2^2 \times 4$ 位 NMOS 掩膜只读存储器的结构图

2. 一次性可编程只读存储器（OTPROM）

出厂时，一次性可编程只读存储器内的数据为全 1 或全 0，用户可根据个人的需要改写数据，但只能写入一次，一旦写入就不能再修改。一次性可编程只读存储器又称为 OTP-ROM（One Time Program ROM）。

一次性可编程只读存储器通常用于生产量较少的智能控制产品，如刚开发成功的智能洗衣机，进行小批量试产时的程序的存储。

图 9.7 所示为一位熔丝式 OTPROM。在存储矩阵的所有字线和位线交叉处，都跨接了二极管的熔丝。出厂时，所有单元的熔丝都是通的，此时对应位线为 "1"，因此此时所

图 9.7　一位熔丝式 OTPROM

接字线全部为"1"，即全部存储单元的内容均为"1"；满足这样条件的芯片通常称为空白芯片。用户编程时，若要某一单元写入"0"，则选中此单元，在字线上加上合适且足够能量的电脉冲，在脉冲电流的作用下，熔丝烧断，此时位线数据改变为"0"。因为熔丝烧断后不能再恢复，所以 OTPROM 只能进行一次性编程。

3. 紫外线可擦除只读存储器（EPROM）

紫外线可擦除只读存储器是利用紫外线可以擦除原存储信息，再进行重写的只读存储器。

紫外线可擦除只读存储器的存储单元采用叠层栅 MOS 管存储单元。在出厂时，所有存储单元全为"1"。用户编程时（写 0 时），通过施加高于正常工作电压 V_{DD} 的编程高电压 V_{PP} 到选中的存储单元来存储"0"。要擦除所写入的信息时，首先把存储器从工作电路上取下，放在专用擦除装置内，用强紫外线或 X 光照射来擦除所存内容，使所有存储单元恢复为"1"，然后进行改写。由于它写入后还可以反复地擦除再写入，所以具有很大的灵活性。以前常用于调试程序时使用，也用于小批量的电子产品，现在由于新器件的出现，已很少使用。

图 9.8 所示为常用的 Intel 公司系列的紫外线可擦除只读存储器芯片。它们的存储器容量分别是 2K×8 位、4K×8 位、8K×8 位、16K×8 位、32K×8 位。由图 9.8 可知，所有芯片外引线的类型都是相同的。它们输出的数据线都是 8 位，所以输出数据线的数量相同，只是由于存储器容量不同，地址线输入分别为 11、12、13、14、15 根，以满足不同的寻址需求。这些芯片都采用双列直插式封装，芯片上方有透明的石英玻璃窗口，可供擦除时紫外线照射用。编程后，应使用不透光的纸把 EPROM 的窗口遮盖起来。

芯片左边引线名称

27256	2764	2732	2716
V_{PP}	V_{PP}		
A_{12}	A_{12}		
A_7	A_7	A_7	A_7
A_6	A_6	A_6	A_6
A_5	A_5	A_5	A_5
A_4	A_4	A_4	A_4
A_3	A_3	A_3	A_3
A_2	A_2	A_2	A_2
A_1	A_1	A_1	A_1
A_0	A_0	A_0	A_0
D_0	D_0	D_0	D_0
D_1	D_1	D_1	D_1
D_2	D_2	D_2	D_2
GND	GND	GND	GND

27128（中间芯片引线）

引脚	名称	引脚	名称
1	V_{PP}	28	V_{CC}
2	A_{12}	27	$\overline{\text{PGM}}$
3	A_7	26	A_{13}
4	A_6	25	A_8
5	A_5	24	A_9
6	A_4	23	A_{11}
7	A_3	22	$\overline{\text{OE}}$
8	A_2	21	A_{10}
9	A_1	20	$\overline{\text{CE}}$
10	A_0	19	D_7
11	D_0	18	D_6
12	D_1	17	D_5
13	D_2	16	D_4
14	GND	15	D_3

芯片右边引线名称

2716	2732	2764	27256
		V_{CC}	V_{CC}
		PGM	A_{14}
		N.C.	A_{13}
V_{CC}	V_{CC}	A_8	A_8
A_8	A_8	A_9	A_9
A_9	A_9	A_{11}	A_{11}
V_{PP}	A_{11}	$\overline{\text{OE}}$	$\overline{\text{OE}}$
$\overline{\text{OE}}$	$\overline{\text{OE}}$	A_{10}	A_{10}
A_{10}	A_{10}	$\overline{\text{CE}}$	$\overline{\text{CE}}$
$\overline{\text{CE}}$	$\overline{\text{CE}}$	D_7	D_7
D_7	D_7	D_6	D_6
D_6	D_6	D_5	D_5
D_5	D_5	D_4	D_4
D_4	D_4	D_3	D_3
D_3	D_3		

图 9.8 常用的 Intel 公司系列的紫外线可擦除只读存储器芯片

4. 电可擦除只读存储器（E²PROM）

电可擦除只读存储器是在加入电源的情况下就可以进行改写的只读存储器。

E²PROM 读、写、擦操作均在 5V 电源下进行，且可逐字节进行擦除和改写，或按"块"（block）擦除和改写。这比紫外线可擦除只读存储器方便很多，可擦除改写的使用次数也多得多，通常可达 10^6 次。而 E²PROM 可以在线擦除和改写数据，广泛应用于停止供电后仍需保存的信息，如电视机的频道调谐数据保存、数据采集系统中数据的保存、智能卡的数据保存等，使用非常广泛。常用的通用 E^{2}PROM 有 2864（8K×8 位）、28C010（1M 位）、28C020（2M 位）、28C040（4M 位）等。

5. 闪速存储器（Flash Memory）

闪速存储器是用电可擦除只读存储器编程的。

闪速存储器是 20 世纪 80 年代末期问世的。闪速存储器既吸取了 EPROM 结构简单、编程可靠的优点，又保留了 E^{2}PROM 用电可擦除的快捷特性，具有 RAM 随机存储的性能，又兼有 ROM 断电后数据不丢失的性能。能重复使用且非常方便，功耗低，集成度很高，是目前为数不多的同时具备大容量、高速度、非易失性可在线擦除特性的存储器，其价格低于 E^{2}PROM。

在闪速存储器中，编程是对字节或字进行的，但擦除是对区块进行的。这意味着在编程时才需要对存储器选址，在擦除时并不需要。因此，用于实现选址所需要的硅片面积大为减少，并且它能够以"闪电般"的速度一次擦除一个区块，因而称为"闪速存储器"。

闪速存储器作为可擦除、可编程非易失性存储器件，由于能够以电写入的方式在现场更新存储内容的形式，正日益广泛地用于便携蜂窝移动电话、数码相机、单片机程序存储器、汽车导航系统等。闪速存储器的典型运用就是在手机的存储卡中，用闪速存储器记录和重放相片、声像。在需要经常更新软件以提供新服务的应用中，都广泛地使用闪速存储器，如计算机主板的 BIOS 程序。

常用的闪速存储器有 Intel 公司的 28F010（1M 位）、28F020（2M 位）、28F040（4M 位）等。

想一想：这么多种只读存储器，它们各自适合应用于何处呢？请列举出这些存储器的应用实例。图 9.9 所示为一些存储器的外形图。

（a）电视机内存储节目信息的存储器　　　（b）某一控制电路用的存储器

图 9.9　一些存储器的外形图

9.3.2　应用举例

在数字系统中 ROM 的应用十分广泛，如组合逻辑、字符产生、波形变换、计算机的数据和程序存储等。

1. 用于查表的表格

存储器经常用于存储数据的表格，一旦输入地址，就可将存储在该地址单元的数据输出。

下面以存储器作为函数运算表电路来进行说明。

数学运算是数控装置和数字系统中需要经常进行的操作，若事先把要用到的基本函数变量在一定范围内的取值和相应的函数取值列成表格，写入只读存储器中，则在需要时只要输入地址就可以快速地得到相应的函数值。这种 ROM 实际上已经成为函数运算表电路。

例 9.1 试用 ROM 构成能实现函数 $y=x^2$ 的运算表电路，x 的取值范围为 0~15 的正整数。

解：（1）分析要求，设定变量。自变量 x 的取值范围为 0~15 的正整数，对应的 4 位二进制正整数，用 $B=B_3B_2B_1B_0$ 表示。根据 $y=x^2$ 的运算关系，可以求出 y 的最大值是 $15^2=225$，可以用 8 位二进制数 $Y=Y_7Y_6Y_5Y_4Y_3Y_2Y_1Y_0$ 表示。

（2）列真值表，如表 9.2 所示。

表 9.2　例 9.1 中 Y 的真值表

输入对应十进制数	输入（地址）				输出（保存的数据）								输出对应十进制数
	B_3	B_2	B_1	B_0	Y_7	Y_6	Y_5	Y_4	Y_3	Y_2	Y_1	Y_0	
0	0	0	0	0	0	0	0	0	0	0	0	0	0
1	0	0	0	1	0	0	0	0	0	0	0	1	1
2	0	0	1	0	0	0	0	0	0	1	0	0	4
3	0	0	1	1	0	0	0	0	1	0	0	1	9
4	0	1	0	0	0	0	0	1	0	0	0	0	16
5	0	1	0	1	0	0	0	1	1	0	0	1	25
6	0	1	1	0	0	0	1	0	0	1	0	0	36
7	0	1	1	1	0	0	1	1	0	0	0	1	49
8	1	0	0	0	0	1	0	0	0	0	0	0	64
9	1	0	0	1	0	1	0	1	0	0	0	1	81
10	1	0	1	0	0	1	1	0	0	1	0	0	100
11	1	0	1	1	0	1	1	1	1	0	0	1	121
12	1	1	0	0	1	0	0	1	0	0	0	0	144
13	1	1	0	1	1	0	1	0	1	0	0	1	169
14	1	1	1	0	1	1	0	0	0	1	0	0	196
15	1	1	1	1	1	1	1	0	0	0	0	1	225

根据真值表，在计算机中利用相应软件按一定的书写规则编好程序，如把十进制数值 7 转换成 4 位二进制数地址为 0111，对应输出 $[49]_D$，按序对应 $Y_7Y_6Y_5Y_4Y_3Y_2Y_1Y_0=[00110001]_B=[31]_H$，在十六进制数表示的地址 7 处输入数据 $[31]_H$ 即可。首先每位数转换成 4 位地址，然后在相应地址的数据处输入 2 位十六进制数。输入完毕后，通过下载可把数据写到存储器内。通过某一型号编程器的软件输入数据，图 9.10 所示为例 9.1 对应编程器内的数据，图中对输入为 3 时对应的数据进行了说明。

注意：在分析存储器输出时，可以研究所有输出端同时构成的代码的规律（相当于多变量输入，多变量输出），也可以分析其中一个输出端不同时刻的输出规律（相当于只有一个变量输出）。

想一想：一种医疗器械电动按摩器，有几个输出端呢？每一个输出端都可以产生不同的高低脉冲变化模式，能否把它们的控制原理和例 9.1 结合起来分析呢？

图 9.10　例 9.1 对应编程器内的数据

2. 实现任意组合逻辑函数

从图 9.11 可知，只读存储器的基本部分是与门阵列和或门阵列，与门阵列实现对输入变量的译码，产生变量的全部最小项，或门阵列完成有关最小项的或运算。由于任何逻辑函数都可以用最小项表达式表达，理论上，ROM 可以实现任何组合逻辑函数。图 9.11 中的 $Y_3 = \sum m (0, 3, 6, 9, 12)$，其余的输出端表达式请读者自行写出。在不同的存储单元放置不同的数值，就可得到不同的逻辑函数。

图 9.11　ROM 存储矩阵结构图

3. 字符显示

字符发生器常用于显示终端、打印机及其他一些数字装置。将各种字母、数字等字符事先存储在 ROM 的存储矩阵中，再以适当方式给出地址码，某个字符就能读出，并驱动显示器进行显示。

图 9.12 所示为 ROM 构成字母"T"的原理图。采用 8 行 8 列的方式存储，将字母"T"分割成若干部分并在相应单元存入信息"1"，图 9.12（a）所示为存储器。当输入地址在 000~111 周期性地循环变化时，即可逐行扫描各字线，把字线 $W_0 \sim W_7$ 所存储的字母"T"的字形信息从位线 $D_0 \sim D_7$ 读出，然后把数据逐行转换显示，从而使显示设备（如发光二极

管矩阵、阴极射线管光栅矩阵）一行行地显示出如图 9.12（b）所示的字形。

（a）存储器　　　　　　　　（b）显示的字形

图 9.12　ROM 构成字母"T"的原理图

想一想：

（1）利用存储器实现逻辑功能时，真值表与存储器的地址和数据是如何对应的呢？

（2）二维的数据"表"与存储器的地址和数据是如何对应的呢？

9.3.3　常用的 E^2PROM 举例

2864（8K×8 位）是常用的 E^2PROM 芯片，其容量是 8K×8 位，即 8K 字节。它有 13 根地址线（$2^{13} = 8 \times 2^{10}$），8 根输出线，它与同容量的 EPROM 2764 是兼容的。E^2PROM 2864A 外引线图如图 9.13 所示。

E^2PROM 2864A 的工作电源为 +5V，工作方式有四种，具体如下。

1.　待机方式

当 $\overline{CE}$ 为高电平时，E^2PROM 2864A 进入低功耗的待机状态。此时，数据输出线呈高阻态，工作电流不到正常工作电流的一半。

2.　读出方式

当片选输入端 $\overline{CE}$、输出允许端 $\overline{OE}$ 为

图 9.13　E^2PROM 2864A 外引线图

低电平，写入控制端 $\overline{WE}$ 为高电平，并输入地址码时，可从 $D_7 \sim D_0$ 端读出该地址单元的数据。

3.　编程方式

写入时，使片选输入端 $\overline{CE}$ 为低电平、输出允许端 $\overline{OE}$ 为高电平、写入控制端 $\overline{WE}$ 为低电平，并输入地址码，数据即从 $D_7 \sim D_0$ 端送入并固化在相应存储单元中。

4.　数据查询方式

在写入数据时，若片选输入端 $\overline{CE}$ 为低电平、输出允许端 $\overline{OE}$ 为低电平、写入控制端

$\overline{\text{WE}}$ 为高电平，则输出最高位 D_7 的数据是取反的，若写入数据完毕，则此时将输出原始数据。将此数据与写入数据的最后一个字节的最高位相比，当两者相同时，说明写周期结束。

9.4 随机存储器

随机存储器也叫随机读/写存储器，简称 RAM。它在工作时可以随时从任何一个指定地址读出数据，也可以随时将数据写入任何一个指定的存储单元中去。

RAM 的优点：读、写方便，使用灵活。缺点：数据易失（一旦停电，所存储的数据就将随之丢失）。

随机存储器分为静态随机存储器（Static Random Access Memory，SRAM）和动态随机存储器（Dynamic Random Access Memory，DRAM）。SRAM 主要用于对速度要求比较快的器件，如显示卡的内存；而 DRAM 由于功耗低，价格便宜，宜于集成化，常用于对容量要求比较大的器件，如计算机的内存条，有些用于显示卡的内存。

RAM 各控制线对电路的工作状态的控制情况如表 9.3 所示。

表 9.3　RAM 各控制线对电路的工作状态的控制情况

$\overline{\text{CE}}$	$\overline{\text{OE}}$	R/$\overline{\text{W}}$	工 作 状 态	输入/输出
高	任意	任意	没选中	高阻
低	高	高	禁止输出	高阻
低	低	高	读出数据	数据输出
低	任意	低	写入数据	数据输入

表 9.3 中 R/$\overline{\text{W}}$ 表示读/写控制端。不同芯片的控制线名称可能不同，功能基本一致。

1. 静态随机存储器（SRAM）

静态随机存储器是有自保持功能的存储器。

静态随机存储器的存储单元是靠内部触发器的自保持功能存储数据的。这种存储单元被读出后仍能保持原来的状态，它的读出是非破坏性的，只要电源不中断，其保存信息便能长期保存。因为每一单元都有触发器、门控电路等，所以结构比较复杂。图 9.14 所示为典型的六管静态存储单元。它的特点是存储单元有自保持功能，功耗高，成本高。

图 9.14　典型的六管静态存储单元

2. 动态随机存储器（DRAM）

动态随机存储器是需要刷新的存储器。

单管动态存储器是最典型的动态随机存储器，其存储单元结构如图 9.15（a）所示，构成的内存条外观如图 9.15（b）所示。它是利用电容的电荷存储效应来存储信息的，当电容上存有电荷时，表示存储信息"1"，否则表示存储信息"0"。因为电容存在漏电流，电容上存储的电荷（信息）不能保持很久，所以必须经常地、周期性地进行刷新。刷新是在电容电荷消失以前加以恢复补充的。刷新将增加外围电路的复杂性。但由于单管动态存储单元的结构简单、功耗低、便于大规模集成，常用来生产大容量的存储器。大容量存储器的特点是功耗低、成本低，但需要刷新。

（a）单管动态存储单元结构　　　　（b）内存条外观

图 9.15　动态存储器 DRAM

3. SRAM 6264 简介

SRAM 6264 是双列直插 CMOS 静态 RAM。图 9.16 所示为其外引线图，它的外引线与存储器同为 8K×8 位的 E^2PROM 2864A 的引线结构非常相似。它的电源电压为+5V。它的四条控制线对芯片工作状态的控制如表 9.4 所示。

表 9.4　SRAM 6264 的工作状态

$\overline{CS_1}$	CS_2	$\overline{OE}$	$\overline{WE}$	工作状态	输入/输出
1	×	×	×	没选中	高阻
×	0	×	×	没选中	高阻
0	1	1	1	禁止输出	高阻
0	1	0	1	读出数据	数据输出
0	1	1	0	写入数据	数据输入

图 9.16　SRAM 6264 外引线图

想一想：存储器集成电路引脚可分为哪几类？在使用存储器集成电路时，要注意哪些问题？

4. 常用的几种 RAM

SDRAM 是 Synchronous Dynamic Random Access Memory（同步动态随机存储器）的简称，是前几年普遍使用的内存形式。SDRAM 不仅可作为主存，在显示卡上的显存方面也有广泛应用。SDRAM 曾经是长时间使用的主流内存，但随着 DDR SDRAM 的普及，SDRAM 也正在

图 9.17 路由器采用的存储器

慢慢退出主流市场。

DDR SDRAM 是 Double Data Rate SDRAM 的缩写,是双倍速率同步动态随机存储器的意思。SDRAM 在一个时钟周期内只传输一次数据,在时钟的上升期进行数据传输;而 DDR SDRAM 则是在一个时钟周期内传输两次数据,能够在时钟的上升期和下降期各传输一次数据,因此称为双倍速率同步动态随机存储器。DDR SDRAM 的内存可以在与 SDRAM 相同的总线频率下达到更高的数据传输率。图 9.17 所示为路由器采用的存储器,包括 4MB 的 Flash ROM 和 1M×16 位的 SDRAM。

9.5　可编程逻辑器件简介

9.5.1　概述

可编程逻辑器件(Programmable Logic Device,PLD)是一种半定制性质的专用集成电路,用户在使用前可对它进行编程,可自行配置各种逻辑功能。

这种器件既具有集成电路硬件工作速度快、可靠性高的优点,又具有软件编程灵活、方便的特点,因此十分适合用于小批量生产的系统或产品的开发和研制中。

PLD 的基本结构如图 9.18 所示。输入电路用来对输入信号缓冲,并产生原变量和反变量两个互补的信号供与阵列使用。与阵列和或阵列用于实现各种与或结构的逻辑函数,若进一步与输出电路中的寄存器及输出反馈电路配合,则还可以实现各种时序逻辑函数。输出电路有多种形式,可以是基本的三态门输出,也可以配备寄存器或向输入电路提供反馈信号,还可以做成输出宏单元(Macro Cell)由用户进行输出电路结构的组态等,使 PLD 功能非常灵活、完善。

图 9.18　PLD 的基本结构

PLD 主要有以下几类:可编程逻辑阵列(Programmable Logic Array,PLA)、可编程阵列逻辑(Programmable Array Logic,PAL)、通用阵列逻辑(Generic Array Logic,GAL)、复杂可编程逻辑器件(Complex Programming Logic Device,CPLD)等类型。严格地讲,OTP-ROM 也属于 PLD。PLD 分类比较如表 9.5 所示。PROM、PLA、PAL、GAL 的集成度较低,一般用于实现较简单的逻辑功能。FPGA(Field Programmable Gate Array)是现场可编程门阵列的英文缩写。20 世纪 90 年代出现了内嵌复杂功能模块(如加法器、乘法器、RAM、

CPU 核、DSP 核、PLL 等）的可编程的片上系统 SOPC。

表 9.5　PLD 分类比较

名称		PROM	PLA	PAL	GAL	CPLD
研制时间		20 世纪 70 年代初期	20 世纪 70 年代中期	20 世纪 70 年代后期	20 世纪 80 年代初期	20 世纪 80 年代末期
阵列结构	与	固定	可编程	可编程	可编程	可编程
	或	可编程	可编程	固定	固定	固定
输出电路		固定	固定	固定	可组态	可组态
使用		主要用于存储器	用于组成逻辑电路，一般的只能编程一次，应用不广泛	用于组成逻辑电路，多数为双极型，工作速度快，只能编程一次，有些 CMOS 工艺的 PAL 可擦除和多次编程，应用广泛	用于组成逻辑电路。采用 E^2PROM 工艺，可编程上百次。设有专门保密位，安全性好，通用性好，应用灵活方便，得到广泛应用。用户对输出电路也可组态	分成可擦除可编程逻辑器件 FPLD 和高密度可编程逻辑器件 HD-PLD。有紫外线和电可擦除两种。具有集成度高、速度快、功耗低、使用灵活和高抗干扰等特点。可以重复编程十万次

9.5.2　PLD 器件的描述规则

PLD 器件的逻辑图通常采用简化表达方法。图 9.19 中，线路交叉处的黑色小点表示电路在该处是连接的。图 9.19（a）所示为基本 I/O 单元表示方法，图 9.19（b）所示为三输入与门表示方法，图 9.19（c）所示为三输入或门表示方法。

（a）基本I/O单元表示方法　　（b）三输入与门表示方法　　（c）三输入或门表示方法

图 9.19　PLD 与、或门表示方法

PLD 连接点表示符号如图 9.20 所示，其中"·"表示已由生产厂家连接好，不可编程，"×"表示可编程连接，用户可以在编程时将不需要的"×"去掉。图 9.21 所示为逻辑门电路与 PLD 电路比较示意图，虽然表示的方法不同，但电路功能是一样的。两电路都是异或门。

（a）固定连接符　　（b）编程连接符　　（c）擦除断开状态符

图 9.20　PLD 连接点表示符号

图 9.21（a）的表达式是 $F = \overline{A}B + A\overline{B} = A \oplus B$。在图 9.21（b）中，通常将 0、1、2、3 称为列，X_1、X_2 称为行。阵列中有几列表明一个与门可以和几个输入端相连接，通过"×"

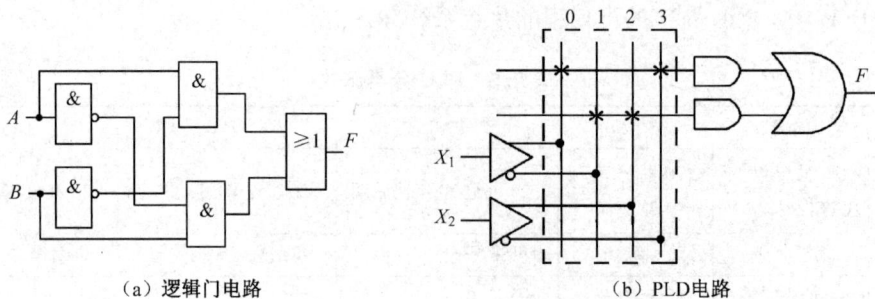

(a) 逻辑门电路　　　　　　　　(b) PLD电路

图 9.21　逻辑门电路与 PLD 电路比较示意图

或 "·" 与该输入线连接的输入信号就是该与门的一个输入信号，所以图 9.21（b）的表达式是 $F = X_1 \cdot \overline{X_2} + \overline{X_1} \cdot X_2 = X_1 \oplus X_2$，即实现异或功能。

在图 9.21（b）中，输入固定地连接到列线上，输出或门固定不变，虚线内即可编程的与门阵列，对它进行编程相当于在芯片内部阵列上建立真值表，与逻辑功能之间建立对应关系。

9.5.3　PLD 的开发环境

PLD 的开发需要在开发平台下进行。开发平台通常称为 EDA 工具，由五个模块组成：设计输入编辑器、HDL 综合器、仿真器、适配器、下载器。每个 PLD 的生产厂家为了方便用户通常都提供集成的开发环境，如 Altera 的 MAX+plus Ⅱ、Quartus Ⅱ。

普通 PLD 器件的开发通常包括逻辑设计、选择器件和编写关于器件编程信息的标准格式文件（JEDEC 文件），把 JEDEC 文件下载到编程器，对器件进行编程，编程完成后还要进行逻辑功能测试，测试通过的器件再插入印制板使用。

现在的 FPGA/CPLD 通常不用专门的编程器，利用计算机和下载线就可实现 JEDEC 文件的下载。这种下载技术称为 ISP（In-System Programmable）技术，采用这一技术的芯片称为高密度在系统可编程逻辑器件（In-System Programmable Large Scale Integration，ISPLSI）。

对于 PLD 的开发最主要的就是把设计按要求输入到开发平台。EDA 工具的设计输入可分为图形输入和 HDL 文本输入。图形输入包括原理图输入、状态图输入和波形图输入三种。HDL 文本输入是使用硬件描述语言的输入设计文本。常用的硬件描述语言有 VHDL、Verilog HDL、AHDL（Altera HDL）。很多开发平台都支持多种设计输入方式。

想一想：如果要学习使用 PLD，那么需要学习哪些方面的知识呢？

9.6　大规模集成电路的综合应用

9.6.1　波形产生电路

图 9.22 所示为以 $E^2 PROM$ 2864 为中心的 8 种波形发生器的电路图。

图 9.22　以 E^2PROM 2864 为中心的 8 种波形发生器的电路图

E^2PROM 2864 是 8K×8 位的存储器，把它分成 8 段地址，每段占 1KB 地址空间，每段地址存入一种波形的数据值，共计存入 8 种波形的数据值。E^2PROM 2864 有 13 根地址线，通常低 10 位地址线组成 $2^{10} = 1024 = 1KB$ 对应于每种波形的地址空间。高 3 位地址线组成 $2^3 =$ 8 种地址组合，来选择 8 种波形中的其中一种。利用计算机和编程器，通过专用的编程语言编程得到表示 8 种波形的程序后，把数据写入 E^2PROM 2864。

写入数据时，片选输入端 $\overline{CE}$、写入控制端 $\overline{WE}$ 为低电平，读出允许端 $\overline{OE}$ 为高电平，在 +5V 的工作电源下就可以按指定的地址（$A_{12} \sim A_0$ 的值）将数据从 $D_7 \sim D_0$ 写入 E^2PROM 2864。

已写入程序的 E^2PROM 2864 和其他器件互相连接，可构成如图 9.22 所示的能产生 8 种波形的发生器，其中，CD4060 作为时钟发生器，产生 2MHz 的脉冲波，经 4 级 2 分频后从 7 脚输出送到 74HC4040 作为计数脉冲。

12 位二进制计数器 74HC4040 有 $Q_0 \sim Q_{11}$ 输出信号，其中只选用 $Q_1 \sim Q_{10}$ 输出信号连接 E^2PROM 2864 的地址信号 $A_0 \sim A_9$，来选择存储器中一个完整波形的地址空间，并与拨动开关的位置相结合，来确定具体输出中是 8KB 地址中的哪个 1KB 范围，即选中何种波形。波形的频率为计数器时钟脉冲频率的 $1/2^{10} = 1/1024$。

存储器 E^2PROM 2864 因为片选输入端 $\overline{CE}$、读出允许端 $\overline{OE}$ 为低电平，写入控制端 $\overline{WE}$ 为高电平，处于读出工作状态，所以它将根据输入的地址数码选中相应单元，并把表示某一波形的数字量读出，送到 8D 锁存器 74HC574 中。

8D 锁存器的作用是避免由于存储器存取时间的存在，对后级 D/A 转换电路产生影响。8D 锁存器将数据量送入 D/A 转换器 DAC0832 进行 D/A 转换，DAC0832 是电流输出型 D/A 转换器。因此在输出端需要外接高输入阻抗的运算放大器 LF356，将电流信号转换成电压信号进行放大后输出。

选用 CD4060 不同的分频端输出，相当于给 74HC4040 输入不同频率的计数脉冲，可以改变 74HC4040 输出地址码的转换频率，并改变 E^2PROM 2864 读出数据的速度，从而调整输出波形的频率。调节 R_w 的阻值改变基准电压，从而改变输出信号的幅度，调节时注意幅值为 $0 \sim -9V$。两者结合，使此电路输出的 8 种波形的频率和幅度都可调整。

1. 时钟发生器

图 9.23 中的 CD4060 是 14 位二进制串行计数器，只要配以 2MHz 晶振就可以产生 2MHz 的脉冲信号，它自带计数分频器，可以得到 $f=2\text{MHz}/2^n$（$n=4\sim10$，12，13，14），从而输出不同频率的脉冲信号。图 9.23 中主要利用其 $f=2\text{MHz}/2^4=125000\text{Hz}$ 的 Q_4 端输出。

图 9.23　CD4060 引脚图、功能表和时序图

2. 地址计数器的组成

地址计数器由 12 位二进制计数器 74HC4040 构成，该芯片已在计数器内容中进行介绍，它有 $Q_0\sim Q_{11}$ 输出信号，其中只选 $Q_1\sim Q_{10}$ 输出信号连到 $E^2\text{PROM}$ 2864 的地址信号 $A_0\sim A_9$，正好对应存储器中一个完整波形的地址空间（000H~3FFH），至于是 8KB 地址中的哪个 1KB 范围，则决定于存储器地址的高三位 $A_{10}\sim A_{12}$ 的组合情况。一个完整的波形周期，计数器从全 0 计数到全 1，所以计数器时钟脉冲频率的 $1/2^{10}=1/1024$ 为输出波形的频率。

3. E^2PROM 2864

$E^2\text{PROM}$ 2864 中的波形数据用专用的编程器写入，在编程时按指定地址写入数据。把编程器与计算机的打印机接口相连，打开编程器电源，启动计算机编程器软件；选择相应的器件，读入需要写入数据对应的文件，把数据编程到存储器中。图 9.24 所示为编程软件版面图，图 9.25 所示为 RF810 编程器外观。

将 8 种类型的波形数据输入固化在存储器中，$E^2\text{PROM}$ 2864 的地址和波形如图 9.26 所示。地址的高三位 A_{12}、A_{11}、A_{10} 接波形开关能产生从 000~111 的 8 种组合状态，分别提供 8

种波形的高三位地址（A_{12}、A_{11}、A_{10}）。若这些地址是由地址线直接提供的，则波形切换也可通过软件编程实现。

图 9.24　编程软件版面图

图 9.25　RF810 编程器外观

4. 数据锁存器

74HC574 锁存器的引脚图和功能表如图 9.27 所示。加入锁存器的作用是在存储器从地址有效到数据输出的时间间隔内避免对后级转换的影响。图 9.28 所示为锁存器的时序图，图中，时钟脉冲上升沿读入数据由 $Q_0 \sim Q_7$ 端输出，而地址计数是脉冲下降沿动作，因此 Q 端输出的数据与 E^2PROM 2864 的指定时间延时 1/2 周期，以保证输出数据有效。

地址分配

十六进制 十进制

存储空间

0 1 2 3 4 5 6 7 8

输出波形

十六进制	十进制
0000	0000
03FF	1023
0400	1024
07FF	2047
0800	2048
0BFF	3071
0C00	3072
0FFF	4095
1000	4096
13FF	5119
1400	5129
17FF	6143
1800	6144
1BFF	7167
1C00	7168
1FFF	8191

8K字节存储器

每个地址单元8位二进制值

图 9.26　E^2PROM 2864 的地址和波形

功能表

输入			输出
$\overline{EN}$	CP	D	
L	↑	H	H
L	↑	L	L
L	L	X	Q_0
H	X	X	Z

H — 高电平　　　X — 任意
L — 低电平　　　Z — 高阻
↑ — 上升沿
Q_0 — 规定的稳态输入条件建立前的Q的电平

图 9.27　74HC574 锁存器的引脚图和功能表

（a）存储器输出数据　　　　　（b）地址输入与数据输出

（c）锁存器工作波形

图 9.28　锁存器的时序图

当 74HC574 的第 1 脚 $\overline{\text{EN}}$ 为高电平时，输出端为高阻态，数据不输出；当 $\overline{\text{EN}}$ 为低电平时，数据输出。

5. D/A 转换

D/A 转换是将 74HC574 输出的数字信号转换成模拟信号，图 9.29 所示为 D/A 转换示意图。

图 9.29　D/A 转换示意图

锁存器输出的稳定信号提供了 D/A 转换的数字量。其中，输入锁存器功能 ILE 固定接高电平，$\overline{\text{CS}}$ 固定接低电平，芯片处于选中状态，$\overline{\text{WR}}_1$、$\overline{\text{WR}}_2$、$\overline{\text{XFER}}$ 固定接低电平时，DAC0832 处于直通工作状态，输入数据直接转换成模拟量。8 脚参考电压输入端用一个可调电位器，输出电压幅度为

$$u_{\text{O}} = -\frac{V_{\text{REF}}}{2^n}\left(2^{n-1} \cdot D_{n-1} + 2^{n-2} \cdot D_{n-2} + \cdots + 2^0 \cdot D_0\right)$$

可见，V_{REF} 的变化将影响输出 u_{O}，也可以接固定 V_{CC}。

因为 DAC0832 是电流输出型 D/A 转换器，所以在输出端需要接运算放大器将电流信号转换成电压信号。为了提高精度，电流输出型 D/A 转换器不能接大的负载，下一级必须采用高阻抗输入回路。在电路中使用模拟运算放大器 LF356，以满足高输入阻抗和放大的要求。

LF356 输入阻抗超过 $10^{12}\Omega$，共模抑制比为 100dB，增益为 100dB，频带为 0~5MHz。输出若通过电容耦合即可输出交直流波形，如图 9.30 所示。输出信号的大小可用电位器 R_{W} 来调节运算放大器的反馈深度，控制输出幅值。

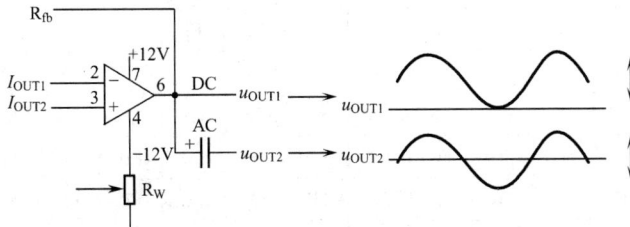

图 9.30　交直流输出波形

输出端的输出含直流成分输出正弦波，当 8 脚所接 $V_{\text{REF}} = -5\text{V}$ 时，变化的幅度为 0~5V。若用电容耦合，隔离了直流成分，则输出电压为 -2.5~+2.5V。

在整个电路中若时钟频率为 1.024MHz，则输出波形的频率为 1/1024MHz＝1kHz，所以说该电路可以获得很低频率的波形。

通过调节电位器 R_w 改变输出幅度，选取 14 位二进制串行计数器（CD4060）的不同输出可以改变输出波形的频率。

6. 存储器的数据设计

存储器的数据设计与 D/A 转换精度和输出波形形状有关。

设输出波形为如图 9.31 所示的正弦波时，可以把波形分成四个区间 0°～90°、90°～180°、180°～270°、270°～360°。

每个波形分配到的地址空间长度为 1KB＝1024 个字节，1KB 长度的空间只能存放一个完整波形的基本周期数据。一个字节的数据最多只能有 256 种状态，所以 8 位数字量（$2^8 = 256$）的步长为 1/256，误差为

图 9.31 正弦波地址单元值分配关系

0.4%，若需要提高精度则可以用更多位数的 D/A 转换器，但通常 8 位 D/A 转换后所产生的模拟波形已经满足要求。所以，正弦波的地址单元值分配表（0000～03FF）如表 9.6 所示。

表 9.6 正弦波的地址单元值分配表（0000～03FF）

地址	0	1	2	3	4	5	6	7	8	9	A	B	C	D	E	F
0000	7F	80	81	81	82	83	84	84	85	86	87	88	88	89	8A	8B
0010	8B	8C	8D	8E	8F	8F	90	91	92	92	93	94	95	95	96	97
0020	98	99	99	9A	9B	9C	9C	9D	9E	9F	9F	A0	A1	A2	A2	A3
0030	A4	A5	A5	A6	A7	A8	A8	A9	AA	AB	AB	AC	AD	AD	AE	AF
0040	B0	B0	B1	B2	B3	B3	B4	B5	B5	B6	B7	B7	B8	B9	B9	BA
0050	BB	BC	BC	BD	BE	BE	BF	C0	C0	C1	C2	C2	C3	C4	C4	C5
0060	C6	C6	C7	C7	C8	C9	C9	CA	CB	CB	CC	CD	CD	CE	CE	CF
0070	D0	D0	D1	D1	D2	D3	D3	D4	D4	D5	D5	D6	D7	07	D8	D8
0080	D9	D9	DA	DA	DB	DC	DC	DD	DD	DE	DE	DF	DF	E0	E0	E1
0090	E1	E2	E2	E3	E3	E4	E4	E5	E5	E5	E6	E9	E7	E7	E8	E8
00A0	E9	E9	E9	EA	EA	EB	EB	EC	EC	EC	ED	ED	ED	EE	EE	EF
00B0	EF	EF	F0	F0	F0	F1	F1	F1	F2	F2	F2	F3	F3	F3	F4	F4
00C0	F4	F5	F5	F5	F5	F6	F6	F6	F7	F7	F7	F7	F8	F8	F8	F8
00D0	F9	F9	F9	F9	F9	FA	FA	FA	FA	FA	FB	FB	FB	FB	FB	FB
00E0	FC	FC	FC	FC	FC	FC	FC	FC	FD	FD	FD	FD	FD	FD	FD	FD
00F0	FD	FD	FE	FE	FE	FE	FE	FE	FE	FE	FE	FE	FE	FE	FE	FE
0100	FE	FE	FE	FE	FE	FE	FE	FE	FE	FE	FE	FE	FE	FE	FE	FD
0110	FD	FD	FD	FD	FD	FD	FD	FD	FD	FD	FC	FC	FC	FC	FC	FC
0120	FC	FB	FB	FB	FB	FB	FB	FA	FA	FA	FA	FA	F9	F9	F9	F9
0130	F9	F8	F8	P8	F8	F7	F7	F7	F7	F6	F6	F6	F5	F5	F5	F5

地址	0	1	2	3	4	5	6	7	8	9	A	B	C	D	E	F
0140	F4	F4	F4	F3	F3	F3	F2	F2	F2	F1	F1	F1	F0	F0	F0	EF
0100	EF	EF	EE	EE	EE	ED	ED	EC	EC	EC	EB	EB	EA	EA	E9	E9
0160	E9	E8	E8	E7	E7	E6	E6	E5	E5	E5	E4	E4	E3	E3	E2	E2
0170	E1	E1	E0	E0	DF	DF	DE	DE	DD	DD	DC	DC	DB	DA	DA	D9
0180	D9	D8	D8	D7	D7	D6	D5	D5	D4	D4	D3	D3	D2	D1	D1	D0
0190	D0	CF	CE	CE	CD	CD	CC	CB	CB	CA	C9	C9	C8	C7	C7	C6
01A0	C6	C5	C4	C4	C3	C2	C2	C1	C0	C0	BF	BE	BE	BD	BC	BC
01B0	BB	BA	B9	B9	B8	B7	B7	B6	B5	B5	B4	B3	B2	B2	B1	B0
01C0	B0	AF	AE	AD	AD	AC	AB	AB	AA	A9	A8	A8	A7	A6	A5	A5
01D0	A4	A3	A2	A2	A1	A0	9F	9F	9E	9D	9C	9C	9B	9A	99	99
01E0	98	97	96	95	95	94	93	92	92	91	90	8F	8F	8E	8D	8C
01F0	8B	8B	8A	89	88	88	87	86	85	84	84	83	82	81	81	80
0200	7F	7E	7D	7D	7C	7B	7A	7A	79	78	77	76	76	75	74	73
0210	73	72	71	70	6F	6F	6E	6D	6C	6C	6B	6A	69	69	68	67
0220	66	65	65	64	63	62	62	61	60	5F	5F	5E	5D	5C	5C	5B
0230	5A	59	59	58	57	56	56	55	54	53	53	52	51	51	50	4F
0240	4E	4E	4D	4C	4C	4B	4A	49	49	48	47	47	46	45	45	44
0250	43	42	42	41	40	40	3F	3E	3E	3D	3C	3C	3B	3A	3A	39
0260	38	38	37	37	36	35	35	34	33	33	32	31	31	30	30	2F
0270	2E	2E	2D	2D	2C	2B	2B	2A	2A	29	29	28	27	27	26	26
0280	25	25	24	24	23	22	22	21	21	20	20	1F	1F	1E	1E	1D
0290	1D	1C	1C	1B	1B	1A	1A	19	19	19	18	18	17	17	16	16
02A0	15	15	15	14	14	13	13	12	12	12	11	11	11	10	10	0F
02B0	0F	0F	0E	0E	0E	0D	0D	0D	0C	0C	0C	0B	0B	0B	0A	0A
02C0	0A	09	09	09	09	08	08	08	07	07	07	07	06	06	06	06
02D0	05	05	05	05	05	04	04	04	04	04	03	03	03	03	03	03
02E0	02	02	02	02	02	02	02	01	01	01	01	01	01	01	01	01
02F0	01	01	00	00	00	00	00	00	00	00	00	00	00	00	00	00
0300	00	00	00	00	00	00	00	00	00	00	00	00	00	00	00	01
0310	01	01	01	01	01	01	01	01	01	01	02	02	02	02	02	02
0320	02	03	03	03	03	03	03	04	04	04	04	04	05	05	05	05
0330	05	06	06	06	06	07	07	07	07	08	08	08	09	09	09	09
0340	0A	0A	0A	0B	0B	0B	0C	0C	0C	0D	0D	0D	0E	0E	0E	0F
0350	0F	0F	10	10	10	11	11	12	12	12	13	13	14	14	15	15
0360	15	16	16	17	17	18	18	19	19	19	1A	1A	1B	1B	1C	1C
0370	1D	1D	1E	1E	1F	1F	20	20	21	21	22	22	23	24	24	25
0380	25	26	26	27	27	28	29	29	2A	2A	2B	2B	2C	2D	2D	2E
0390	2E	2F	30	30	31	31	32	33	33	34	35	35	36	36	37	38
03A0	38	39	3A	3A	3B	3C	3C	3D	3E	3E	3F	40	40	41	42	42
03B0	43	44	44	45	46	47	47	48	49	49	4A	4B	4C	4C	4D	4E
03C0	4E	4F	50	51	51	52	53	53	54	55	56	56	57	58	59	59
03D0	5A	5B	5C	5C	5D	5E	5F	5F	60	61	62	62	63	64	65	65
03E0	66	67	68	69	6A	6B	6B	6C	6C	6D	6E	6F	6F	70	71	72
03FF	73	73	74	75	76	76	77	78	79	7A	7B	7B	7C	7D	70	7E

任意波形都可以按这种方法设计存储数据，并可以根据电路实际输出波形的状态反过来再修改存储器数据，使波形的失真最小。

实际上，在编程器中按地址逐个输入数据是非常烦琐和易出错的。通常这些数据可使用编程语言编写再编译后自动产生。

想一想：如果不通过调节基准电压值来调节输出幅度，那么可采用哪一种方法？
提示：可利用外加可调电阻给运算放大器作为反馈电阻，利用改变反馈深度的方法来改变幅度。

9.6.2 霓虹灯控制电路

图 9.32 所示为霓虹灯控制电路。2864 的片选端 CE 接地，此芯片接通电源可以进入正常的读写状态。

图 9.32 霓虹灯控制电路

4060 是带振荡器的 14 位二进制计数器。CP_1 为时钟输入，CP_0 为时钟输出，$\overline{CP_0}$ 为时钟信号经非门后输出，它们与 R_1、R_2 和 C_1 构成振荡器，振荡出来的频率分频后输入作为存储器的地址数据。当断开 R_1 和 C_1 时，它仅当作 14 位二进制计数器使用，对 CP_1 输入脉冲进行计数。

R_3 和 C_2 起到开机复位的作用。2864 是高电平复位。当电路接通电源时，由于 C_2 上未建立电压，近似为短路线，RST 相当于接通+5V，为高电平复位。随着 C_2 充电，C_2 上电压上升，复位端 RST 电压下降，当 C_2 充满电时，近似为开路线，R_3 上无电流流过，RST 电压为 0，复位结束。在工作过程中若想复位，则可以按动 S_1，使 RST 接到高电平。

在该霓虹灯控制电路中，因为只利用了存储器的 10 根地址线，所以地址单元有 2^{10} 个，每一地址单元存储 8 位数据，可控制 8 盏灯的变化，所以可按霓虹灯 2^{10} 种规律变化。当应用编程器时，输入按需要变化规律对应的数据，写入存储器 2864 中。把写好程序的芯片插入电路相应位置的集成电路插座上，安装到电路中。此电路读控制端低电平有效，而写控制端接+5V 电源，为高电平无效，所以电路工作时只进行读出而不写入。接通电源，存储器即按输入地址输出存储器内对应的数据。

若在输出端加上功率放大电路，则可以对更多的发光二极管进行控制。

想一想：在图 9.32 电路中，2864 的所有地址单元都已使用了吗？霓虹灯最多可达到多少种变化形式呢？

9.7　单片微型计算机简介

单片微型计算机简称单片机，是典型的嵌入式微控制器（Microcontroller Unit），常用英文字母的缩写 MCU 表示单片机，单片机又称单片微控制器，它不是完成某一个逻辑功能的芯片，而是把一个计算机系统集成到一个芯片上。单片机由中央处理器（CPU）、随机存储器（RAM）、只读存储器（ROM）、定时器/计数器、输入/输出接口电路、运算器、控制器、输入/输出设备等构成，相当于一个微型的计算机（最小系统），与计算机相比，单片机缺少了外围设备等。概括地讲，一块芯片就成了一个计算机。它的体积小、质量轻、价格便宜，最早被用在工业控制领域。现代人类生活中所用的几乎每件有电子器件的产品中都会集成单片机。手机、计算器、家用电器、电子玩具等电子产品中都含有单片机。汽车上一般配备 40 多片单片机，复杂的工业控制系统上甚至可能有数百片单片机在同时工作。

图 9.33 所示为 MCS-51 系列单片机硬件结构框图。MCS-51 系列单片机是 8 位单片机。8 位是指单片机能够一次处理的数据的宽度（二进制位数）。目前，应用最广的单片机有 8 位机、16 位机、32 位机。一个完整的单片机系统包括硬件和软件两大部分，硬件是组成单片机系统的物理实体，软件是控制单片机运行的程序。电源和时钟在正常的条件下，单片机复位后程序从头（通常是从程序地址 0 开始）执行。

图 9.33　MCS-51 系列单片机硬件结构框图

其中，CPU 内含的运算器和控制器主要有以下功能。

1. 运算器

运算器由运算部件——算术逻辑单元（Arithmetic & Logical Unit，ALU）、累加器和寄存器等组成。ALU 的作用是把传来的数据进行算术或逻辑运算，输入来源为两个 8 位数据，分别来自累加器和数据寄存器。ALU 能完成对这两个数据的加、减、与、或、比较大小等操作，最后将结果存入累加器。例如，两个数 6 和 7 相加，在相加之前，将 6 放在累加器中，7 放在数据寄存器中。当执行加法指令时，ALU 即把两个数相加并把结果 13 存入累加器，取代累加器原来的内容 6。

运算器有以下两个功能：

（1）执行各种算术运算。

（2）执行各种逻辑运算，并进行逻辑测试，如零值测试或两个值的比较。

单片机运算器所执行全部操作都是由控制器发出的控制信号来指挥的，并且，一个算术操作产生一个运算结果，一个逻辑操作产生一个判决。

2. 控制器

控制器由程序计数器、指令寄存器、指令译码器、时序发生器和操作控制器等组成，是发布命令的"决策机构"，即协调和指挥整个微机系统的操作。其主要功能如下。

（1）从内存中取出一条指令，并指出下一条指令在内存中的位置。

（2）对指令进行译码和测试，并产生相应的操作控制信号，以便于执行规定的动作。

（3）指挥并控制 CPU、内存和输入/输出设备之间数据流动的方向。

微处理器内通过内部总线把 ALU、计数器、寄存器和控制部分互连，并通过外部总线与外部的存储器、输入/输出接口电路连接。外部总线又称为系统总线，分为数据总线 DB、地址总线 AB 和控制总线 CB。通过输入/输出接口电路，实现与各种外围设备连接。

单片机是一种在线式实时控制计算机，在线式就是现场控制，需要的是有较强的抗干扰能力，较低的成本。单片机通常采用汇编语言和 C 语言编程，C 语言开发效率比较高，但在执行效率上比较低，比汇编语言低 10% 到 20%，相同指令汇编语言占用更少的硬件资源。灵活使用汇编语言与 C 语言编程，可让单片机的强大功能以最高的效率展示给用户。

实训 9   霓虹灯控制电路

1. 实训目的

（1）理解存储器各引脚的功能。掌握集成电路 2864 的使用方法。

（2）掌握存储器的有关地址、数据和信号传送等概念。

（3）掌握编程器的使用。

2. 实训器材

8K×8 位 E²PROM 2864（或 2K×8 位 E²PROM 2816）	1 块
内含振荡器的 14 位串行二进制计数器 4060	1 块
按键开关	1 个
电容 1μF 1 个，0.01μF 1 个	
电阻 470Ω 8 个，1kΩ 2 个，10kΩ 2 个，1MΩ 1 个	

3. 实训内容

按图 9.32 连接好霓虹灯控制电路的电路图。

首先利用专用编程器编程后写入存储器中，然后安装到电路中。电路工作时只进行读出不写入。指示灯的变化规律由老师和学生一起商定，最后利用编程器编程，写入 E^2PROM 2864 中。写好程序的芯片插入电路相应位置的插座上，接通电源，电路即开始工作。

4. 实训报告

（1）如果使用 E^2PROM 2816，那么应如何接线呢？

（2）说明 S_1 的作用。

（3）说明实训电路的工作原理和实训的现象。

（4）若希望此电路长时间循环发光，则编程时要注意什么？可以对此电路进行何种方法改进呢？

5. 想想做做

如果要设计一个用点阵显示"欢迎您来到广东机电职业技术学院"的电路，那么需要什么集成电路呢？各个芯片应该怎样连接呢？在制作过程中，如何分级进行以减少电路各级的错误，顺利完成电路呢？

本项目学习指导

（1）本项目主要介绍存储二值数据的半导体存储器件只读存储器（ROM）和随机存储器（RAM）。

只读存储器在断电时数据不会丢失。只读存储器分为掩膜只读存储器、一次性可编程只读存储器（OTPROM）、可擦除只读存储器。而可擦除只读存储器又分为紫外线可擦除只读存储器（EPROM）、电可擦除只读存储器（E^2PROM）和闪速存储器。

随机存储器存、取非常方便，但它的数据在断电时会丢失。随机存储器可以分为静态随机存储器和动态随机存储器。静态随机存储器适用于一些要求存储速度快的场合，而动态随机存储器适用于存储量大的场合。

（2）本项目还简单介绍了通用阵列逻辑的一些基本知识。

注意：所有存储器的外接线都由电源线、数据线、地址线和控制线构成。不同芯片的控制线引线名称可能有所不同，但其功能基本相同。

习 题 9

9.1 半导体存储器可以分成几类呢？ROM 和 RAM 的最大区别是什么呢？

9.2 存储器的主要指标是哪些？如何标注存储器的容量？

9.3 有一存储器，其地址线有 10 根，数据线有 8 根，它的存储容量为多大？

9.4 对于一个存储容量为 32K×16 位的 RAM，下列哪些说法是正确的呢？

（1）该存储器有 512KB 个存储单元。

（2）每次可同时读/写 8 位数据。

（3）该存储器有 32 根地址线。

（4）该存储器的字长为 16 位。

（5）访问该存储器的某个存储单元时需要 15 位地址码。

（6）该存储器的十六进制数地址范围为 0000H～FFFH。

9.5　指出下列存储系统各具有多少个存储单元？至少需要几根地址线？

（1）64K×1　　（2）256K×4　　（3）1M×1　　（4）128K×8

9.6　设存储器的起始地址为全 0，试指出下列存储系统的最高地址。

（1）2K×1　　（2）16K×4　　（3）256K×32

9.7　ROM 有哪几种类型？哪几种 ROM 具有多次擦除重写功能？

9.8　OTPROM、EPROM 和 E^2PROM 各有什么特点？

9.9　闪速存储器具有什么特点？

9.10　RAM 有几种主要的类型？其各有何特点？

9.11　静态随机存储器和动态随机存储器在工作方式上有哪些区别？分别用于哪些场合？一般情况下，DRAM 的集成度比 SRAM 的集成度高，为什么？

9.12　PLD 有哪几种类型？

项目 10　设计制作数字电子产品

前面，我们学了很多数字电路部件，有基本门电路、编码器、译码器、加法器、数据选择器、数据分配器、数值比较器、触发器、计数器、寄存器、脉冲产生和整形电路等。通常情况下，一个数字电路系统是多个数字电路部件的集合体。如何综合利用各单元电路合理地设计一个实用型的数字电子产品是本项目研究的重点。

通过本项目的训练，我们将具备电子工程师所需要的基本技能。

10.1　概述

10.1.1　课程设计的基本任务

本课程设计的基本任务：着重培养学生对数字集成电路应用方面的综合实践技能，掌握综合运用理论知识解决实际问题的能力；学生通过电路设计、安装、调试、整理资料、答辩等环节，形成独立思考问题的能力；培养学生除课本知识以外的一些科技工作者必须具备的基本技能，并培养学生的创新能力和再学习的能力，如查阅资料、懂得如何根据需要选择器件等，从而逐步熟悉开展科学实践的程序和方法。

本课程设计的内容贯穿整个教学过程。首先教师可以在开学前向学生公布选题，然后在授课到相应内容时把项目当成使用例子进行讲解。学生可以用一周实习的时间来完成相应的项目，也可以在课余时间按要求完成相应的项目。

10.1.2　课程设计的基本要求

通过课程设计各环节的实践，应使学生达到如下要求。

1. 初步掌握数字逻辑电路分析和设计的基本方法

（1）根据设计任务和指标，初选电路。

（2）通过调查研究，设计计算，确定电路方案。

（3）掌握正确的布线方法。

（4）选择元器件，安装电路，独立进行实训，并通过调试改进方案。

（5）分析实训结果，写出设计总结报告。

2. 培养学生具有一定的自学能力和独立分析问题、解决问题的能力

（1）学会自己分析，找出解决问题的方法。

（2）对设计中遇到的问题，能独立思考，查阅资料，寻找答案。

（3）掌握一些测试电路的基本方法，实训中出现一般故障，能通过"分析、观察、判断、试验、再判断"的基本方法独立解决。

（4）能对实训结果进行分析和评价。

3. 掌握制作电子产品的基本技能

提高安装、布线、调试等基本技能，巩固常用仪器的正确使用方法。

4. 培养科学实践的作风

通过严格的科学训练和工程设计实践树立严肃认真、一丝不苟、实事求是的科学作风，并培养学生具有一定的生产观点、经济观点、全面观点及团结协作的精神。

10.1.3　课程设计的基本步骤和方法

1. 方案设计

根据设计任务书给定的技术指标和条件，初步设计出完整的电路（这一阶段又称为"预设计"阶段）。

这一阶段的主要任务是准备好实训文件，其中包括：画出框图；画出构成框图的各单元的逻辑电路图；画出整体逻辑图；提出元器件清单；画出各元器件之间的连接图。要完成这一阶段的任务，需要设计者进行反复思考，大量参阅文献和资料，将各种方案进行比较及可行性论证，才能将方案确定下来。

课程设计可采用设计数字系统自下而上的方法（试凑法）来进行设计。试凑法的具体步骤如下。

（1）明确待设计系统的总体方案。

（2）把系统的总体方案划分为若干相对独立的单元，每个单元的功能再由若干个标准元器件来实现，划分为单元的数目不宜太多，但也不能太少。

（3）设计并实施各个单元电路。在设计中应尽可能多地采用中、大规模集成电路，以减少元器件数目，减少连接线，提高电路的可靠性，降低成本。这要求设计者应熟悉元器件的种类、功能和特点。

（4）把单元电路组装成待设计系统。设计者应考虑各单元之间的连接问题。各单元电路在时序上应协调一致，在电气特性上要匹配。此外，还应考虑防止竞争冒险及电路的自启动问题。

衡量一个电路设计的好坏，主要看它是否达到了技术指标及能否长期可靠地工作。此外，还应考虑经济实用、容易操作、维修方便。为了设计出比较合理的电路，设计者除了要具备丰富的经验和较强的想象力，还应该尽可能多地熟悉各种典型电路的功能。只要将所学过的知识融会贯通，反复思考，周密设计，一个好的电路设计方案是不难得到的。

2. 方案试验

对所选定的设计方案进行安装调试。

由于实际生产的复杂性和电子元器件参数的离散性，加上设计者经验不足，一个仅从理论上设计出来的电路往往是不成熟的，可能存在许多问题，而这些问题不通过实验是不容易检查出来的，因此在完成方案设计之后，需要进行电路的装配和调试，以发现实验现象与设计要求不相符的情况，再进行调试。为便于设计者掌握实际硬件安装调试技能，选用在实验箱上进行方案实验。对某些较复杂的电路，可分单元电路依次进行安装调试，一般首先安装调试主电路，然后安装调试控制电路，分别达到指标要求之后，最后联系起来统调。

（1）安装。在装配电路的时候，一定要认真仔细，一丝不苟，注意集成块不要插错或方向插反，连线不要错接或漏接并保证接触良好，电源和地线不要短路，以避免人为故障。

（2）调试。单元电路安装好后，应该先认真进行通电前的检查。通电后，检查每片集成电路的工作电压是否正常（TTL 型集成电路电源电压为 $+5\pm0.25V$），这是电路有效工作的基本保证。调试该单元电路直至正常工作。调试可分为静态调试和动态调试两种，一般组合电路应静态调试，时序电路应动态调试。

统调主电路的方法是将已调试好的若干单元电路连接起来，跟踪信号流向，由输入到输出，由简单到复杂，依次测试，直至正常工作。因此，控制电路尚未安装，需要人为地给受控电路加以特定信号使其正常工作。

调试控制电路常分为两步：第一步单独调试控制电路本身，施加于控制电路的各个信号可以人为设定为某种状态，直至正常工作；第二步将控制电路与系统主电路中各个功能部件连接起来，进行电路统调。

调试过程中要充分利用实验箱提供的调试功能及三用表等工具。

（3）故障排除。实训中出现了故障和问题，不要急躁，要善于用理论与实践相结合的方法去分析原因，这样就可以较快地找出解决问题的方法和途径。

一般常见故障源为接触不良（特别是当电源线接触不良时可能工作不稳定）、接线错误（错接或漏接）、元器件本身损坏（需单独测试其功能才能确定确实损坏）、多余的输入端未正确处理（一般若悬空会有较大干扰，则应接固定电平）、设计上有缺陷（出现预先估计不到的现象，这就需要改变某些元器件的参数或更换元器件，甚至需要修改方案）。

寻找故障的常用方法如下：

（1）观察法。

（2）信号注入替代法。

（3）信号寻迹法。

（4）电路替代法。

（5）分段测试法。

（6）单步检查法（用单脉冲）。

（7）多步检查法（用连续脉冲）。

（8）逻辑分析仪。

（9）最新的故障诊断技术。

3. 工艺设计

完成制作实验样机所必需的文件资料，包括整机结构设计及印制电路板设计等。

4. 样机制作及调试

包括组装、焊接、调试等。

5. 总结鉴定

考核样机是否全面达到规定的技术指标，能否长期可靠地工作，同时写出设计总结报告。

以上叙述了一个数字系统装置的设计制作全过程。

10.1.4 课程设计实验文件的标准格式

在整个课程设计的过程中，每个同学应完成三个文件：预设计作业、方案实验预习报告及课程设计总结报告。

1. 预设计作业

（1）画框图的原则。

① 比较简单的逻辑电路的框图一般由几个方框构成，复杂一些的电路由十几个方框构成，所画的框图不必太详细，也不能过于含糊，关键是反映出逻辑电路的主要单元电路、信号通路、输入、输出及控制点的设计思路。

② 框图要能清晰地表示出控制信息和数据信息的流向。

③ 每个方框不必指出功能块中所包含的具体元器件，但应标明各方框的功能名称。

④ 所有连线必须清晰整齐。

（2）画逻辑图的原则。

① 所有小规模元器件应使用标准逻辑符号。

② 中、大规模集成电路的符号，规定画成一个方框，方框内应标明元器件的型号或名称，引脚的符号应标注清楚。必要时还可以标注出引脚的顺序号。各引脚不要求按顺序排列，可按设计者要求排列。

③ 电阻、电容、电感类元器件应计算出具体值。

④ 若作为正式图纸还应列出元器件清单，放在图纸的右下角。

2. 方案实验预习报告

方案实验预习报告由学生自己拟定，内容包括：调试和指标测试内容、方法及步骤，测试线路图，所用仪器设备，记录测试结果的表格等。

3. 课程设计总结报告

限期完成，内容及格式要求如下。

```
┌─────────────────────────────────────┐
│        《数字电子技术》课程设计           │
│            实 习 报 告                  │
│                                       │
│     题目：                            │
│     指导教师：                        │
│     设计人员（学号）：                 │
│     组号：                            │
│     班级：                            │
│     日期：                            │
│                                       │
└─────────────────────────────────────┘
```

10.2　提供的参考选题及参考方案

课程设计提倡学生自己选定选题和设计方案。设计方案必须涵盖的数字电子技术知识点不少于三个。本教材中有的给出设计方案的参考电路，有的直接给出一个设计结果，如采用本项目所提供的设计结果，对其改进创新程度应不低于 30%，否则成绩最高不超过 80 分。课程设计结果最后必须利用万能板或敷铜板制成可以正常工作的电路板，从而进行实际调试并供教师进行性能考核。

课程设计的内容可参照以下几种选题，也可以是以前内容的想想做做部分，如项目 6 的篮球比赛计数电路；或者是前述课程实用电路，如 8 种波形产生电路、霓虹灯控制电路、汽车尾灯控制系统的改进等。

设计方案时，学生应首先通过期刊、相关书籍及互联网等充分查阅有关资料，掌握相关的理论知识和电路制作技能，然后制定方案并进行制作。

10.2.1　设计数码抢答器

1. 设计要求

（1）7 个参赛选手，用 1~7 号表示，在抢答赛中，锁定并显示最先抢答选手号。

（2）报警提醒主持人等功能。

（3）主持人控制电路。

2. 课题涵盖的知识点

编码器、锁存器、脉冲发生器、译码器、三极管的开关特性应用等知识。

3. 设计课题中部分单元电路的原理说明

（1）数码抢答器整机工作原理框图。数码抢答器的整机工作原理框图如图 10.1 所示。图 10.2 所示为数码抢答器的整机电路图。电路组成如下：U_1 组成 8-3 线编码器，U_3、U_{7A} 形成锁存脉冲，其中 C_1 有延时作用，74LS175 锁存编码信号，K_9 为主持人复位按键，U_2、U_6 组成译码显示电路，U_5、U_{7B} 组成报警电路。

因为清零输出与 K_0 按键按下时，数码显示都为 0，所以选手使用 K_1~K_7 按键。

（2）编码器。按照预先的约定用文字、数码、图形等字符或图片表示特定对象的过程统称为编码。

图 10.1　数码抢答器的整机工作原理框图

图 10.2　数码抢答器的整机电路图

在本项目中为了便于锁存、显示抢答的选手号，可利用二进制编码器将 7 位选手的按键号编为 3 位二进制数。

编码器可以用小规模集成电路设计而成，也可以直接用中规模集成电路，如 8-3 线编码器 74LS148 来实现。此电路若用 74LS147 则还可以有 10 个输入抢答端。

（3）译码显示器。本项目可采用七段显示译码器。其作用是将 8421BCD 码译码后通过数码管显示出来。

驱动共阴数码管的显示译码器可采用 MC14511，其工作原理如表 10.1 所示。参考电路图 10.2 MC14511 输出所接 $R_1 \sim R_7$ 为限流电阻，以免电流过大而烧毁数码管或七段显示译码器 MC14511，阻值一般为 470Ω。

数码管的 dp 端为小数点控制端，若要使用，则一般应另外设计电路进行控制，本项目中不用，将其接地。

（4）锁存脉冲形成电路。锁存脉冲形成电路的作用为当有选手按下按键的瞬间形成一个脉冲信号，送到锁存器作为锁存输入数码所需的时钟脉冲，这里注意应与锁存器（或触发器）所需的脉冲极性相配合。

因为本项目中使用的锁存器（74LS175）所需的时钟脉冲为正边沿脉冲，所以在静态无人抢答时，即无按键按下时（按键输入端为高电平 1），锁存脉冲输出应为低电平 0，而一旦有选手按下按键（按键缓冲区输入有 0 时），锁存脉冲输出就应变为高电平 1。由以上分析可知，锁存脉冲形成电路满足与非门逻辑关系（全 1 为 0，有 0 为 1），选用 8 输入与非门集成电路（74LS30）。本项目中 74LS30 输出端接一小容量电容的目的为延时等待，以确保在锁存脉冲出现前编码器将需要锁存的数据已经准备好。

（5）锁存器。

① 利用集成正边沿 D 触发器 74LS175 完成数据锁存功能。74LS175 由具有共用时钟脉冲和清零端的四个正边沿 D 触发器构成，在 CP 由低电平向高电平变化瞬间，锁存器首先将输入数据 $D_4 \sim D_1$ 锁存，由 $Q_4 \sim Q_1$ 端输出，然后又维持不变（即使 $D_4 \sim D_1$ 可能变化），从而实现数据的锁存，所以要实现数据的锁存，关键在于 CP 时钟信号的控制。

② 也可以利用 74LS373（三态输出 8 路透明同步锁存器）完成锁存功能。74LS373 由 8 个三态输出的锁存器组成，常用于单片机系统中地址的锁存和微机总线系统，本项目也可利用 74LS373 来完成选手的抢答功能。它可以实现锁存开关信号的作用，也可以实现锁存编码信号的作用。读者可以自行设计相应的电路。

（6）报警器。报警器的作用为有选手抢答时，在报警信号的控制下发出报警响声以提示主持人有选手抢答。

报警器由脉冲振荡器 U_5、报警控制门电路 U_{7B} 和振荡驱动三极管 VT_1 组成，当没有选手抢答时，报警控制信号为低电平，U_{7B} 输出总为低电平，三极管 VT_1 截止，扬声器无报警声音；当有选手抢答时，报警控制信号变为高电平，U_{7B} 的输出为 5 脚的脉冲信号，三极管 VT_1 在脉冲信号的驱动下工作于开关状态，扬声器有报警声音输出。

提示：可以将 U_{7B} 改为 3 输入或 4 输入与门，分别接不同的 U_5 输出端，使不同的脉冲信号相互调制，这样报警声音就不会太单调了。

报警信号也可以由 555 定时器电路实现，或者采用 74LS04 非门实现。请读者自行设计。

4. 整机电路安装、调试

（1）安装。

安装调试的先后顺序：首先安装调试编码部分，然后安装译码显示部分，两部分安装完后可以连接起来进行调试。此时，因为数据锁存部分没有安装，所以没有锁存功能，首先按下相应按键，数码管显示相应数字，但松开后，数码管又显示数字 0。然后断开前面编码和显示部分的连线，安装锁存部分，再统一调试编码、锁存、显示部分。最后安装调试报警部分，这样可以使学生边安装、边学习、边思考和巩固理论知识，同时进一步形成数字电路系统的概念。

在安装数码管前，应先测量数码管的好坏，选用万用表的 R×10Ω 挡或 R×1Ω 挡，根据内部等效电路将其等效为 8 个发光二极管进行测量，以共阴数码管为例：将红表笔接数码管公共端（接地端），黑表笔分别接其他各段，相应的字段应点亮，并且阻值较小，而共阳数码管的表笔接法相反。

元器件布局：选用万用板进行焊接前，首先综合考虑整个项目元器件的排布和走线，焊接集成电路最好使用集成电路插座，这样便于后面检修和元器件的重复利用。焊接前先将元器件插座插在万用板上模拟元器件布局，考虑完全后再焊接电路。

（2）调试。

① 编码部分调试。在焊接完成后，首先仔细对照电路图检查焊接是否有误，然后通电调试，在没有按键按下时，输出端应全部为低电平（0.5V 以下），否则应检测电路，按下相应的按键，用万用表检查输出的高、低电平状态是否正确，具体确认以下四点：

a. 在 $K_0 \sim K_7$ 没有按键按下时，编码集成电路 U_1 所有输入端都应为高电平。

b. 在 $K_0 \sim K_7$ 没有按键按下时，编码集成电路 U_1 所有输出端都应为低电平。

c. 在 $K_0 \sim K_7$ 某一个按键按下时，编码集成电路 U_1 三个输出的编码状态是否符合编码要求。

d. 编码集成电路 U_1 三个编码输出引脚到锁存器 74LS175 的输入引脚是否连接正确，注意高位和低位的区分。

② 显示部分调试。因锁存部分还未安装，将显示译码器 MC14511 的 A、B、C 端与编码器输出的 Q_1、Q_2、Q_3 端相连。接显示译码器输出端（应注意高低位不要接反，否则数据显示不正常），在 $K_0 \sim K_7$ 没有按键按下时，观测数码管应该显示为 0，当某按键按下时，数码管应该显示相应数字（注意，因为此时并没有安装锁存部分，所以按键弹起来后，数据又恢复为 0，即暂时没有锁存功能），并测试显示译码器集成块 U_2 的各引脚电压值是否与显示译码器 MC14511 各引脚电压值（见表 10.1）相同。

表 10.1　显示译码器 MC14511 各引脚电压值

引脚标号	引脚号	正常电压/V	测量电压/V	引脚标号	引脚号	正常电压/V	测量电压/V
A	7	0		a	13	3.6	
B	1	0		b	12	3.6	
C	2	0		c	11	3.6	
D	6	0		d	10	3.6	
$\overline{LT}$	3	5		e	9	3.6	
$\overline{BI}$	4	5		f	15	3.6	
$\overline{LE}$	5	0		g	14	0	

③ 锁存部分调试。先按下复位开关 K_9，此时用万用表测量 U_4（74LS175）的 1 脚复位端应为低电平，松开复位开关 K_9，1 脚恢复为高电平，同时数码管应该显示为 0。

当 $K_0 \sim K_7$ 中没有按键按下时，U_3 输入端应全部为高电平，U_3 输出端应全部为低电平。U_{7A} 输入端 2 脚和输出端 3 脚应全部为低电平，输入端 1 脚应为高电平。

当 $K_0 \sim K_7$ 中某一按键按下时，U_3 输出端应变为高电平，U_{7A} 输出端 3 脚应变为高电平。

测量集成块 U_4 的各脚电压，并与锁存器 74LS175 各引脚电压值（见表 10.2）比较。

表 10.2　锁存器 74LS175 各引脚电压值

引脚标号	引脚号	正常电压/V	测量电压/V	引脚标号	引脚号	正常电压/V	测量电压/V
CLR	1	0（K9 按下）		Q4	15	0	
		5（K9 弹起）		$\overline{Q_4}$	14	3.6	
CP	9	0		D1	4	.0	
Q1	2	0		D2	5	0	
Q2	7	0		D3	12	0	
Q3	10	0		D4	13	5	

④ 报警部分调试。首先检查 U_5 的 12 脚是否接地，然后判断 U_5 是否起振。判断方法可以采用示波器测试 U_5 的 7 脚是否有 3.6V 左右的脉冲电压，若有脉冲电压，则表明 U_5 的脉冲振荡和分频计数器工作正常。若没有示波器，则可用万用表测量 U_5 的 3 脚 Q_{14} 端电压是否在 0~3.6V 摆动，若在 0~3.6V 摆动，则表明 U_5 工作正常。

在 U_5 正常工作后，按一次主持人复位键 K_9，用万用表检查报警控制门 U_{7B} 的 4 脚是否为低电平，三极管 VT_1 应处于截止状态，基极为低电平，集电极为高电平。

按动 $K_0 \sim K_7$ 中的任意一按键，此时用万用表检查报警控制门电路 U_{7B} 的 4 脚是否为高电平，报警控制门电路 U_{7B} 被打开，6 脚输出脉冲，三极管 VT_1 处于开关状态，扬声器中发出报警声音。

想一想：能否附加电路，使电路能够实现 8 路抢答呢？即无选手抢答时显示 0，有选手抢答时可对应显示 1~8 中任一数。

10.2.2　设计数字钟

1. 设计要求

（1）用数字显示时、分、秒，12 小时循环一次。

（2）可以在任意时刻校准时间，要求可靠方便。

（3）能以音响自动正点报时，12 小时循环一次。要求第一响为正点，以后每隔一秒或半秒响一下，几点钟就响几声。

2. 课题涵盖的知识点

脉冲产生电路，任意进制计数器的构成，译码、显示电路，比较电路。

3. 设计课题中部分单元电路的原理说明

图 6.8 所示为数字串行传送波形与位时钟。图 10.3 所示为数字时钟整机电路图，可以显示分钟和小时变化，秒输出用两个发光二极管的闪烁来表示。

数字时钟整机电路图的工作原理如下：首先由 U_1（4060）的 Q_{14}（3 脚）产生 2Hz 的振荡信号，然后由 12 级二进制计数器 U_2（4040）和 U_{3A}、U_{3B} 组成一百二十进制计数器分频，

图10.3 数字时钟整机电路图

从 U_{3B} 的输出端输出一个 1 分钟跳变一次的分脉冲，作为分钟计数器的分钟信号，按键 K_1 作为分钟调时的手动脉冲开关，每按动一次，从 U_{3B} 的输出端输出一个脉冲，同时 U_2 的 Q_1 端输出秒脉冲信号驱动 LED_1、LED_2，作为秒指示（因为 2Hz 的信号经 1 位二进制计数器分频后为 1Hz）。若要显示秒数据，则可另接计数译码显示电路。

从 U_{3B} 输出端输出的分钟脉冲经 U_4（4510）"分钟个位"计数器计数，经 U_5 七段显示译码器驱动数码管 U_6，显示分钟的个位计时，U_7、U_8、U_9 和 U_{10A}、U_{10B} 组成六进制计数器，作为"分钟十位"计数器。

U_{10B} 输出的复位信号又作为"时计数器"的计数脉冲，U_{11}、U_{14}、U_{10C}、U_{10D} 组成二十四进制计数器，同时按键 K_2 作为小时校时开关。

（1）脉冲振荡电路。

① 脉冲振荡电路的作用：主要为数字电路提供满足要求（频率、脉冲宽度、脉冲幅度、占空比等）的脉冲信号，在本项目中主要为计数器产生满足要求的计数时钟脉冲。

② 集成脉冲振荡和 14 位二进制计数器 4060。由 4060 组成的脉冲振荡的 14 位二进制计数器的电路图，如图 10.3 所示。

4060 是一块集成有脉冲振荡的 14 位二进制计数器，当按照图 10.3 连接好电阻和晶振后，就能稳定地产生晶体所标称的振荡频率（图中振荡频率为 32768Hz）脉冲信号输入到后面的 14 位二进制计数器，从最后一级 Q_{14} 端输出的脉冲信号频率为

$$32768/2^{14} = 32768/16384 = 2Hz$$

（2）时、分、秒计数器。首先秒信号经秒计数器、分计数器、时计数器之后，分别得到"秒"个位、十位、"分"个位、十位及"时"个位、十位的计时输出信号，然后送至译码显示电路，以便实现用数字显示时、分、秒的要求。秒和分计数器应为六十进制的，而时计数器应为十二进制的。要实现这一要求，可选用的中规模集成计数器较多，这里推荐 74LS90、74LS161、74LS192、MC14510，由读者自行选择。参考电路用的是 4510 集成十进制计数器 MC14510。

① 利用 12 位二进制计数器 MC14040 实现一百二十进制计数器。因为脉冲振荡电路产生的脉冲信号频率为 2Hz，要作为分计数器的输入信号，必须进行 120 分频，所以需要一个一百二十进制的计数器。同样可利用反馈归零法使用 12 位二进制计数器 MC14040 来实现一百二十进制计数器。

写出一百二十进制的译码表达式为 $\overline{Q}_{12}\overline{Q}_{11}\overline{Q}_{10}Q_9\overline{Q}_8Q_7Q_6Q_5Q_4\overline{Q}_3\overline{Q}_2Q_1$，挑出状态表达式中的原变量写成与项，实例中 MC14040 为高电平复位，所以用与表达式，即 $R = Q_7Q_6Q_5Q_4$；具体连接电路图如图 10.3 所示。

② 反馈归零法的具体实现步骤和实例——十进制计数器 MC14510 转换成六进制计数器。

写出 6 的状态译码表达式为 $\overline{Q}_3Q_2Q_1\overline{Q}_0$，挑出状态表达式中的原变量（表达式中无横线标记的变量）写成与项，并根据集成计数器有效复位电平的高低，确定使用与表达式（高电平复位）或与非表达式（低电平）。实例中 MC14510 为高电平复位，所以用与表达式，即 $R = Q_2Q_1$；具体连接电路图如图 10.3 所示。

（3）利用 4510 构成二十四进制计数器。因为 MC14510 为 BCD 码十进制计数器，所以写出二十四进制的 BCD 码状态译码表达式为前级计数器 2，用 8421BCD 码表示为 $\overline{Q}_3\overline{Q}_2Q_1\overline{Q}_0$，

个位计数器为 4；用 8421BCD 码表示为 $\overline{Q_3} Q_2 \overline{Q_1} \overline{Q_0}$，十位计数器为 2。

挑出状态表达式中的原变量写成与项，由于 MC14040 为高电平复位，所以用与表达式，$R = Q_1$（前级）Q_2（后级）。具体连接电路图如图 10.3 所示。

（4）译码显示电路。选用元器件时应当注意译码器和显示元器件的相互配合。一是驱动功率要足够大，二是逻辑电平要匹配。例如，采用共阴型的 LED 数码管作为显示元器件时，应采用"译码"输出为高电平有效的译码电路。若采用输出为低电平有效的译码电路，则需要另加非门。因数码管工作电流较大，可选用功率门或者 OC 门。推荐使用显示译码器 74LS49、74LS249 和 MC14511。

对于"时"十位的译码显示，在设计时应注意：一是在显示 1 点至 9 点时，"时"的十位均为 0，此时应使"时"十位上的"0"熄灭而不显示；二是"时"的十位实际上只是显示"0"（熄灭）和"1"（亮）两种状态，此时可以考虑不用七段显示译码电路，这样可以节省一块中规模集成电路，但必须另设计电路以驱动 LED 数码管，该电路必须考虑驱动能力和电平匹配的问题。

（5）校时电路。校时原理：在刚接通电源或者时钟走时出现误差时，需要进行时间的校准。通常可以在整点时刻和利用电台或电视台的信号进行校准，也可以在其他时刻利用别的时间标准进行校准。校准时间总是在选定的标准时间到来之前进行，一般来说分四个步骤，首先把时计数器置到所需的数字；然后将分计数器置到所需数字；在此同时或之后，应将秒计数器清零，时钟暂停计数，处于等待启动阶段；当选定的标准时刻到达的瞬间，按启动按钮，电路则从所预置时间开始计数。由此可知，校时电路应具有预置时、预置分、等待启动、计时四个阶段，因此，在设计校时电路时，应能方便、可靠地实现这四个阶段所要求的功能。必须注意，增加校时电路不能影响时钟的正常计时。

本项目的校时电路用与非门 74LS00 实现。按动校时开关强制输入一个计数脉冲，从而改变时间。此电路标准时要求先校准小时，然后校准分钟，想想为什么？有没有可能对电路进行改进，实现小时、分钟校准互不影响。

（6）自动报时电路（原理图中省略了这一功能）。

① 音响电路。

a. 音频振荡器。音频振荡信号 u_s 可为正弦波或矩形波，一般频率为 800 ~ 1000Hz，可用 RC 环形振荡器、自激多谐振荡器和 555 集成电路定时器构成。

b. 音响控制电路。用 TTL 功率门或集电极开路门（OC 门）可以直接驱动小功率扬声器发声，图 10.4 所示为音响控制电路。若 u_s 是周期为 1s 的矩形波，则会产生响一下停一下，响停共 1s 的声音。Q_z 是报时控制信号，可由 MC14510 的输出经门电路实现。

② 自动报时原理。经过分析可知，要实现整点自动报时，应当在产生分进位信号（整点到）时，响第一声，但究竟响几声，则要由时计数的状态来确定。因为时计数器为十二进制的，报时要求 12 小时循环一次，所以需要一个十二进制计数器来计响声的次数，由分进位信号来控制报时的开始，每响一次让响声计数器计一个数，将时计数器与响声计数器的状态进行比较，当它们的状态相同时，比较电路则发出停止报时的信号。图 10.5 所示为自动报时原理框图。

自动报时的原理还可以用如图 10.6 所示的自动报时工作波形举例来加以说明。例如，当时计数器计到 2 点整时，应发出两声报时。从波形可以看出，当分进位信号产生负脉冲

图 10.4　音响控制电路

时，触发器被置为 1 状态，$Q=1$，在响声信号即 2Hz 的方波 u_K 的控制下，响一下，停一下。由于此时的时计数器的状态为 "2"，当响了第二声之后，响声计数器也计到 "2" 的状态，经电路比较后，输出一负脉冲信号加至 RS 触发器的控制端，使 RS 触发器变为 0 状态，即 $Q=0$，停止报时。

图 10.5 自动报时原理框图

图 10.6 自动报时工作波形举例

③ 推荐几种自动报时方案。

a. 直接利用时计数器输出状态与响声计数器的状态加以比较，来控制音响电路。由于时计数器是由十位和个位计数器组成的，且十位计数器为二进制计数器，个位计数器为十进制计数器，其输出状态为五位二进制数，因此这时响声计数器也应为与此相对应的五位二进制计数器（同样由十位和个位计数器构成），将其状态与时计数器的状态加以比较，图 10.7 所示为自动报时方案一。

图 10.7 自动报时方案一

b. 图 10.8 所示为自动报时方案二，利用一块集成电路芯片构成四位十二进制的响声计数器。在时计数器与响声计数器的状态进行比较时，必须注意，这时的响声计数器为四位计数器，而时计数器为五位计数器，两者不能直接加以比较，应先将五位的时计数器的状态转换成相应的四位时计数器状态，然后与响声计数器的状态相比较。

图 10.8 自动报时方案二

c. 响声计数器采用减法计数器。当分进位信号到来的同时，首先时计数器的新状态分别置入响声计数器的十位和个位，然后每响一声响声计数器减一，当其十位和个位均减至 0 时，输出一控制信号，使触发器的状态 Q 为 0，以便封锁报时通路，图 10.9 所示为自动报时方案三。

图 10.9　自动报时方案三

④ 比较电路的实现。两个二进制数的比较，一种方法是利用数据比较器，另一种方法是按位加以比较。两个二进制数，只有当它们每一对应位的数码均相同时，这两个二进制数才相同，因此可以将时计数器的状态与响声计数器的状态按对应的位利用门电路加以比较，其电路请读者自己思考得出。

⑤ RS 触发器的选用。在如图 10.5 所示的原理框图中，利用 RS 触发器来控制音响电路，这就需要自己利用与非门构成 RS 触发器。实际上，利用 JK 触发器或 D 触发器等集成触发器的直接置 0/置 1 端也可以构成控制电路。

请读者仔细分析电路应满足的时序关系，正确选择电路形式及输入信号，设计出这一部分的具体电路图。设计时，若不利用时计数器而另设计一个十二进制的计数器，则应注意保证时计数器和该十二进制计数器之间的同步，特别是在重新校时之后总能保证同步，否则就不能保证实现正确报时。

4. 整机电路安装、调试

按如图 10.3 所示的电路图在焊接好电路并检查连线无误后，可按以下步骤调试。

（1）用万用表测量 U_1 的 3 脚应有 0~3.6V 的电压摆动，说明脉冲振荡部分正常。

（2）二极管 LED_1、LED_2 每秒闪烁一次，说明 U_2 工作正常。

（3）按动一次 K_1，同时用万用表测 U_{3B} 输出端应有 0~3.6V 电压变化，说明 U_{3B} 工作正常。

（4）按动一次 K_1，同时用万用表测 U_4 计数输出端 Q_0（6 脚），电压应向相反方向变化（如原来为低电平，按一次 K_1 后应变为高电平），说明 U_4 计数基本工作正常。

（5）按动一次 K_1，数码管 U_6 数值加 1，说明 U_5、U_6 工作正常。

（6）不按动 K_1，等待一分钟后，数码管 U_6 数值加 1，即分计数器工作正常。

（7）断开 U_{3B} 输出 8 脚和 U_4 时钟 CP 的连线，用一根导线将 U_1 的 Q_{14} 端输出脉冲引出，作为 U_4、U_7 的快速计数脉冲，这样便于调试。观察分计数器是否正常，特别注意能否进位，是否计数到 59 后在下一脉冲时变为 0。

（8）断开 U_{10B} 输出引脚和 U_{11}、U_{14} 时钟引脚 CP 的连线，用一根导线将 U_1 的 Q_{14} 端输出脉冲引出，作为 U_{11}、U_{14} 的快速计数脉冲，这样便于调试。观察时计数器是否正常，特别注意能否进位，是否计数到 23 后在下一脉冲时变为 0。

想一想：市面上有些数字钟的价格非常便宜。试查阅资料，说明原因。

10.2.3　设计音乐 D/A 和 A/D 转换电路

1. 设计要求

（1）以音乐 IC 作为 A/D 转换的信号源。

（2）用 A/D 转换后的二进制代码驱动发光二极管。

（3）产生转换所需的时钟信号。

（4）A/D 转换的速度可调。

（5）把 D/A 转换后的二进制代码转换成模拟量，通过运算放大器，驱动扬声器发出音响。

2. 课题涵盖的知识点

D/A 转换、A/D 转换、脉冲波形产生电路、运算放大器和基本门电路。

3. 设计课题中部分单元电路的原理说明

图 10.10 所示为音乐 D/A 和 A/D 转换电路的电路图。

图 10.10 中 ADC0804 的作用是进行 A/D 转换，即把音乐集成电路发出的音乐声作为信号源，把它转换成数字信号，并把其转换的结果用发光二极管的发光情况表示出来。同时，这些数字信号送到数/模转换器 DAC0832，把数字信号转换成模拟信号，输出经 JRC4558 放大后驱动扬声器发声。其中 4060 产生 A/D 转换的启动转换脉冲，用来控制转换输出的频率，若输出频率太低，则扬声器发出的声音失真大，否则失真小。

（1）A/D（模/数）转换器。集成 A/D 转换器 ADC0804 在工作原理上属于逐次比较型，单电源供电（+5V），CMOS 工艺制造，输出电平与 TTL、CMOS 器件兼容，可直接驱动数据总线，分辨率为 8 位，转换时间为 $100\mu s$，它们还有其他型号 ADC0801～ADC0805，实际上 ADC0801～ADC0805 引脚、内部电路结构完全相同，只是最大非线性误差不同，ADC0801 最大非线性误差较小，而 ADC0804 最大非线性误差较大。

在课程设计的项目中利用 ADC0804 实现把输入的模拟信号转换成相应的数字信号，A/D 转换器电路图如图 10.11 所示。

ADC0804 的输入电压范围为 0～5V，所以采用单端输入方式，则 V_{in}（−）端接地，输入电压接在 V_{in}（+）端。V_{REF}/2 端悬空，参考电压可由片内提供，电压与 V_{CC} 相同，A/D 转换所需的时钟脉冲由内电路产生，所以 CLK-R、CLK-IN 外接一个电阻和电容产生 A/D 转换所要求的时钟脉冲。采用典型应用时的参数：$R_7 = 10k\Omega$，$C_2 = 150pF$，$f_{CLK} \approx 640kHz$，转换时间为 $100\mu s$。片选引脚 $\overline{CS}$ 接地，芯片正常工作，$DB_0 \sim DB_7$ 经排电阻 RP_1 限流后驱动 $LED_1 \sim LED_8$。指示 A/D 转换完成后，对应的输入信号由拨动开关 S_3 进行选择，当 S_3 打到上端时，输入信号电位器的中间抽头，调节电位器可以实现输入电压在 0～5V 变化，当 S_3 打到下端时，输入信号为音乐片 U_7，输出为经 VT_1 放大的音乐信号。$\overline{WR}$ 为 A/D 转换启动

图10.10 音乐D/A和A/D转换电路的电路图

控制脚，接在 U_{3A} 的输出端，U_{3A}、S_2、U_2 组成转换脉冲振荡和手动转换信号形成电路。当 8 位拨码开关 S_2 中不同开关闭合时，利用 U_2（4060）自动为 A/D 转换器提供转换所需的启动脉冲；当 S_2 全部断开时，按动一次按键开关 S_1 即可产生一个启动信号。$\overline{\text{INTR}}$ 为转换结束输出信号，与 $\overline{\text{RD}}$ 读信号控制引脚连接，可以在每次转换完成后自动将转换结果由 $DB_0 \sim DB_7$ 输出。

图 10.11　A/D 转换器电路图

（2）D/A（数/模）转换器。本项目采用集成 8 位 D/A 转换器 DAC0830/0831/0832。

DAC0832 是电流输出型器件，要获得电压输出，就需要外加电流-电压转换电路，一般可用运算放大器实现要转换的数字信号（本项目为前面 A/D 转换电路输出的数字信号）由 $DI_0 \sim DI_7$ 输入，D/A 转换器的供电电压为+5V，采用单缓冲工作方式，由来自 ADC0804 的 $\overline{\text{INTR}}$ 信号控制 DAC0832 的输入寄存器的锁存，ADC0804 转换完成时，其 $\overline{\text{INTR}}$ 信号由高电平变为低电平，使外数字信号能够顺利输入 DAC0832 的输入寄存器，进入后面的寄存器进行 D/A 转换，而当 ADC0804 进入下一次转换时，其 $\overline{\text{INTR}}$ 信号由低电平变为高电平，使已经输入 DAC0832 的数字信号被锁存。外接的运算放大器 U_{1B} 将 DAC0832 输出的 I_{out1} 电流转换成相应的电压，采用单极性输出方式，输出电压为 $u_{out} =$

$V_{REF}N_B/256$，其中 N_B 为输入数字信号对应的十进制数。U_{1A} 为电压跟随器，可以提高对扬声器的驱动能力。

4. 整机电路的安装、调试

参考整机电路图安装好电路，安装时最好分步进行，在实现 A/D 转换成功的基础上再进行 D/A 转换的实验。

（1）A/D 转换器的安装。

① 一般在音乐片椭圆形凹起部分内有厂家生产时已经存储的音乐信号，如"生日快乐"等流行歌曲，一般工作电压为 3~5V。图 10.12 所示为音乐片引脚连接图。其 1 脚旁边一般有"+"号表示正电源，6 脚接负电源，只要接好电源，内部音乐就可由 5 脚输出，但一般声音很小，所以在 4、5、6脚之间加入三极管 VT_1，焊接时注意 4 脚接集电极（c 极），5 脚接基极（b 极），6 脚接发射极（e 极），在 1、4、6 脚焊接短而硬导线连接于电路板。焊接时，切记焊接时间不能太长，以免附着于音乐片表面的铜箔脱落。

图 10.12 音乐片引脚连接图

② 三极管 VT_1 在焊接前一定要先测量质量好坏和判断引脚。

③ 音乐片部分焊好后，可接入一个 32Ω 的小扬声器试听音乐效果。

④ 将拨动开关 S_3 拨到上端，用万用表测量 V_{IN}（+）端电压，同时调节 R_6 的阻值，观察电压，应在 0~5V 平滑变化。

⑤ 将示波器接于 $\overline{WR}$ 端，将拨码开关 S_2 的一个开关闭合，$\overline{WR}$ 端应有启动脉冲。

⑥ 将万用表接于 $\overline{WR}$ 端，将拨码开关 S_2 全部断开，按动按键开关 S_1，$\overline{WR}$ 端电压应在 0~3.6V 变化。

（2）A/D 转换器的测试。

① 在以上调试全部正常后，拨码开关 S_2 全部断开，将拨动开关 S_3 拨到上端，A/D 转换处于手动启动状态，按动一次按键开关 S_1 产生一个启动信号，发光二极管的亮灭代表了转换后的数字信号，调节 R_6 的阻值，利用万用表将输入模拟电压数值调到如表 10.3 所示的 A/D 转换结果表的数值，写出在不同输入模拟电压下的 A/D 转换结果。

表 10.3 不同输入模拟电压下 A/D 转换结果表

输入模拟电压/V	数字信号输出							
	DB_0	DB_1	DB_2	DB_3	DB_4	DB_5	DB_6	DB_7
0								
0.5								
1								
1.5								
2								
2.5								
3								

输入模拟电压/V	数字信号输出							
	DB_0	DB_1	DB_2	DB_3	DB_4	DB_5	DB_6	DB_7
3.9								
4								
4.5								
5								

② 将拨码开关 S_2 的其中一个闭合，此时 A/D 转换的启动脉冲由 U_2（4060）产生，将拨动开关 S_3 拨到上端，平滑调节 R_6 的阻值，可以从发光二极管的亮灭指示当前输入信号的大小。

（3）D/A 转换电路的安装、调试和检测。

焊接 D/A 转换器部分电路后，与前面的 A/D 转换电路一起连接进行实训测量。

① 将拨码开关 S_2 全部断开，将拨动开关 S_3 拨到上端，A/D 转换处于手动启动状态，按动一次按键开关 S_1 产生一个启动信号，发光二极管的亮灭代表了转换后的数字信号，调节 R_6 的阻值，结合万用表将输入模拟电压调到如表 10.4 所示的 A/D、D/A 转换结果表的数值，填写在不同输入电压下的 A/D、D/A 转换结果，即 $DB_0 \sim DB_7$ 的高、低电平状态，同时用万用表测量 U_{1A} 的输出电压，填入表 10.4，并与输入模拟电压比较。

表 10.4　不同输入模拟电压下 A/D、D/A 转换结果表

输入模拟电压/V	数字信号输出								输出模拟电压/V
	DB_0	DB_1	DB_2	DB_3	DB_4	DB_5	DB_6	DB_7	
0									
0.5									
1									
1.5									
2									
2.5									
3									
3.9									
4									
4.5									
5									

② 将拨码开关 S_2 的其中一个闭合，此时 A/D 转换的启动脉冲由 U_2（4060）产生，将拨动开关 S_3 拨到上端，平滑调节 R_6 的阻值，可以从发光二极管的亮灭指示当前输入信号的大小。同时用万用表测量 U_{1A} 的输出电压，并与输入模拟电压比较是否相同。

③ 将拨码开关 S_2 的其中一个闭合，此时 A/D 转换的启动脉冲由 U_2（4060）产生，将拨动开关 S_3 拨到下端，此时音乐片信号输入 ADC0804 进行 A/D 转换，A/D 转换的

结果又输入 DAC0832 作为 D/A 转换器的数字输入信号，此时可从扬声器中听到音乐。

④ 验证采样公式，分别将拨码开关 S_2 的各个开关闭合，听扬声器中的音乐，可以得到如下结果：将拨码开关中越靠近上端的开关闭合，采样的频率越高，音乐的失真越小，声音的质量越好；将拨码开关中越靠近下端的开关闭合，采样的频率越低，音乐的失真越大，声音的质量越差；当最下端的几个开关闭合时，采样频率太低，不满足一般采样频率 f_s 至少要高于信号频率中最高频率 2 倍以上的采样要求，即不满足 $f_s \geqslant 2f_{imax}$，根本无法还原出原声音。

想一想：是否可以用其他音源，如 MP3 的输出信号作为模拟信号源呢？音乐 IC 有些是用输出脉冲波的形式来产生音乐的，这些脉冲波是一种模拟信号还是一种可用数字量信号呢？

反侵权盗版声明

电子工业出版社依法对本作品享有专有出版权。任何未经权利人书面许可，复制、销售或通过信息网络传播本作品的行为；歪曲、篡改、剽窃本作品的行为，均违反《中华人民共和国著作权法》，其行为人应承担相应的民事责任和行政责任，构成犯罪的，将被依法追究刑事责任。

为了维护市场秩序，保护权利人的合法权益，我社将依法查处和打击侵权盗版的单位和个人。欢迎社会各界人士积极举报侵权盗版行为，本社将奖励举报有功人员，并保证举报人的信息不被泄露。

举报电话：（010）88254396；（010）88258888

传　　真：（010）88254397

E-mail：　dbqq@phei.com.cn

通信地址：北京市万寿路 173 信箱

　　　　　电子工业出版社总编办公室

邮　　编：100036